中国机械工业教育协会“十四五”普通高等教育规划教材

电气材料基础

钟力生　高景晖　徐　曼　李建英　编

机械工业出版社

本书是根据我国高校电气工程及其自动化专业本科生教学改革的实践经验和发展需求，在原电气材料与电力设备相关学科本科生专业课程内容的基础上编写而成。全书共分七章，对电气材料的相关基础及应用做了系统深入地介绍，其中第 1 章为绪论，第 2 章为电气材料结构与性能，第 3 章为电介质材料，第 4 章为半导体材料，第 5 章为导电材料，第 6 章为磁性材料，第 7 章为电储能材料。

本书可作为高等院校本科生及研究生的教材，也可作为从事电气工程产品设计、制造、试验以及电力系统设计、运行及维护相关技术研究人员的参考用书。

图书在版编目（CIP）数据

电气材料基础/钟力生等编. —北京：机械工业出版社，2023. 12
中国机械工业教育协会“十四五”普通高等教育规划教材
ISBN 978-7-111-74117-6

Ⅰ. ①电…　Ⅱ. ①钟…　Ⅲ. ①电工材料-高等学校-教材　Ⅳ. ①TM2

中国国家版本馆 CIP 数据核字（2023）第 201650 号

机械工业出版社（北京市百万庄大街 22 号　邮政编码 100037）
策划编辑：王雅新　　　　责任编辑：王雅新
责任校对：郑　婕　牟丽英　　封面设计：张　静
责任印制：李　昂
北京捷迅佳彩印刷有限公司印刷
2024 年 4 月第 1 版第 1 次印刷
184mm×260mm · 14. 5 印张 · 328 千字
标准书号：ISBN 978-7-111-74117-6
定价：49. 00 元

电话服务　　　　　　　　网络服务
客服电话：010-88361066　　机　工　官　网：www. cmpbook. com
　　　　　010-88379833　　机　工　官　博：weibo. com/cmp1952
　　　　　010-68326294　　金　书　　网：www. golden-book. com
封底无防伪标均为盗版　　机工教育服务网：www. cmpedu. com

前　言

随着我国新时代“双碳”目标的推进，给新型电力系统带来了新的机遇与挑战。电气材料是构成电力设备与器件进而构成电力系统的基础。电气材料学属于凝聚态物理学分支，是电气工程与材料科学的交叉学科方向。电气材料是构成电力设备与器件并实现其功能的基础。本书所介绍的电气材料主要包括电介质材料、半导体材料、导电材料、磁性材料和电储能材料，涉及材料的组成、结构、缺陷等微观性质与其电、热、机械、光等宏观特性的关系，以及温度、压力、电场频率等物理条件的影响。作为电气材料的应用，电力设备与器件是构成现代电力网络的基本部件，例如发电设备、变电设备、开关电器、输变电线路、用电设备以及储能器件等。电力设备与器件的性能往往取决于电气材料的性能、结构设计和制造技术，同时也决定了电力系统运行的安全可靠性。

2008 年 5 月 12 日，西安交通大学电气工程学院举行了关于本科生教学改革的教授会议，会上针对我国电力工业的迅速发展形势，提出了对电气工程专业本科生新开设“电气材料与电力设备概论”课程的建议。希望学生能了解电气材料在电气工程中的基础作用及发展趋势；掌握电气材料学的基础理论和基本概念；熟悉电气材料的分类、性能及应用；熟悉典型电力设备的结构特点、工作原理和主要技术要求；理解电力设备在电力系统中的作用及其发展趋势。通过讲授、自学、实践等环节，使学生对电气材料有系统的认识，为今后从事电力设备相关的设计、研究、试验及运行维护工作打下扎实的基础。

2016 年，根据新的电气工程及其自动化专业培养方案，原“电气材料与电力设备概论”课程更新为“电气材料基础”和“电力设备设计原理”专业核心课程。本书为西安交通大学本科生教学研究与教学改革“十四五”规划教材，是电气工程及其自动化专业核心课程“电气材料基础”的专用教材。

本书由钟力生、高景晖、徐曼和李建英编写，其中钟力生编写第 1 章和第 2 章、第 6 章；徐曼编写第 3 章；李建英编写第 4 章；高景晖编写第 5 章和第 7 章。钟力生，高景晖和吴明对全书进行了统稿和校对。

在本书的编写过程中，曹晓珑教授提出了许多宝贵的意见，杨柳青、张宏等任课教师和研究生给予了大量帮助，谨致以衷心的感谢！

由于本书涉及面广而编者水平有限，书中难免存在不妥之处，敬请广大读者予以批评指正。

编者

2023 年 5 月于西安

目 录

第1章 绪论

电力能源工业的发展和电力系统水平的提高，伴随着电力设备与器件制造产业的发展和科学技术的进步，而电力设备与器件的技术进步又取决于新型电气材料的出现和推广应用。因此，电气材料的性能和电力设备及器件的技术水平决定着现在和未来电力系统的运行效率和安全可靠性。

1.1 电力系统中的电力设备

1.1.1 电力系统及其安全可靠性

从19世纪70年代开始，电能由于其具有易于转换、可远距离传输和方便控制等优点，逐步取代传统蒸汽动力成为现代文明社会的技术基础，孕育了第二次工业革命，人类进入了电气时代。20世纪以来，电能的生产主要来自火电厂、水电厂和核电厂，大规模电力系统的出现成为20世纪人类最伟大的工程成就。进入21世纪以后，在“碳达峰”和“碳中和”目标的驱动下，风能、太阳能、潮汐能、地热能和生物质能等可再生清洁能源发电及相关电储能技术发展迅速，给未来电力系统的建设带来新的机遇和挑战。

电力系统是由发电、输变电、配电和用电等环节组成的电能生产与消费系统，它将自然界的一次能源通过发电设备转化成二次清洁能源——电能，再经输电设备、变电设备和配电设备将电能供应到用户的各种用电设备，如图1-1所示。电力系统由不同功能的电力设备构成，主要包括发电设备、输变电设备、配电设备和用电设备，实现电能的生产、传输、变换、分配和使用。同时，在电力系统的各个环节和不同层次还需具备相应的信息通讯与控制系统，对电能的生产与消费过程进行测量、调节、控制、保护、通信和调度，以保证电力用户获得持续、充足、优质、安全和经济的电能。

电能的输送和分配，主要通过高、中、低压交流电力网络和直流输电线路来实现，直流输电网络和直流配电网络也正在发展中。输电电压通常分为高压、超高压和特高压；按供电范围的大小又可分为：地方电力网、区域电力网和超/特高压远距离输电网。

在电力能源工业发展初期，发电厂的装机容量小且建设在用户附近，各个发电厂孤立运行，彼此之间没有任何联系；1875年世界上第一座火力发电厂在法国巴黎建成，成为世界电力时代到来的标志；1879年在上海公共租界点亮了中国第一盏电灯，1882年上海电气公司——中国第一家公用电业公司成立，翻开了我国电力工业的第一页。随着社会的不断发展，电力需求的日益增多，对电能质量也提出了更高的要求，高压输电线路应运而生，1891年世界上第一台三相交流发电机在德国劳芬电厂投产，建成首条 13.8kV 输电线路，将电力输送到远方用电地区，既用于照明又用于电力拖动，拉开了大功率、远距离输电的序幕。人们首先采用高压输变电技术实现将地理上相隔一定距离的发电厂连接起来并列运行，进而发展到地区间互联，逐步形成庞大的电力网，充分发挥各种来源的电能在电力系统中的作用，从而减少备用容量，提高系统运行的经济性。随着输电距离的不断增加，电网经历了从中压电网、高压电网到超高压电网，再到特高压电网的发展历程，输电电压等级也随之逐级攀升，交流输电从高压 110kV、220kV，发展到超高压 330kV、500kV、750kV，以至特高压 1000kV 以上；直流输电也从超高压±500kV，发展到特高压±800kV 和±1100kV。因此，需要建设大容量的发电厂以满足日益增长的电能需求，发展大型电力设备以满足超/特高压输变电的要求，提高电力设备的长期运行可靠性以保证电力网的高效和安全。

电力系统的构成示意图

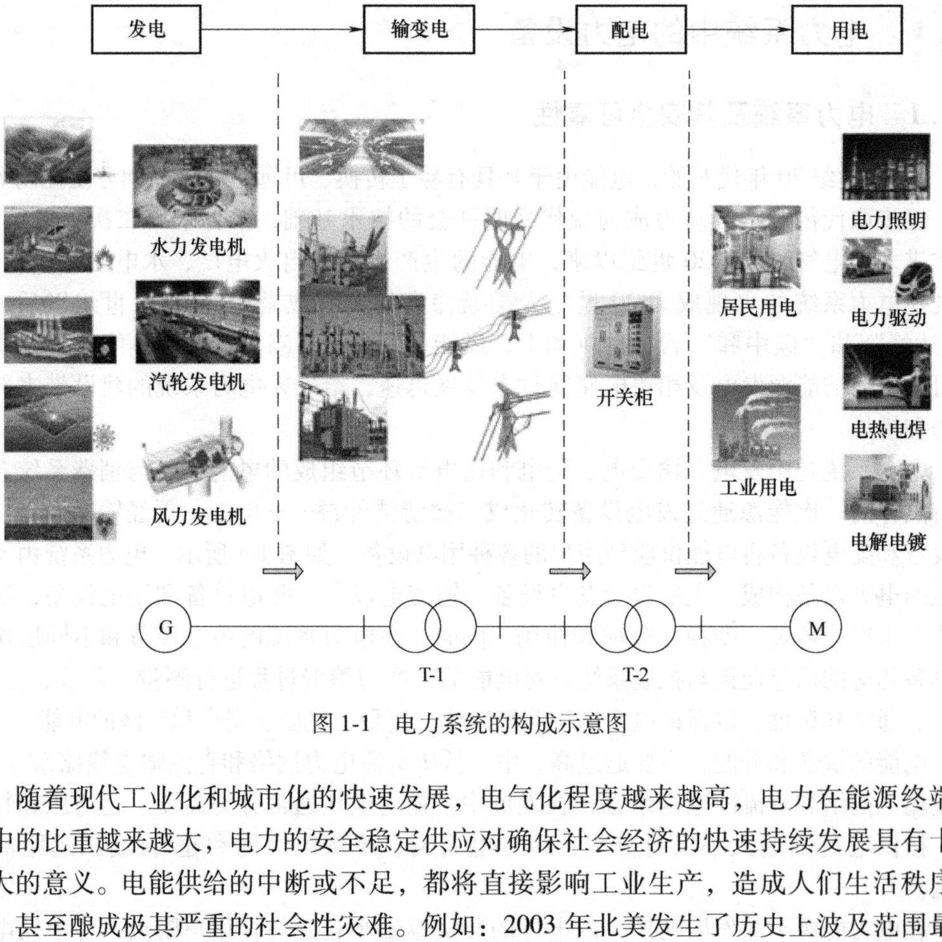

图 1-1　电力系统的构成示意图

随着现代工业化和城市化的快速发展，电气化程度越来越高，电力在能源终端消费中的比重越来越大，电力的安全稳定供应对确保社会经济的快速持续发展具有十分重大的意义。电能供给的中断或不足，都将直接影响工业生产，造成人们生活秩序紊乱，甚至酿成极其严重的社会性灾难。例如：2003 年北美发生了历史上波及范围最广的大停电事件，导致美国八个州及加拿大一个省发生电力中断，受灾人口超过五千万；2008 年，我国南方遭遇冰冻天气灾害，京九及京广铁路的供电网被风雪摧毁，铁路电力供应中断，导致大量旅客被困；2012 年，印度超过一半的国土面积发生停电事故，六亿多人口得不到电力供给，社会秩序陷入混乱。由此可见，电力安全可靠性是社会稳定发展的关键保障之一。

电能具有同一瞬间完成生产、输送和使用，不能大规模储存的特点，因此，发电和用电之间必须实时保持供需平衡，如果不能保持实时平衡，将危及用电的安全性和连续性。在电力系统中造成供电中断的原因很多，可能是由于系统中的电力设备故障，如发电机、变压器和输电线路等局部性故障；也可能是系统运行的全面瓦解，如稳定性遭到破坏导致系统全局性故障。已有的运行经验表明，全局性故障往往是由于电力设备局部性故障扩展而造成。因此，电力系统的安全可靠，关键在于构成系统的各种电力设备的运行可靠性。

电力设备可靠运行的关键在于电力设备的绝缘和故障监测保护。电力设备在运行过程中将承受工作电压、短时过电压、操作过电压及大气过电压等几种不同形式的电压，在确定电力设备绝缘水平时，过电压因素起着决定性作用，故电力设备的绝缘水平主要取决于过电压的保护水平；此外，任何一种电力设备在运行时都不是孤立存在的，它们往往和过电压保护装置一起运行并接受后者的保护，还需要考虑各种电力设备以及保护装置之间在运行中的相互影响。电力设备的故障监测保护分为继电保护和现场信息采集两种形式，当电力系统的被保护设备出现异常运行状态时，继电保护及时反应，并根据运行维护条件，做出发信号、减负荷或跳闸等动作；当电力系统的被保护设备发生故障时，继电保护装置自动、迅速、有选择地将故障设备从电力系统中切除，以保证无故障部分迅速恢复正常运行，并使故障电力设备免于继续遭受损害。

1.1.2 典型电力设备

电力设备作为保证电力生产、传输、分配和应用的基础载体，其分类方式有多种。从电力系统中的电力先后顺序可分为发电设备、变电设备、输电设备和用电设备；从所起的主要作用可分为一次设备和二次设备；从技术重要程度可分为核心设备和辅助设备；从经济价值差异可分为大型贵重设备和普通设备。在日常生产、生活中，许多用电设备可实现电能与机械能、热能、光能以及化学能的转换，如电力驱动、电热电焊、电力照明、电解电镀等。典型电力设备分类见表1-1。

表1-1 典型电力设备分类

序号	类别	所属设备
1	发电设备	发电机（火电、水电、核电、风电等）、太阳能电池、化学能电池
2	输电设备	架空线路、电缆线路、杆塔、绝缘子、避雷器
3	变电设备	变压器、高压开关、互感器、电抗器、电力电容器、换流设备、无功补偿
4	继电保护装置	继电保护、变电站自动化、信息管理自动化、配电自动化
5	电力环保设备	电除尘器、烟气脱硫脱硝设备
6	用电设备	电动机、电动汽车、电炉、照明、电解设备等

1. 发电设备

发电设备是指能产生电能的设备。在发电设备中，除了基于电磁感应原理的发电机系统外，还包括锅炉、汽轮机、水轮机、燃气轮机等原动机以及辅助设备等；新能源发电设备还包括风力发电机、基于光电效应的太阳能电池和基于化学反应的燃料电池以及相关的电储能装备等。

发电机：根据电磁感应定律和电磁力定律将机械能转换成电磁能的设备。通过采用适当的导电、导磁和绝缘材料构成能够进行电磁感应的磁路和电路，产生电磁功率，实现生产电能的目的。

发电机的形式很多，可归纳为直流发电机、交流发电机、同步发电机、异步发电机（现已很少采用），其中交流发电机还可分为单相发电机与三相发电机。

2. 输电设备

输电设备是实现电能传输的设备。典型的有电线电缆、杆塔、绝缘子和避雷器等。

电线电缆：用于电能和通信电信号传输的设备。电线和电缆在概念上并没有严格的界限，狭义上分为“电线”和“电缆”，广义上统称为“电缆”。通常认为：单根叫“线”，多根叫“缆”；直径小的叫“线”，直径大的叫“缆”；结构简单的叫“线”，结构复杂的叫“缆”。但随着使用范围的扩大，很多产品“线中有缆”“缆中有线”，在日常习惯上，人们把家用布电线称为电线，把电力电缆简称电缆。

电线电缆按其结构、性能及应用，可分为：裸导线（如架空线）、电磁线（或称漆包线）、普通电线（亦称塑料线或橡胶线）、电力电缆、通信电缆五大类。广义来说，气体绝缘输电线路（GIL）也可看作电缆的一种类型。

杆塔：用来支持架空导线和避雷线，并使导线之间以及导线与大地之间保持一定电气绝缘距离的装备。

根据所采用的材料，传统杆塔可以分为木杆、钢筋混凝土杆和铁塔三种。为了节约木材，木杆在我国已不多用。钢筋混凝土杆大多用离心法绕制而成，有等径杆和锥形杆两种。铁塔是由角铁通过焊接、铆接或用螺栓连接而成，形式甚多，结构比较复杂，多用于高压输电线路或有大跨越的场合，其中角钢塔和钢管塔是世界各国超/特高压输电线路中最常用的杆塔形式。近年来，又发展了输电线路用复合材料绝缘杆塔，主要由金属或热固性树脂为基体采用纤维增强制成。

绝缘子：主要起电气绝缘和机械支撑的作用。例如，在架空输电线路中绝缘子起着阻止电流回地和支撑导线两个基本作用。绝缘子通常由陶瓷、玻璃或合成材料制成，具有足够的电气强度和机械强度，对化学污染有足够的耐受力，并能够适应周围大气温度和湿度的变化。

绝缘子通常按结构可分为柱式绝缘子、悬式绝缘子、防污型绝缘子和套管绝缘子；按应用场合又可分为线路绝缘子和电站、电器绝缘子；按绝缘子击穿可能性分为不可击穿型和可击穿型。用于线路的不可击穿型绝缘子有横担、棒形悬式和拉紧式；可击穿型绝缘子有针式、蝶形和盘形悬式。用于电站、电器的不可击穿型绝缘子有棒形支柱和瓷套；可击穿型绝缘子有针式支柱、空心支柱和套管。

3. 变电设备

变电设备是实现电能变换、接受和分配，控制电力流向和电压调整的设备。主要有变压器、高压开关、避雷器、互感器、无功补偿装置，以及直流电源、套管、母线等。

变压器：利用电磁感应的原理来改变交流电压、电流和阻抗的装置。在电气设备中常起到电压升降、阻抗匹配和安全隔离等作用。其主要功能有：电压变换、电流变换、阻抗变换、隔离、稳压（磁饱和变压器）等。

变压器按类型分，有双绕组变压器、三绕组变压器、自耦变压器以及各种有载调压变压器。按用途分，有配电变压器、电力变压器、全密封变压器、组合式变压器、单相变压器、电炉变压器、整流变压器、换流变压器、电抗器、抗干扰变压器、防雷变压器、箱式变压器、试验变压器、转角变压器、大电流变压器、励磁变压器等。按绝缘介质分，有干式变压器、油浸式变压器、气体绝缘变压器。

高压开关：用于对发电厂、变电站、输配电线路和用电设备进行控制和保护的设备。其可根据电网运行需要将一部分电力设备或线路投入或退出运行，也可在电力设备或线路发生故障时将故障部分从电网快速切除，保证电网中无故障部分的正常运行，保证设备和运行维修人员的安全。

高压开关设备通常指工作电压在3kV及以上，工作频率在50Hz及以下的室内和户外交流开关设备。按其功能作用不同，可以分为元件及其组合和成套设备。元件及其组合包括断路器、隔离开关、接地开关、重合器、分断器、接触器、熔断器、负荷开关，以及上述元件组合而成的负荷开关-熔断器组合电器、接触器-熔断器组合电器、隔离负荷开关、熔断器式开关、敞开式组合电器等。成套设备将上述元件及其组合与其他电器产品如变压器、电流互感器、电压互感器、电容器、电抗器、避雷器、母线、进出线套管、电缆终端和二次元件等进行合理配置，有机地组合于金属封闭外壳内，具有相对完整的使用功能，如金属封闭开关设备（开关柜）、气体绝缘金属封闭开关设备（GIS）和高压/低压预装式变电站等。

避雷器：能释放雷电或电力系统操作过电压产生的能量，保护电力设备免受瞬时过电压危害，又能截断续流，不致引起系统接地短路的装置。当过电压达到避雷器限定电压值时，避雷器自动开通，限制过电压幅值，保护设备绝缘；电压值恢复正常后，避雷器又迅速自动关断，以保证系统正常供电。

避雷器按照安装形式可分为并联避雷器和串联避雷器；按照其保护性质可分为开路式、短路式避雷器或开关型、限压型避雷器；从组合结构分，有间隙类、放电管类、压敏电阻类、抑制二极管类、压敏电阻/气体放电管组合类等。

无功功率补偿装置：能提高交流电网系统功率因数，改善电能质量的装置。具有无功补偿、抑制谐波、降低电压波动和闪变，以及解决三相不平衡等功能。

常用的无功补偿装置有：静止无功补偿装置能综合治理电压波动和闪变、谐波以及电压不平衡；无源电力滤波器兼有无功补偿和调压功能；有源电力滤波器能对频率和幅值都发生变化的谐波和无功电流进行补偿，主要应用于低压配电系统。

直流电源：维持电路中形成稳恒电流的装置，如电池、直流发电机等。

套管：用于带电导体穿过或引入与其电位不同的墙壁或电气设备金属外壳，起绝缘和支持作用的一种绝缘装置。

母线：在变电站中各级电压配电装置的连接，以及变压器等电气设备和相应配电装置的连接，大都采用矩形或圆形截面的裸（或绝缘）导线或绞线，统称为母线。母线的作用是汇集、分配和传送电能。母线按外型和结构分为硬母线（包括矩形母线、槽形母线、管形母线等）、软母线（包括铝绞线、铜绞线、钢芯铝绞线、扩径空心导线等）、封闭母线（包括分相母线、共箱母线等）三类。

4. 继电保护装置

继电保护装置是电力系统中用一个或多个保护元件（如继电器）和逻辑器件按要求组配在一起，完成某项特定保护功能的装置。当电力系统发生故障或异常时，在可能实现的最短时间和最小区域内，自动将故障设备从系统中切除，或发出预警信号，以减轻或避免设备的损坏和对相邻地区供电的影响。

继电保护装置的分类：按保护动作原理分为过电流保护、低电压保护、过电压保护、功率方向保护、距离保护、差动保护、高频（载波）保护等。按被保护对象分为输电线保护和主设备保护（如发电机、变压器、母线、电抗器、电容器等）；按保护功能分为短路故障保护和异常运行保护；按保护装置进行比较和运算处理信号量分为模拟式保护和数字式保护。

继电保护及自动化的作用：当电网发生足以损坏设备或危及电网安全运行的故障时，使被保护设备快速脱离电网；对电网的非正常运行及某些设备的非正常状态能及时发出警报信号，以便迅速处理，使之恢复正常；实现电力系统远动及调度自动化，以及工业生产的自动控制。

综上所述，电力设备是构成电力系统的基本单元，决定了电力系统的总体水平。2020 年我国总装机容量超过 22 亿 kW，位列世界第一，已建成多条 1000kV 特高压交流试验示范线路和±800kV、±1100kV 特高压直流输电线路。在高压交流输电技术和高压直流输电技术以及柔性输电技术中，输变电设备决定了电能利用效率和电网运行可靠性，而新型电力设备的诞生往往都依赖于对已有材料体系性质的深入认识和新材料的开发应用。

1.2 电力设备中的电气材料

电力设备往往是由具有不同功能的材料按特定的结构构成，以实现其特定的应用需求。在电力设备中应用的材料种类繁多，按其电气功能主要可分为电介质绝缘材料、半导体材料、导电材料和磁性材料以及电储能材料。此外，还包括其他支撑用结构材料和传感用功能转换材料等。

1.2.1 电介质绝缘材料

绝缘材料是用以约束传导电流，使电流按一定通道流动的电介质材料。通常绝缘材料的电阻率很高，一般在 $10^{8}\sim10^{16}\Omega\cdot m$ 范围，且随温度的升高而减小，是所有电力设备中必不可少的材料。例如：在电机、变压器、电缆等设备中约束电流按一定的路径流动，而在电容器中则利用其极化特性实现电能储存。随着电力设备工作环境日趋多样化、复杂化，要求绝缘材料除了具有优良的电学性能、热学性能和力学性能以及环境友好性能外，有些还要求能在超高温、超低温、高能辐射、高转速、高压力、高真空、深海、深空等特殊环境条件下正常工作。

绝缘材料种类繁多，按其聚集状态可分为绝缘气体电介质、绝缘液体电介质和绝缘固体电介质材料三大类。

常用的绝缘气体电介质有空气、氮气、六氟化硫以及真空等，主要用于架空线、电容器、真空开关、GIL和GIS中。一般绝缘气体除电气强度较低外，其他介电性能十分优良，而六氟化硫气体则具有较高的电气强度，现已广泛应用于高电压电力设备中。随着对环境要求的不断提高，新型六氟化硫替代气体也相继出现（如g3，纯净空气等）。

常用的绝缘液体电介质有天然矿物绝缘油（如变压器油）、合成绝缘油（如硅油、十二烷基苯、聚异丁烯、异丙基联苯等）、植物绝缘油（如大豆油、菜籽油、棕榈油等），在电力设备中起绝缘、冷却、浸渍填充、灭弧等作用。

绝缘气体和绝缘液体具有流动性，击穿后能自愈，但一般不能单独用作绝缘介质，须与绝缘固体联合使用，以固体作支撑。近年来，随着人们环保意识的增强和对不可再生资源的节约使用，环境友好的绝缘气体和绝缘液体介质得到迅速发展。

绝缘固体电介质可分有机材料、无机材料和复合材料等三类。工程上往往要求绝缘材料具有优良的电气性能、耐热性能、机械性能、物理化学稳定性、抗老化性和经济性。常用的有机绝缘材料包括塑料、橡胶、薄膜、纤维、绝缘漆、绝缘浸渍纤维制品、复合制品、胶粘带和层压制品等。无机绝缘材料则有陶瓷、云母和玻璃等。固体绝缘材料中的天然材料产量有限，正逐步被合成材料所取代，因而具有高电气强度、耐高温、耐辐照、耐火、阻燃、环境友好的合成高分子固体绝缘材料是发展的方向。

1.2.2 半导体材料

半导体材料是指其室温导电性介于导电材料和绝缘材料之间，其电阻率一般为$10^{-6}\sim10^{8}\Omega\cdot m$，且随温度的升高而减小。绝大多数的半导体是固体而且是晶体。纯净的半导体材料由于导电性能很差，在实际应用中需要通过掺入不同浓度的微量杂质来调控其导电性，使半导体材料能制成各种器件并实现不同功能，从而获得广泛应用。

在硅中掺入五价元素磷（P）、砷（As）、锑（Sb）、铋（Bi）等可制成电子导电的n型半导体；而掺入三价元素铝（Al）、硼（B）、镓（Ga）、铟（In）等可制成空穴导电的p型半导体。利用n型、p型半导体的不同组合，制成二极管、三极管、稳压管和晶闸管等，起到整流和放大作用。

半导体材料的种类很多，一般可分为元素半导体如硅（Si）、锗（Ge）；化合物半导体如砷化镓（GaAs）、硫化镉（CdS）、氧化锌（ZnO）、碳化硅（SiC）；固溶体半导体如镓、砷、磷；有机半导体如蒽（$C_{14}H_{10}$）、萘（$C_{10}H_8$）；玻璃半导体等五类。

利用半导体材料的电导率随外界作用因素如光、热、电压等变化非常敏感的效应可制成光敏电阻、热敏电阻、压敏电阻等元件。

氧化锌压敏元件在电力系统中用作过电压保护；砷化镓在超高速半导体集成电路中起着至关重要的作用；非晶态半导体在静电复印感光膜、光存储器、太阳能电池及各种传感器中的应用日益广泛。碳化硅作为新型高温宽带隙半导体材料，在高频、大功率、耐高温、抗辐照的半导体器件等方面具有广阔的应用前景。

纳米半导体材料是一类具有超晶格、量子阱结构的材料，可用作制造量子器件。量子线材料就是电子只能沿着量子线方向自由运动，另外两个方向上受到限制；量子点材料是指电子在三个方向上都不能自由运动，能量是量子化的，其态密度函数就像单个的分子、原子那样孤立的分布函数，基于这个特点，可制造功能强大的量子器件。

大规模集成电路的存储器是靠大量电子的充放电实现的，大量电子的流动需要消耗很多能量导致芯片发热，从而限制了集成度；如果采用单个电子或几个电子做成的存储器，可以提高集成度，降低功耗。目前基于 GaAs 和 InP 基的超晶格、量子阱材料已经广泛地应用于光通信、移动通信、微波通信等领域。

1.2.3 导电材料

导电材料指允许电流持续流通的材料，其电阻率很低，一般在 $10^{-6}\Omega \cdot m$ 以下，一般随温度上升而增加。导电材料的载流子有两类：一类是自由电子，如铜、铝等金属材料中；另一类是离子，如酸、碱及盐类的溶液中。

电气工程中应用的导电材料以金属为主。要求材料有高的电导率、优良的机械性能、耐大气腐蚀性及良好的机械加工性能。常用的导电材料除高电导率的铜、铝外，也包括铜合金、铝合金、镍铬合金以及导电石墨等。

铜、铝主要用于电线电缆的载流线芯，电机、变压器的绕组导线；银、铜、钨复合导电材料用于开关设备中的电触头；合金导电材料的电阻率较高，主要用于制造各种电阻调节元件、电位器、传感元件、发热元件等，要求材料的温度系数小、机械强度高、高温抗氧化性好和耐腐蚀性好；有较高电阻率的石墨，具有熔点高、润滑性好的特点，用于制作电机的电刷、弧光灯和电池的电极等。

超导材料指在一定低温条件下呈现零电阻且排斥磁力线的材料。1911 年荷兰物理学家昂尼斯（H. K. Onnes）发现，在 4.2K 的极低温度下，汞（Hg）样品的电阻在极小温度范围内急剧下降到零。这就是后来所谓的超导电现象，即当某些材料的温度降到接近绝对零度的某一临界温度时，其电阻突然降为零。这种材料的电阻消失的特性称为超导电性，具有超导电性的材料称为超导体。超导体可分为元素超导体、合金超导体和化合物超导体三类。在 20 世纪 80 年代科学家又发现了铱-钡-铜-氧陶瓷超导体，它们在液氮温度以上具有超导电性，故被称为高温超导材料。超导体可应用于超导磁体、超导电机、超导限流器、超导电缆等电力设备中，超导技术因有着广阔的应用前景而引人瞩目。

1.2.4 磁性材料

磁性是物质的一种基本属性，电工材料中通常所说的磁性材料特指具有铁磁性的材料。铁磁材料根据组成可分为铁磁体材料和铁氧体材料两类，前者为金属，后者由氧化铁和其他金属氧化物的粉末压制成型；根据材料矫顽力的大小则可分为软磁材料和硬磁材料。

常用的软磁材料包括硅钢片、铁镍合金、铁铝合金、软磁铁氧体等。其特点是：矫顽力低、磁滞回线窄，故磁滞损耗小、磁导率高；在较低的外磁场作用下就能产生高的磁感应强度，当外磁场除去后，磁性基本消失。主要用在电机、变压器、继电器等电力设备中以增强电磁转换效率。

常用的硬磁材料包括铝镍钴铁系材料、硬磁铁氧体、稀土钴等。其特点是：矫顽力高、磁滞回线宽、磁滞损耗大；将外加的磁场去掉后，仍能在长时间内稳定地保持很强的磁性。主要用在微电机、扬声器、精密仪表等设备中产生恒定磁场。

随着现代高频电磁技术的迅速发展，铁磁体材料由于其电阻率低，高频下涡流损耗大，已不能满足应用需要；而铁氧体的导电性能属半导体型，电阻率比纯金属磁性材料要高得多，因此在高频磁场中涡流损耗小，适用于高频电工设备。具有矩形磁滞回线的铁氧体可作为电子计算机的记忆元件和自动控制中的开关元件。有的磁性材料在外磁场作用下有磁致伸缩现象，可用来制造超声元件和机械滤波器等。

1.2.5 电储能材料

电储能材料指通过物理或化学原理存储并释放电能的材料。电能存储是实现电能控制和转换的关键，电储能材料是实现电网中电能存储的核心材料，随着清洁能源大量接入，电储能技术需求日益迫切，对于电储能材料提出了越来越高的要求。目前广泛研究和应用的电储能材料有储能电容器材料、电化学电容器材料和二次电池材料等。

常用的储能电容器材料包括有机介质材料、无机介质材料和复合介质材料。有机电介质主要有传统聚丙烯薄膜、液体浸渍剂和新型聚合物储能介质；无机电介质主要有铁电体陶瓷和反铁电陶瓷等；还有以几种不同原料复合而成的多相复合材料。储能电容器的结构除了传统的箔式电容结构外，最广泛应用的结构包括金属化膜结构及多层片式结构。

常用的电化学电容器根据其储能模型和构造的不同，可将其划分为双电层电容器、氧化还原型电化学电容器（也称赝电容器）以及双电层电容器和赝电容器的混合体系，各种不同形式的电化学电容器具有不同形式的电极材料和电解液。

常用的二次电池是通过氧化还原反应实现化学能和电能互相转换的装置。其中锂离子电池以锂离子为主要的电荷载体，锂离子电池由正极、负极、电解质和防止电极间短路的隔膜组成，各组成结构按功能由不同材料制造而成。

在这些电储能器件中，储能电容器工作电压高、功率密度大；二次电池能量密度高、续航能力强；电化学电容器介于前两者之间。随着我国电力系统和用电设备的快速发展，对能量密度与功率更大、集成度更高的储能设备及其材料的开发提出了更高的要求。

1.3 电气材料与电力设备发展的关系

在电气工程技术领域，电气材料始终处于不可替代的重要地位。电气材料是构成电力设备的物质，是实现电力设备各种功能的基础，是电力设备安全可靠运行的基本保证。各种电气新技术的产生，往往都要通过相应的新设备和新器件来实现，新设备和新器件往往需要采用各种新材料进行制造；即使是原理上可行的新技术和新产品，如果没有相应的新材料，往往难以实现。随着导电材料、半导体材料、磁性材料、绝缘材料和电储能材料的发展，使人们得以在电磁场理论与量子力学的基础上，设计制造出各种电力设备与器件，实现对电能产生、传输、变换及应用过程的控制，发展形成现代电力工业并使之成为国民经济的命脉。

现代社会许多技术上的真正突破往往都来源于对材料性质的深刻认识，新材料的发展往往能带来技术上的重大进步。在电力设备一百多年的发展历程中也处处呈现出这种规律性。

导电材料的发展以及超导材料的出现，使得电力设备传输电能的容量不断增大、损耗降低、设备体积减小、经济性提高。1986 年以来，高温超导材料的突破，给人们展现出远距离、低损耗输电和电能规模化储存的潜在前景，引起世界各国物理、电气工程和材料科学等领域专家学者的广泛研究和关注。

以硅为代表的半导体材料的发展，开发出大功率电力电子器件，极大地提高了电力设备对电能的变换控制能力，提高了电能使用效率；碳化硅半导体器件的研发，已成为未来直流输变电技术发展的重要方向之一。

磁性材料的发展使得电力设备的磁滞损耗降低，电磁转换效率提高，设备体积减小。硅钢片的出现使旋转电机和变压器的电磁转换效率大大提高，单位体积的容量也更大，从而促进了电能的远距离输送和广泛应用；高矫顽力、高剩磁的钕铁硼等材料的应用，能够满足永磁同步电动机对强磁体的需要，使这类材料在微电机驱动中占有重要地位。

各种绝缘材料的发展，成为电力设备长期安全可靠运行的关键，将直接影响电力系统的运行质量和电力工业的发展水平。下面以绝缘材料的发展为例，进一步探讨电气材料与电力设备发展的关系。

应用实例——电气绝缘材料的发展

迄今为止，电力设备用绝缘材料的发展基本上经历了天然制品、人工合成和纳米复合电介质三个阶段。尽管这三代绝缘材料的发展和应用是针对不同水平的电力设备需求，但现在仍发挥着各自的作用。电力设备中常用的典型绝缘介质及其作用如表 1-2 所示。

表 1-2　电力设备中的典型绝缘介质及其作用

介质类型	绝缘介质	应用电力设备	作用
固体	云母带	发电机、电动机	绝缘、支撑
	绝缘纸	变压器、电力电缆、电容器	绝缘
	环氧树脂	电机定子线棒、电抗器、套管	绝缘、支撑
	聚乙烯	电力电缆	绝缘、支撑
	聚丙烯	电力电容器、电力电缆	绝缘
	硅橡胶	绝缘子	绝缘
	陶瓷	氧化锌避雷器	释放过电压能量
		绝缘子、套管	绝缘、支撑
	玻璃	绝缘子	绝缘、支撑
液体	矿物绝缘油	变压器	绝缘、散热
	植物绝缘油	变压器	绝缘、散热
	合成绝缘油	电缆、电容器、变压器	绝缘
气体	空气	架空线、电容器	绝缘
	六氟化硫	断路器、GIS、GIL	绝缘、灭弧

20 世纪初的电力设备工作电压低、电流不大，电机、电线电缆、变压器、开关等

设备的绝缘都是采用天然材料，如云母、沥青、绝缘纸、矿物油、植物油、天然橡胶、大理石板、棉布、丝绸等，其介电性能如绝缘电阻率和电气强度都较低。随着电力设备工作电压的提高，特别是大容量电机及高压输变电设备的不断发展，急需开发新型电介质绝缘材料。

从20世纪30年代开始，人工合成绝缘材料得到了迅速发展，20世纪中叶以后，随着合成化学技术的日趋成熟，高分子合成绝缘材料得到广泛应用。主要有缩醛树脂、聚乙烯、聚氯乙烯、氯丁橡胶、丁苯橡胶、聚酰胺、三聚氰胺以及因性能优异被称为塑料王的聚四氟乙烯等。这些合成材料的出现，极大地提升了电力设备的性能。例如：缩醛漆包线用于电机，使其工作温度和可靠性提高，而电机的体积和重量大大降低；玻璃纤维及其编织带和有机硅树脂的应用，增加了电机绝缘的耐热等级；不饱和聚酯与环氧树脂问世，以及粉云母纸的出现使人们摆脱了片云母资源匮乏的困境（图1-2所示为由天然云母矿制备的云母粉）；三氯联苯合成绝缘油使电力电容器的比特性出现了一次大的飞跃，但后因对人体健康有害已停止使用；六氟化硫的合成应用，大大提高了绝缘气体的电气强度。这些高分子合成材料不仅绝缘强度高、加工性能好，而且经过改性能够提高其耐热、阻燃、耐油等特性，促进了各种电力设备向大容量、高电压方向发展。

高分子聚合物现已成为各种新型绝缘材料的主体。例如，电机绝缘由Y级、A级（耐热90~105℃，天然棉、丝、纸绝缘）发展到C级（耐热200℃以上，聚酰亚胺绝缘、聚四氟乙烯、硅橡胶），以环氧粉云母带为主绝缘的大型发电机容量由20世纪50年代的6MW发展到1500MW以上；聚乙烯塑料绝缘电缆通过采用化学交联或辐照交联，耐温也由75℃提高到90℃以上。采用交联聚乙烯绝缘的交流电缆电压已达500kV、直流电缆已工程应用（国产535kV直流电缆如图1-3所示），而640kV直流电缆也已通过试验验证；合成十二烷基苯、二芳基烷等液体电介质和聚丙烯薄膜已作为电力电容器的主绝缘；六氟化硫部分取代的断路器空气绝缘及变压器油纸绝缘，使设备向大容量轻型化方向发展。

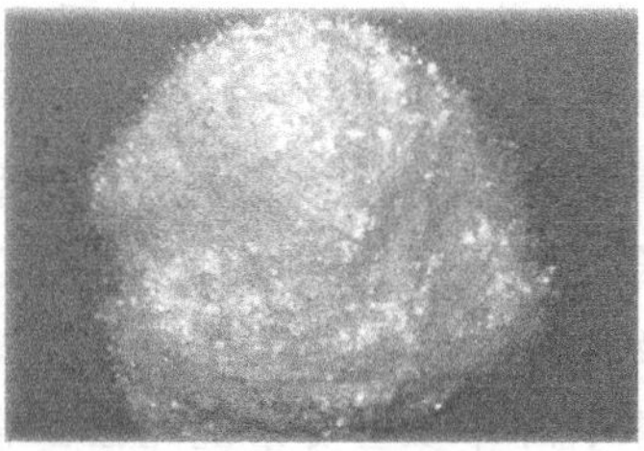

图1-2 由天然云母矿制备的云母粉

图1-3 535kV交联聚乙烯绝缘直流电缆

高性能交联聚乙烯绝缘500kV直流电缆

20世纪90年代开始发展起来的纳米材料与纳米技术，使传统电气材料的性能得以不断完善和提高，逐步引领着新型绝缘材料的发展。无机纳米与有机高分子复合的纳米复合电介质材料，有望在提高材料的电气强度、储能密度、导热性、耐辐照性、耐火、阻燃等方面有所突破，全面提高电力设备的性能和服役寿命。已有研究结果发现，采用将纳米级（粒径范围在1~100nm之间）粉料均匀地分散在高分子聚合物树脂中

（见图 1-4），或在聚合物内部形成纳米级晶粒，以及在聚合物中形成纳米级微孔等方法，所构成的纳米复合电介质材料表现出许多独特而又奇异的性能。例如：在常用的环氧树脂或聚乙烯材料中，添加适量的无机纳米粉体，会显著提高复合材料的电阻率和电气强度。这预示着纳米材料的应用必将为许多传统的绝缘材料带来性能上的飞跃。两个典型的应用实例：一是以耐电晕聚酰亚胺膜（漆）为代表的变频电机用绝缘材料，解决了采用电力电子变频技术控制电机转速所产生的重复频率陡脉冲影响电机线圈绝缘寿命问题，促进了各种变频驱动电器以及高速机车用电机的发展；二是聚乙烯纳米复合为代表的高压直流电缆料，可以解决绝缘材料中空间电荷积聚的难题，使高压直流挤包绝缘电缆在直流输电工程上的应用成为现实。

进入 21 世纪，环境友好绝缘材料概念的提出，即在电力设备的设计、生产、运输、使用和废弃过程中不对环境和人类造成有害影响的绝缘材料，如 SF_6 替代气体、热塑性固体绝缘材料、植物绝缘油（见图 1-5）等。为新型电气绝缘材料的研制和应用带来了新的方向与挑战。

聚酰亚胺纳米 SiO_2 复合材料的电子显微图像

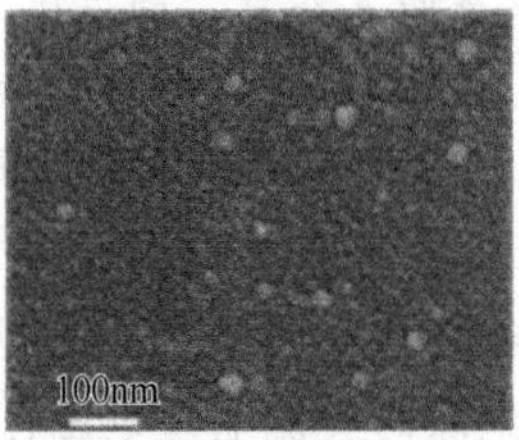

图 1-4　聚酰亚胺/纳米 SiO_2 复合材料的电子显微图像

图 1-5　植物绝缘油

综上所述，电力设备的发展与高性能绝缘材料密切相关。在电力系统中，随着输电线路电压等级每上升一个台阶，电力设备的绝缘系统也必须相应提升；没有高性能绝缘材料作保障，从发电、输变电到所有用电系统就有可能出现局部电网运行不稳定，严重时会使整个电网瘫痪。在国防工业中，军事装备的电气化动力、控制和通信等系统均需要高性能电气绝缘材料；要发展新型军事用电力装备，也必须有新型绝缘材料作先导。如核潜艇要求使用防盐雾、防潮、防霉、耐辐射的绝缘材料；航空航天飞行器需要高尺寸、稳定性、耐低温、耐辐射的绝缘材料。如果绝缘材料不能满足这些特殊使用环境下的苛刻条件要求，将导致电力装备中的许多重要系统无法正常运转。因此，绝缘材料是保证电气设备特别是电力设备能否长期安全可靠运行的关键材料，绝缘材料的发展水平决定了电力设备和器件的性能与水平，进而影响到电力系统及各种电系统的运行水平。

由此不难看出，在实现电力能源从城市到乡村，从陆地到海洋，从工农业生产到人们日常生活的电气化进程中，电气材料与电力设备的发展都起到了不可替代的促进和保障作用。目前，电力设备正向着高电压、大容量、轻型化、智能化方向发展，对耐高场强、耐高低温、耐辐射、耐高压力、耐化学腐蚀和环境友好等高性能电气材料的需求日益提高。随着人们对电气材料认识的不断深入以及对电力设备要求的不断提高，将使电力网络运行更加高效、节能、安全可靠，不断促进现代社会的进步。

思考题

1-1 什么是电气材料？电气材料主要有哪些种类？

1-2 什么是电力设备？电力系统中的电力设备主要有哪些类别？

1-3 简述电气材料的作用和地位。

1-4 简述电力设备的作用和地位。

1-5 论述电气材料与电力设备二者之间的发展关系。

1-6 举例说明电气材料在电力设备上的应用。

1-7 试比较±500kV 直流电缆线路与 500kV 交流电缆线路的特点？

1-8 如何学习电气材料这门课程？

第2章 电气材料结构与性能

电气材料是应用于电气、电子工程领域中各类材料的总称，它是电磁能量与信息的载体。通常根据其电磁特性和用途可分为电介质绝缘材料、半导体材料、导电材料和磁性材料四大类；此外，还包括电储能材料、功能转换材料及一些结构材料。各类材料之所以具有不同的特性，都是由于材料的组成与物质结构不同所致，因此认识和建立材料结构与性能的关系，对掌握电气材料的应用至关重要。

2.1 材料结构与性能的关系

电气材料学是一门关于电气电子工程领域中材料应用的交叉科学。通过探索认识材料的成分、组织结构、制备合成与加工工艺、性能等要素之间的相互关系，可以开发出新型的电气功能材料或对现有的电气材料进行改性。几个要素共同构成了电气材料学中的“四面体”关系，如图 2-1 所示，成为人们认识、开发、改善电气材料并将其应用于电力设备和电子器件的基础。

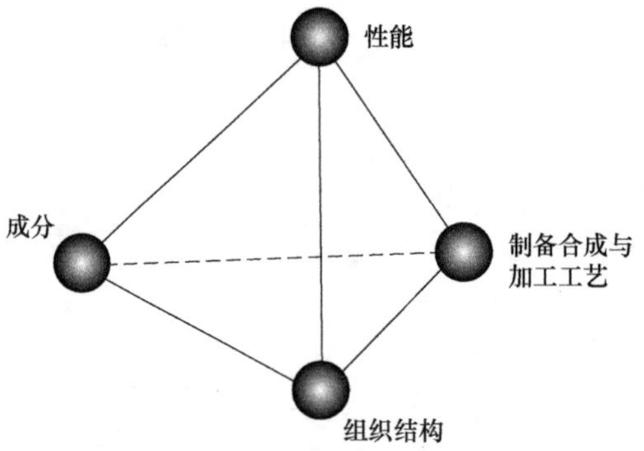

图 2-1 电气材料研究的四面体关系

成分是指构成电气材料的基本元素：如铜（Cu）、铝（Al）、铁（Fe）、碳（C）、氢（H）、氧（O）、硅（Si）等金属或非金属元素，具体是指电气材料的化学组成及其化学计量比。

结构是描述材料在不同尺度上的原子排列规律，具体包括四个层次：原子结构、分子结构（化学键）、晶体与非晶体结构（原子排列方式）和组织结构（相态、畴等）。

电气材料领域还关注材料的制备合成与加工工艺，制备合成是指由天然或人工的化学药品合成材料的制备过程；加工工艺则是为实现特定性能或功能而进行的材料加工或处理方法。

电气材料的性能主要包括：电学性能（电、磁、光等）、热学性能（热导、热膨胀、热稳定性等）、力学性能（强度、塑性、韧性等）、化学性能（抗氧化、抗腐蚀、聚合物降解等）以及材料的老化性能（电老化、热老化、多因子联合老化等）等。

化学组成是材料的固有属性，但是如果认为电气材料的成分是决定其性能的唯一因素，则是错误或不全面的。以电线电缆中常用的铜线为例：纯铜线较为柔软，电阻率较低；当对纯铜线进行反复的弯折，铜线就会变硬变脆，持续的弯折最终会导致铜线被折断。在这个铜线弯折加工过程当中，铜线的成分没有发生任何变化，从宏观上看材料也未发生任何的改变，然而材料的性能却发生了巨大的变化。引起性能变化的原因，是材料的内部存在肉眼不可见的微观尺度上的晶相组织结构的变化。因而，掌握材料性能与结构的关系就可以更好的实现材料的应用。

应用实例——氧化锌（ZnO）压敏陶瓷

氧化锌压敏陶瓷的成分-组织结构-制备合成与加工工艺-性能关系，如图 2-2 所示。ZnO 压敏陶瓷是一种广泛应用于瞬态过电压抑制和浪涌吸收等器件的核心材料，其电阻值具有非线性特性，对电压变化敏感（即电压敏特性）。ZnO 压敏陶瓷的工作电压与厚度成正比，目前单片 ZnO 压敏陶瓷的工作电压可低至 3V，高至数万伏，多层串联能将工作电压提升至 1000kV 左右。所以 ZnO 压敏陶瓷广泛应用于低压、中压、高压、超/特高压领域的过电压保护器件中，如 ZnO 避雷器。

加工工艺对铜导体微观组织结构的影响

氧化锌压敏陶瓷的成分-组织结构-制备合成与加工工艺-性能关系

氧化锌陶瓷的表面显微结构

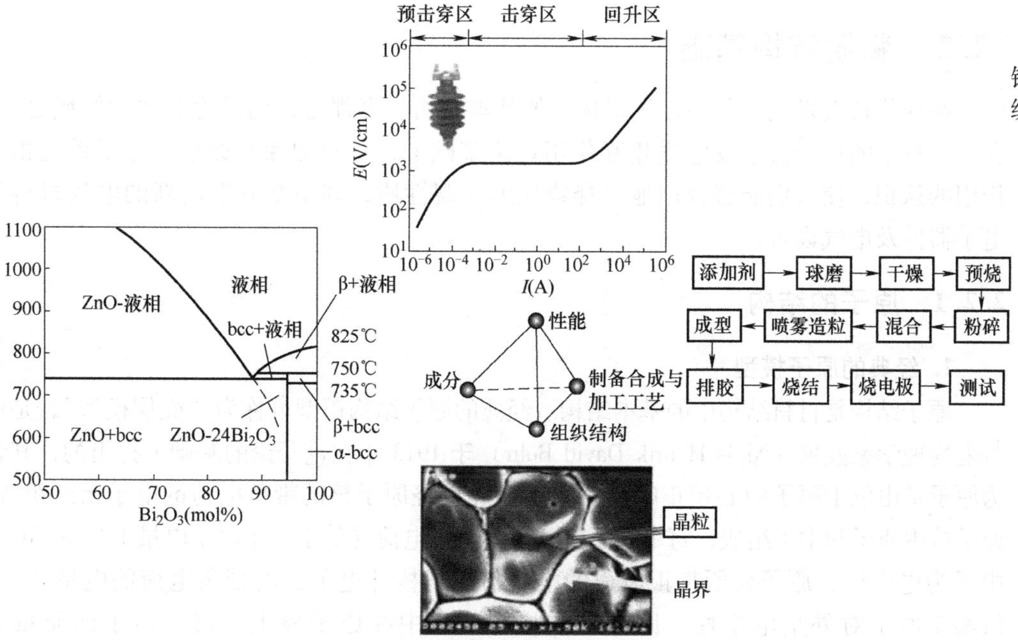

图 2-2 氧化锌压敏陶瓷的成分-组织结构-制备合成与加工工艺-性能关系

ZnO 避雷器充分利用了压敏陶瓷这种非线性的电压-电流伏安特性（*V-I* 特性）。在 ZnO 压敏陶瓷 *V-I* 特性曲线中，一般分为三个区域：①预击穿区，又称小电流区，通过压敏陶瓷中的电流密度小于5~10A/m^2，其电阻率在10^8~10^{10}Ω·m之间，压敏陶瓷呈现高阻绝缘状态；②击穿区，电流密度从5~10A/m^{2}增加到1×10^6A/m^2，其电阻率在10^{-2}~10^8Ω·m之间，压敏陶瓷呈现低阻导通状态；③回升区，电流密度大于1×10^6A/m^2，其电阻率在10^{-3}~0.1Ω·m之间。ZnO压敏陶瓷正常工作时处在小电流区，当浪涌电流出现时，随着电压的陡然升高，压敏陶瓷快速导通，限制过电压，从而保护与之并联的电力设备或电子器件；浪涌电流过后压敏陶瓷迅速恢复到小电流工作区。

ZnO压敏陶瓷的这种非线性电压-电流特性是由其化学组成、组织结构和制备工艺所决定的。纯ZnO多晶陶瓷的*V-I*特性为线性，为使其呈非线性，需添加多种氧化物，其中最重要的是Bi_2O_3。将原料混合后采用烧结的方法，制备出ZnO压敏陶瓷材料。在这种陶瓷材料中具有晶粒、晶界和富铋晶间相的多晶组织结构。晶粒的结构为规则的六方晶系纤锌矿结构；而晶粒之间的晶界和富铋晶间相结构的紊乱、化学计量比的偏离和杂质的富集，在ZnO晶粒表面形成大量受主型表面态；它们捕获晶粒中的自由电子，并同时在ZnO晶粒内靠近晶界一侧形成正的空间电荷区，即耗尽层，由此在晶界两侧同时形成肖特基（Schottky）势垒。ZnO压敏陶瓷的非线性就起因于ZnO晶粒间的晶界中形成的肖特基势垒。

本章将重点介绍电气材料的物质结构基础，以及相应的电学性能、热学性能和力学性能基础，而材料的制备合成与加工工艺可参考后续章节内容或相关文献。

2.2 物质结构基础

在现代科技发展历程中，认识物质的基本结构一直都是人们最为关注的领域之一。在物质粒子的量子力学及电磁相互作用理论基础上，不断加深对原子、分子系统相互作用的认识，使人们能够合理地解释物质的宏观性质，并不断开发出新的电气材料和电子器件及电气设备。

2.2.1 原子的结构

1. 经典的原子模型

原子结构是材料结构中的基本结构。经典的原子结构模型可称为“壳层模型”，是由丹麦物理学家波尔（Niels Henrik David Bohr）于1913年在量子论的基础上提出的，其认为原子是由位于原子中心带正电荷的原子核和环绕原子核的带负电荷的电子云所组成。原子核由质子和中子组成，每个质子带一个单位正电荷（等于一个电子电量1.6×10^{-19}C），中子为电中性，原子核所带正电荷的电量与原子核外电子云所带负电荷的电量相等，故整个原子对外呈电中性。原子的质量主要集中在原子核上，每个质子的质量为1.6726×10^{-27}kg，每个中子具有和质子相同的质量，而每个电子的质量为9.1096×10^{-31}kg，仅为质子质量的1/1836。

原子中的电子环绕原子核运动，电子的数目与原子核中质子的数目相同。在波尔模型中将电子看成是在固定半径的球型壳层内运动的电荷，并假设只有某个固定半径的电子轨道是稳定的。例如：氢原子中电子的轨道半径约为0.053nm，电子在该轨道做稳定的周期性运动，周期约为 10^{-16}s。

2. 电子运动的描述

电子是带负电荷且质量很小的微粒，它在固定轨道上围绕原子核做高速运动，速度约为 10^6m/s，其运动状态不能用经典物理的宏观力学来描述，只能按照量子力学用统计的观点去认识电子在原子核外空间某个区域出现的规律（或概率分布）。

例如：在氢原子中，原子核外只有一个电子，该电子在原子核外各处空间出现的概率不同，电子在原子核外出现的概率分布称为电子云。图 2-3 为氢原子中电子在原子核外空间出现的概率分布示意图，电子出现的概率在半径 $r=r_0=0.053$nm处获得最大值，r_0 被称为氢原子的波尔半径，用以表示电子云与原子核之间的距离。

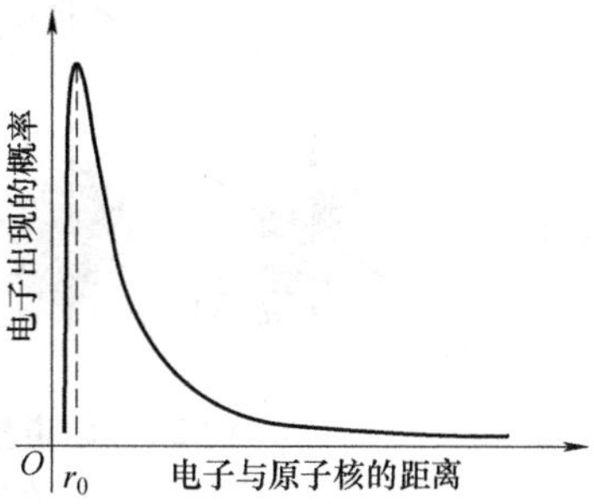

图 2-3　氢原子中电子出现的概率分布

在拥有多个电子的原子中，电子分别在具有不同能量的能级轨道上运动，能级的分布是量子化的，即不连续的。在用量子理论描述电子的运动状态时，需要采用四个称为量子数的一组数值（n,l,m_1,m_s），才能完全地确定一个电子的运动状态。

1）主量子数 n：表示电子所在主壳层的能级，是决定电子能量的主要因素。在多电子原子中，电子在原子核外按一定层次排布，这种电子的层次分布称为电子壳层。由主量子数来区分的壳层称为主壳层，对应于 $n=1,2,3,4,\cdots$，依次有 K,L,M,N 等主壳层，如图 2-4 所示。

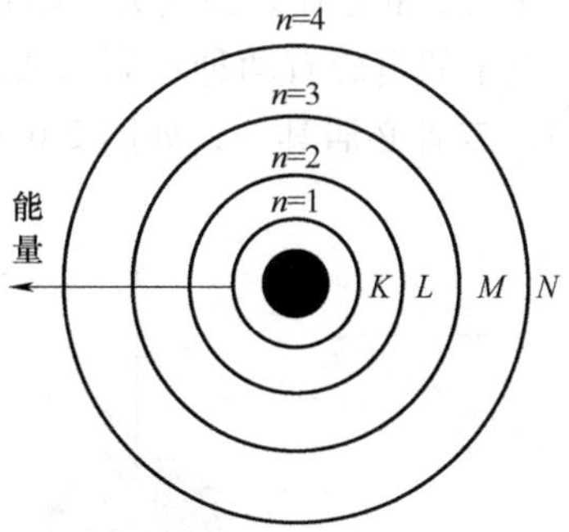

图 2-4　主量子数对应壳层

2）轨道量子数 l：亦称角动量量子数或角量子数，表示电子所在亚壳层的能级，即主量子数所决定能级的次一级的、更精细的结构，决定电子环绕原子核运动的轨道动量矩。光谱学实验发现，在相同主量子数的壳层中，电子的能量也不完全相同，故采用轨道量子数加以区分。在每一主壳层上，由轨道量子数区分的壳层称为亚壳层，对应于轨道量子数 $l=0,1,2,3,\cdots$，分别表示为 s，p，d，f，…轨道。不同轨道量子数代表了电子云的不同形状，其中 s 代表球形电子云，p 代表哑铃形电子云，d 为四瓣梅花形电子云，f 则是更为复杂的形状，如图 2-5 所示。

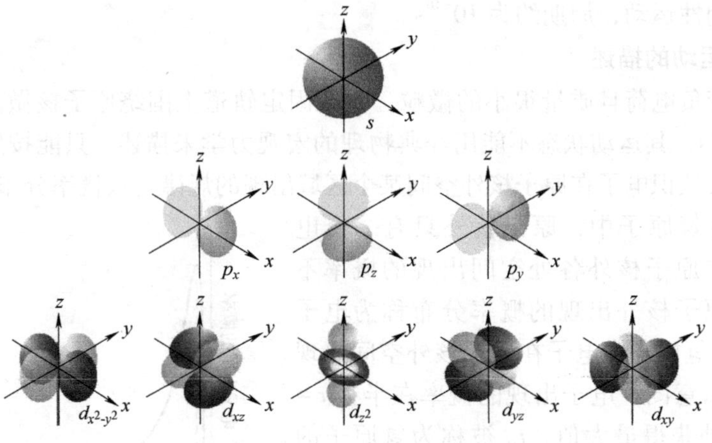

轨道量子数和磁量子数共同决定了电子云在空间中的形状和伸展方向

图 2-5　轨道量子数和磁量子数共同决定了电子云在空间中的形状和伸展方向

3）磁量子数 m_1：表示轨道动量矩在外磁场方向的投影，也即电子云在空间的伸展方向。磁量子数的取值受到轨道量子数的制约，只能取值为+l 到−l 的所有整数。例如，当轨道量子数 l 取值为 0 时，代表电子云为球形的 s 轨道，在空间仅有一个伸展方向，此时磁量子数的取值仅能为 0；当轨道量子数 l 取值为 1 时，代表电子云为哑铃形的 p 轨道，它在空间可分别沿 x，y，z 三个方向伸展，即磁量子数的取值为−1，0，1。当轨道量子数 l 取值为 2 时，四瓣梅花状的 d 轨道在空间有五个伸展方向，即代表磁量子数可取值为−2，−1，0，1，2，如图 2-5 所示。

4）自旋量子数 m_s：表示自旋动量矩在外磁场方向的投影。电子在环绕原子核运动的同时，自身也做自旋运动。电子的自旋有两种不同形式，用自旋量子数 m_s 来表示两种不同的自旋运动，可取±1/2，二者必居其一，如图 2-6 所示。

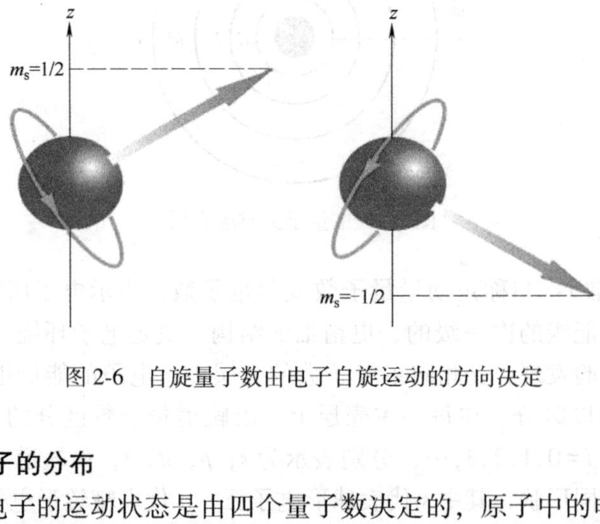

图 2-6　自旋量子数由电子自旋运动的方向决定

3. 原子中电子的分布

原子中每个电子的运动状态是由四个量子数决定的，原子中的电子在各壳层上的分布应遵循泡利不相容原理、能量最低原理和洪特规则。因此，每一主壳层上只能容纳一定数量的电子，也不能将主壳层上所有的电子填入同一个亚壳层中。

1）泡利不相容原理：同一轨道上只能容纳两个自旋方向相反的电子。在一个原子中，不可能有两个以上的电子具有完全相同的运动状态，即每个电子都具有完全不相同的一组量子数。因此，在 n 一定的主壳层上，其允许容纳的电子数最多为 $2n^2$；对于给定的亚壳层，电子的最大填充数为 $2\times(2l+1)$。例如，在碳原子中，电子分布的表示方法为 $1s^2 2s^2 2p^2$。

2）能量最低原理：原子系统中电子趋向于率先占有最低的能量轨道。物质体系的能量越低，物质体系越稳定。在由原子核和核外电子构成的原子系统内，当原子中的电子的能量最小时，原子系统的能量最低，原子处于稳定状态。因此，原子系统中能量最低的轨道被占满后，电子再依次进入更高一级能量轨道。由此原子中的电子分布总是从最内层能量轨道开始向外层能量轨道排列，以形成稳定的原子结构。

3）洪特规则：又称最多轨道规则，即在相同能量的亚壳层轨道上，电子排布将尽可能分别占据不同的轨道，并且自旋方向相同。当同一亚壳层上电子排布状态为全满、半满或全空时，原子比较稳定。

原子主壳层及亚壳层中电子的最大可能数目如表 2-1 所示。

表 2-1 原子主壳层及亚壳层中电子的最大可能数目

核外电子壳层结构		K	L		M			N
		s	s	p	s	p	d	s …
典型元素及其电子排布	H(氢) $1s^1$	↑						
	C(碳) $1s^2 2s^2 2p^2$	↑↓	↑↓	↑ ↑				
	O(氧) $1s^2 2s^2 2p^4$	↑↓	↑↓	↑↓ ↑ ↑				
	F(氟) $1s^2 2s^2 2p^5$	↑↓	↑↓	↑↓ ↑↓ ↑				
	Al(铝) $1s^2 2s^2 2p^6 3s^2 3p^1$	↑↓	↑↓	↑↓ ↑↓ ↑↓	↑↓	↑		
	S(硫) $1s^2 2s^2 2p^6 3s^2 3p^4$	↑↓	↑↓	↑↓ ↑↓ ↑↓	↑↓	↑↓ ↑ ↑		
	Fe(铁) $1s^2 2s^2 2p^6 3s^2 3p^6 3d^6 4s^2$	↑↓	↑↓	↑↓ ↑↓ ↑↓	↑↓	↑↓ ↑↓ ↑↓	↑↓ ↑ ↑ ↑ ↑	↑↓
	Cu(铜) $1s^2 2s^2 2p^6 3s^2 3p^6 3d^{10} 4s^1$	↑↓	↑↓	↑↓ ↑↓ ↑↓	↑↓	↑↓ ↑↓ ↑↓	↑↓ ↑↓ ↑↓ ↑↓ ↑↓	↑

4. 原子中电子的得失

在原子结构中，内层的电子受原子核的吸引力最大，所处能级最低亦最稳定；外层的电子受原子吸引力最小，所处能级最高亦最活跃，参与化学反应能力强。对于主量子数为 n 的壳层，如果以 $2n^2$ 个电子为全部填满状态，则该壳层称为闭壳层，此时电子的电、磁性能均相互平衡抵消，很难受到外部的作用，结构处于稳定状态。例如，在元素周期表中的惰性元素，其亚壳层被全部填满，由闭壳层组成的惰性气体 He、Ne、Ar、Kr 等，具有极其稳定的化学性能，难以参加化学反应。

如果核外电子填充未形成闭壳层，远离原子核的最外亚壳层上的电子在原子相互作用中扮演着最重要的角色。在化学反应中，这些电子首先与相邻原子的外层电子发生相互作用，故最外层的电子亦称为“价电子”，决定元素的化合价。例如，碱金属 Li、Na、K 等原子在闭壳层外的亚壳层中还有一个价电子，很容易失去这个电子而成为一价正离子，形成稳定的闭壳层结构。

原子失去一个电子而成为一价正离子所需要的能量称为电离能，通常指基态的气态原子失去一个电子而变成气态的一价正离子需克服原子核束缚而吸收的能量，亦称第一电离能。原子的电离能越小越容易形成正离子。例如，碱金属原子的电离能最小，惰性气体原子的电离能最大。部分元素的电离能如表 2-2 所示。

表 2-2　部分元素的电离能　（单位：eV）

元素	电离能	元素	电离能	元素	电离能	元素	电离能
1H	13.60	6C	11.26	11Na	5.14	16S	10.36
2He	24.58	7N	14.53	12Mg	7.64	17Cl	13.01
3Li	5.39	8O	13.61	13Al	5.98	18Ar	15.75
4Be	9.32	9F	17.42	14Si	8.15	19K	4.34
5B	8.30	10Ne	21.56	15P	10.48	20Ca	6.11

原子获得一个电子成为一价负离子时所放出或吸收的能量称为电子亲和能，通常指基态的气态原子获得一个电子变成气态的一价负离子所放出或吸收的能量，亦称为第一电子亲合能。有的一价负离子再次获得一个电子成为二价负离子时所放出或吸收的能量称为第二电子亲合能。亲和能越大的原子越容易形成负离子。例如，卤素元素最外层容易获得一个电子而形成一价负离子，从而使最外层形成稳定的闭壳层结构。部分元素的电子亲和能如表 2-3 所示，其中正值表示放出的能量，负值表示吸收的能量。

表 2-3　部分元素的电子亲和能　（单位：eV）

s^2		s^2p^1		s^2p^2		s^2p^3		s^2p^4		s^2p^5		s^2p^6	
H^-	0.76	He^-	-0.50										
Li^-	0.62	Be^-	-0.50	B^-	0.28	C^-	1.26	N^-	-0.07	O^-	1.46	F^-	3.41
Na^-	0.55	Mg^-	-0.42	Al^-	0.43	Si^-	2.39	P^-	0.75	S^-	2.08	Cl^-	3.62
$d^{10}s^2$												Br^-	3.37
Cu^-	1.24											I^-	3.06
Ag^-	1.31											O^{2-}	-7.72
Au^-	2.31											S^{2-}	-6.12

元素的电负性表示原子吸引电子的能力，与原子失去或获得电子的能力相关，电负性的大小正比于原子的电离能与电子亲合能之和。通常规定 Li 元素的电负性为 1，其他元素相对 Li 电负性的比值作为该元素的电负性，如图 2-7 所示（彩色图片请扫二维码），其中绿色表示元素的电负性最弱，黄色表示元素的电负性适中，红色表示元素的电负性最强。电负性的大小与材料中化学键的性质有直接联系，而且

对材料束缚电荷的方式也有重要影响。例如，在 SF_6 分子中，S 原子处于分子中心，F 原子处于分子外围，由于 F 的电负性强，容易从周围捕获电子，使 SF_6 气体成为强电负性气体，广泛用于高压电力设备绝缘介质。

H 2.1																	He
Li 1.0	Be 1.6											B 2.0	C 2.5	N 3.0	O 3.5	F 4.0	Ne
Na 0.9	Mg 1.2											Al 1.5	Si 1.8	P 2.1	S 2.5	Cl 3.0	Ar
K 0.8	Ca 1.0	Sc 1.3	Ti 1.5	V 1.6	Cr 1.6	Mn 1.5	Fe 1.8	Co 1.9	Ni 1.9	Cu 1.9	Zn 1.6	Ga 1.6	Ge 1.8	As 2.0	Se 2.4	Br 2.8	Kr
Rb 0.8	Sr 1.0	Y 1.2	Zr 1.4	Nb 1.6	Mo 1.8	Tc 1.9	Ru 2.2	Rh 2.2	Pd 2.2	Ag 1.9	Cd 1.7	In 1.7	Sn 1.8	Sb 1.9	Te 2.1	I 2.5	Xe
Cs 0.7	Ba 0.9	La 1.0	Hf 1.3	Ta 1.5	W 1.7	Re 1.9	Os 2.2	Ir 2.2	Pt 2.2	Au 2.4	Hg 1.9	Ti 1.8	Pb 1.9	Bi 1.9	Po 2.0	At 2.1	Rn

图 2-7 不同元素的电负性

不同元素的电负性

2.2.2 分子中的作用力

1. 分子的形成

分子的形成与原子间的距离和相互作用力大小密切相关。如图 2-8 所示，在相距 r 的两个原子构成的分子系统中，当两个原子从相隔无穷远相互靠近时，因引力和电子分布重叠作用而产生吸引和排斥现象。初始时吸引力 F_A 大于排斥力 F_R，产生净力 $F_N=F_A+F_R$ 作用，两原子相互靠近，二者之间的距离 r 减小；当两个原子间距离 r 小于某个平衡距离 r_0 时，排斥力大于吸引力并产生反方向的净力作用；当净力为零时，系统达到平衡状态，对应的平衡距离 r_0 即为键的长度，此时系统能量最低，形成稳定的分子，对应的最小能量 E_0 称为结合能。

原子间作用力和势能随原子间距离的变化

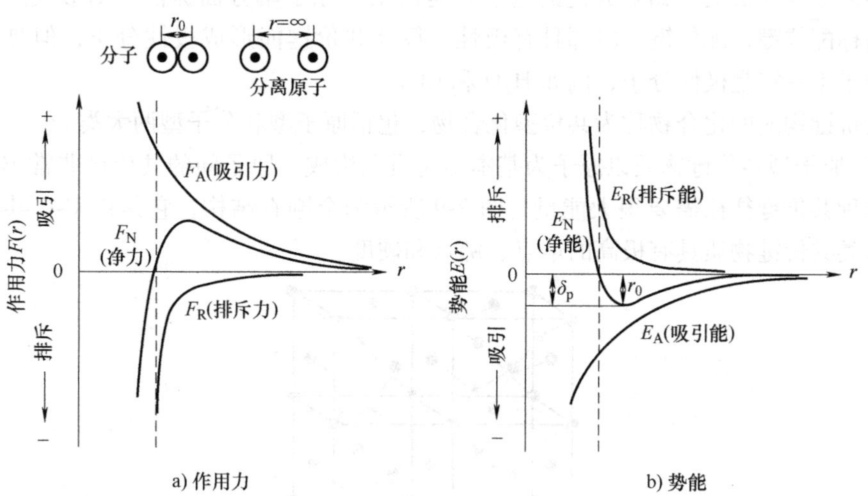

图 2-8 原子间作用力和势能随原子间距离的变化

结合能也是将分子离解成原子（或离子）时所需要的能量，一般在0.02~10eV范围。当结合能减小到使原子不再受固体晶格点阵的约束而自由运动时，则由原子（离子）凝聚成的固体物质就变成为液体物质；如果原子间距离进一步增大，则原子间的作用力就完全消失而形成自由原子，物质呈气体状态。

在分子内部，相邻的两个或多个原子（或离子）之间存在的主要的、强烈的和吸引的相互作用称为化学键。而在分子之间存在的较弱的分子间作用力，又称为范德华力。通常，分子间作用力（范德华力）比分子内作用力（化学键）要小1~2个数量级。

2. 化学键

化学键可分为共价键、金属键及离子键三大类。化学键的强度可用键能来表示，即将一摩尔气态分子的化学键全部析离而分解成气态原子时所需的能量，单位为J/mol。键能越大，分子越稳定。

（1）共价键

两个相同或不同元素的原子共同拥有（以电子云重叠的形式）部分或全部价电子而形成的化学键，称为共价键。共价键具有饱和性、方向性和极性。

共价键的饱和性：共价键是由原子中未成对且自旋方向相反的电子配对而成，因此，未成对电子一旦成键，就不能再继续成键，即共价键具有饱和性。

共价键的方向性：在原子壳层结构中，除了*s*轨道的电子云呈球对称分布外，其他轨道的电子云如*p*、*d*、*f*轨道都具有一定的空间伸展方向。在形成稳定的共价键时，除*s-s*键没有方向性外，*s-p*键或*p-p*键等都要沿一定的方向相互作用，才能达到电子云的最大重叠，即共价键往往具有方向性。

共价键的极性：相同元素的原子组成分子时，共有电子对将均等地围绕两个原子核运动，电荷呈对称分布，正负电荷中心重合，形成非极性共价键。不同元素的原子组成分子时，两种原子吸引电子的能力不同，电荷呈不对称分布，正负电荷中心不重合，形成极性共价键。如果成键的电子对是由某一原子单方面提供，则形成配位共价键，简称配位键，配位键一般都具有极性。极性共价键能形成极性分子，但具有极性键的分子不一定是极性分子，例如H_2O和CO_2。

共价键构成的化合物称为共价型化合物，包括原子型和分子型两大类。

1）原子型共价键物质以原子为基本结构质点构成。原子间的共价键非常牢固，要解离这种共价键往往需要很大能量。图2-9所示为金刚石结构，它是由C-C共价键组成。这类共价键物质具有极高的熔点、沸点和硬度。

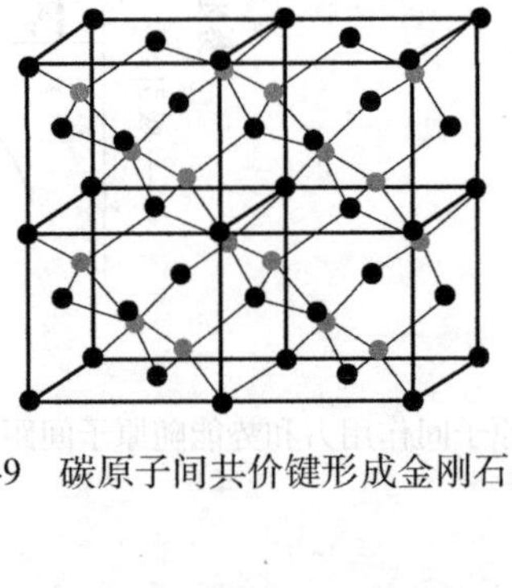

图2-9　碳原子间共价键形成金刚石晶体

完全由共价键构成的固体材料具有化学稳定性好、几乎不溶于所有溶剂等特点，共价键的方向性和高的键能，使材料缺乏延展性，在强力作用下易碎、易裂。

2）分子型共价键物质以共价型分子为基本结构质点，通过分子间力联结起来，例如 CH_4、CO_2 等。图 2-10 为甲烷 CH_4 中的 C-H 共价键示意图，由一个碳原子与四个氢原子共享电子而形成四个相同的共价键，每个键共享两个电子，四个键相互排斥形成四面体空间结构。

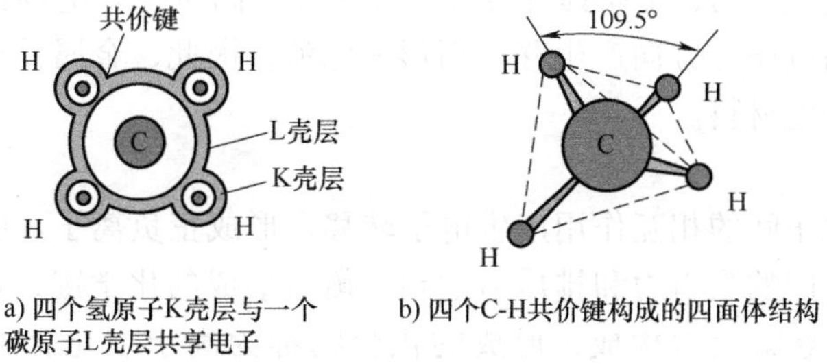

图 2-10 甲烷分子结构示意图

当这类共价键物质的固体熔化或液体气化时，分子内的化学键并未被破坏，只需克服微弱的分子间力。因此，这类共价键物质具有较低的熔点和沸点。

共价型化合物中由于不存在离子，共价键的饱和性，使价电子被束缚在共价键中，在电场作用下不能自由移动，通常这类化合物不论是固态或气态的电导率均非常小，是良好的电绝缘介质；当极性共价键化合物溶于水时，若在水中能产生离子，则具有导电性。

（2）金属键

金属键主要存在于金属中，由自由电子与金属阳离子之间的静电吸引力所产生。在金属晶体中，金属原子具有少量易移动的价电子，当许多金属原子堆积形成固体时，价电子会脱离单一原子束缚而被所有金属阳离子共享成为自由电子，渗入离子间的空间而形成电子气或电子云。电子气负电荷与金属阳离子间的相互吸引作用，大于将价电子移离单一原子束缚所需的能量，所形成的化学键称为金属键，如图 2-11 所示。金属键的键能与金属原子的半径和价电子数等有关。

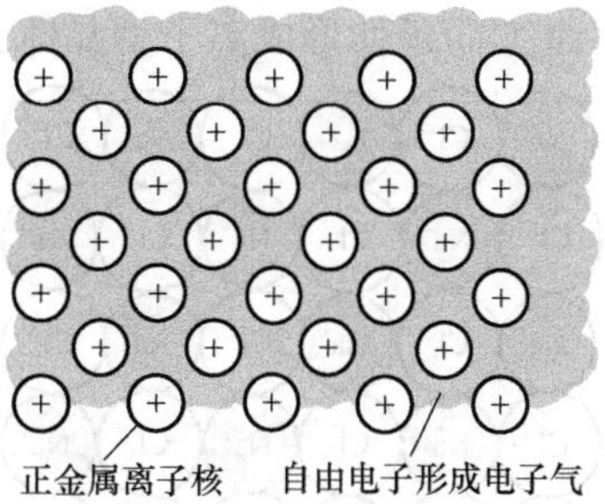

图 2-11 金属键

在静电吸引力相互作用下，金属离子趋于尽量靠近，形成密堆积晶体结构，具有比共价键高的配位数。金属键中由于电子是集体共享，因此无方向性。在外力作用下，两层金属原子（离子）间能产生相对滑动，出现一定的缺陷，例如由滑移和位错造成的断层缺陷；但是在一定作用力范围内，这两层金属原子（离子）仍然可以被自由电子联系在一起，从而使整个金属晶体不至于断裂，因而使金属表现出延展性。在气体分子中没有金属键。

在存在温度梯度的金属棒中，自由电子与金属离子的相互碰撞，将能量从高温区域向低温区域传输，因而，金属具有良好的导热性。同时在外电场作用下，电子气中的自由电子易于沿电场力方向产生移动而形成电流，因此，金属具有高电导率，常用作电工材料中的导电材料。

（3）离子键

构成分子的原子间的相互作用产生电子转移，形成正负离子。由正负离子间的静电相互作用使离子间的吸引力和排斥力达到平衡所形成的化学键，称为离子键。离子键往往由金属-非金属元素构成，形成的化合物称为离子型化合物，例如，氯化钠（NaCl）中离子键的形成过程如图 2-12 所示。

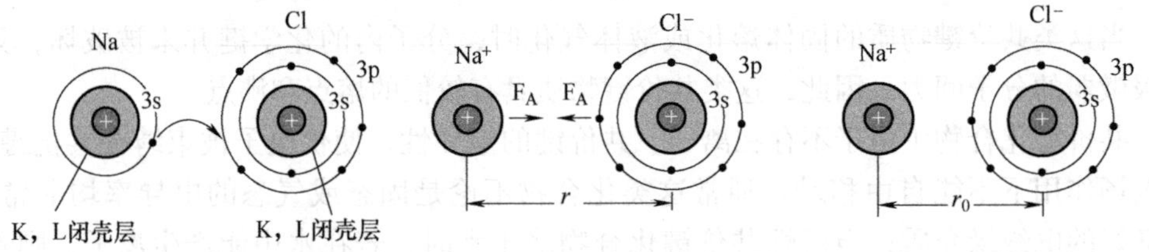

a) Na、Cl原子相互作用产生电子转移　b) Na^+、Cl^-离子相互吸引　c) 形成稳定的离子键

图 2-12　NaCl 中离子键的形成

离子键主要存在于结晶体中，同时也存在于气体和液体中。例如，在 NaCl 结晶体和 NaCl 蒸汽分子中均存在离子键，前者称为“离子型结晶体”，后者称为“离子型分子”。当 NaCl 处于高温熔融态时，则形成“离子型液体”。

当大量电离的 Na 原子和 Cl 原子在一起时，库仑力作用使 Na^+离子和 Cl^-离子相互结合并在空间三维方向不断延伸最终形成固体，如图 2-13 所示。由于围绕离子电荷的库仑力是无方向性的，故离子键没有方向性。每个离子还可同时与几个相反电荷的离子产生相互作用，并在空间三维方向延伸形成离子型晶体，所以离子键没有饱和性。

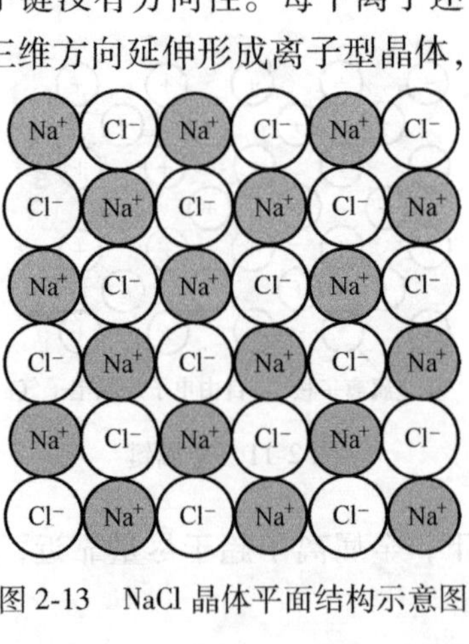

图 2-13　NaCl 晶体平面结构示意图

在离子键形成过程中，当系统势能达到最小时，离子处于平衡状态，形成的固体物质化学性能稳定。在图 2-14 所示 NaCl 固体系统中，当 Na^+和 Cl^-离子处于分离状态时，其系统势能约为 1.5eV；两个离子在库仑力的作用下相互靠近达到平衡位置 r_0 时，系统的最小势能约为-6.3eV。

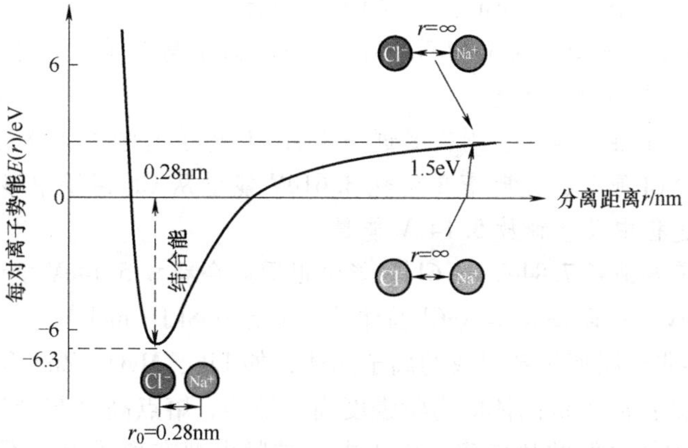

图 2-14 NaCl 固体中离子对势能示意图

应用实例——NaCl 晶体中离子键的键长和键能

NaCl 晶体中 Na^+-Cl^-离子对的势能 $E(r)$ 可表示为随离子间距 r 变化的函数：

$$E(r)=-\frac{e^2M}{4\pi\varepsilon_0 r}+\frac{B}{r^m} \tag{2-1}$$

式 (2-1) 中第一项表示吸引势能，即为 Na^+-Cl^-离子对的库仑相互作用能量。其中 M 为常数，取决于晶体中离子的几何排列及具体的晶体结构；当不考虑其他离子对的影响时，$M=1$；然而在 NaCl 晶体中，对于给定的某个 Na^+离子，不仅与其周围最近邻的 6 个 Cl^-离子相互作用，同时也与次近邻的 12 个 Na^+离子和第三近邻的 8 个 Cl^-离子等相互作用，这种排布形成的面心立方晶体结构，$M=1.748$。式 (2-1) 中第二项表示排斥势能，即为 Na^+-Cl^-离子对中由于亚壳层重叠产生的填充电子间的相互排斥作用能量，排斥势能随离子间距增加快速衰减。其中 B、m 为常数，对于 Na^+-Cl^-离子对，$m=8$，$B=6.972\times10^{-96}\text{J}\cdot\text{m}^8$。对应于晶体离子中 Na^+离子和 Cl^-离子间的平衡间距 r_0，离子结合能为 $-E(r_0)$，如果给定 Na 的电离能为 5.14eV，Cl 的电子亲合能为 3.61eV，可以计算出每摩尔 NaCl 晶体的原子结合能即键能。

在 $r=r_0$ 处势能 $E(r)$ 最小，此时形成离子键。对式 (2-1) 进行微分：

$$\frac{\mathrm{d}E(r)}{\mathrm{d}r}=\frac{e^2M}{4\pi\varepsilon_0 r^2}-\frac{mB}{r^{m+1}}=0 \quad (r=r_0)$$

得到 r_0 为

$$r_0=\left[\frac{4\pi\varepsilon_0 Bm}{e^2M}\right]^{1/(m-1)} \tag{2-2}$$

代入各参数值可得：$r_0=0.28\text{nm}$。

离子对中最小势能 $E_{\min}$ 等于 $E(r_0)$，结合式（2-2）可简化为

$$E_{\min}=-\frac{e^2M}{4\pi\varepsilon_0 r_0}+\frac{B}{r_0^m}=-\frac{e^2M}{4\pi\varepsilon_0 r_0}\left(1-\frac{1}{m}\right) \tag{2-3}$$

代入对应参数值可得：$E_{\min}=-7.84\text{eV}$。

该最小能量与两个独立的 Na^+ 离子和 Cl^- 离子相关。

将 Na^+-Cl^- 离子对分离为独立的 Na^+ 离子和 Cl^- 离子需要消耗能量 7.84eV，该能量即为离子结合能，亦称为晶格能。

将晶体分解为中性的原子，则需要进一步将 Cl^- 离子的电子转移到 Na^+ 离子以获得中性的 Na 原子和 Cl 原子，此时需要消耗 3.61eV 能量从 Cl^- 离子中移出电子，而移出电子到 Na^+ 离子过程中又会释放 5.14eV 能量。

因此，共计需要消耗 7.84eV+3.61eV 能量但同时会释放 5.14eV 能量。则每个 Na-Cl 键的键能为 6.31eV，亦即每摩尔 NaCl 晶体的键能为 $608\text{kJ}\cdot\text{mol}^{-1}$。

许多由金属-非金属离子键组成的离子晶体，如 LiF、MgO、ZnS 等，具有许多共同的物理性质。例如：离子键固体的力学强度高、易碎、熔点高（与金属相比）；具有比金属键和共价键固体更低的热导率；由于电子被紧束缚在离子上，不易在外电场作用下沿电场方向迁移，因此离子型固体介质是典型的电绝缘体；易溶于极性液体如水中，形成导电离子。

3. 分子间力（次级键）

分子间力是指存在于分子与分子之间或高分子化合物分子内官能团之间的作用力，广泛存在于极性分子（基团）和非极性分子（基团）之中。分子间力包括范德华力和氢键。

（1）范德华力

分子型物质，无论是气态、液态或固态，都是由许多分子组成。例如，惰性元素分子氩 Ar，在低于-189℃成为固相；水分子是电中性的，水分子间相互吸引而形成液态（低于 100℃）及固态（低于 0℃）。在这些原子、分子间存在一种相比化学键较弱的吸引力，就是所谓的分子间作用力，又称为范德华力。通常分子间力比化学键的作用力小 1~2 个数量级，其作用能量一般不超过 41.8kJ/mol。

分子间作用的范德华力主要包括取向力、诱导力和色散力三种基本形式。

1）取向力：极性分子与极性分子之间的作用力。极性分子由于其正负电荷中心不重合，存在固有电偶极子。当两个极性分子靠近时，分子偶极子间会出现相互吸引或相互排斥的作用，并产生相对转动，形成异极相对，同极远离，如图 2-15 所示。这种由于极性分子取向使分子间相互吸引的力称为取向力。分子极性大，取向力也大，且与分子间距的六次方成反比；分子热运动激烈，分子取向越不容易。取向力的作用能量一般为 2~8kJ/mol。

2）诱导力：极性分子与非极性分子之间的作用力。当极性分子接近非极性分子时，极性分子的固有偶极矩电场使非极性分子产生极化，形成感应偶极子，如图 2-16 所示。这种由于外来影响而产生的偶极子叫诱导偶极子，由固有偶极子与诱导偶极子之间产生的作用力称为诱导力。一般诱导力较小，小于 2kJ/mol。

3）色散力：存在于一切分子之间，主要表现为非极性分子瞬时偶极子之间的相互

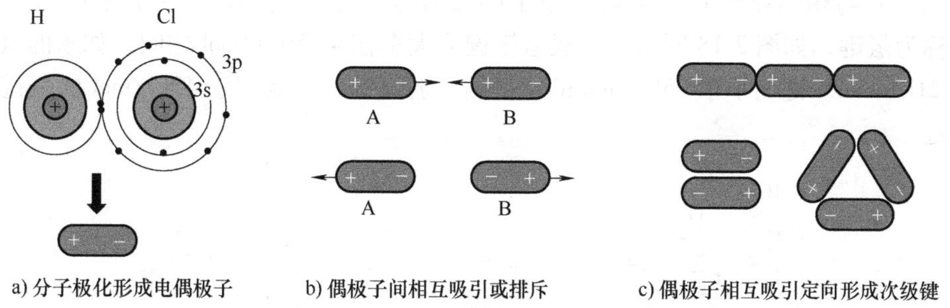

图 2-15 极性分子间的相互作用

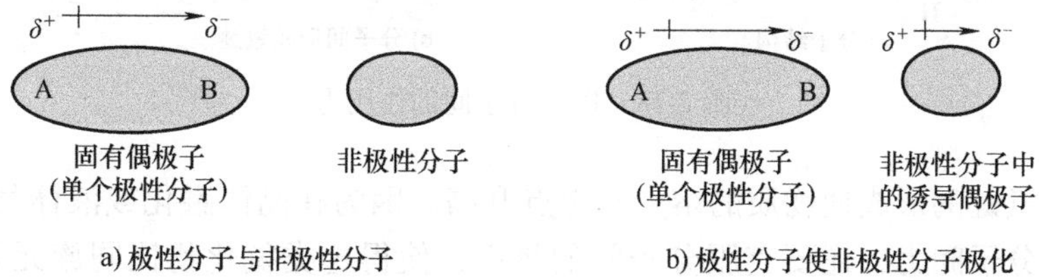

图 2-16 极性与非极性分子间的作用

作用力。非极性分子中的原子核和电子都在不断地运动，改变其相对位置。在某一瞬时，分子的正、负电荷中心发生不重合，产生瞬时偶极子。相邻分子产生的瞬时偶极子相互取向产生吸引力，这种吸引力称为色散力，如图 2-17 所示。通常分子量越大，色散力越大，小分子色散力作用能约为 10kJ/mol，而非极性高分子中色散力可达分子间力总量的 80%~100%。色散力的作用能量一般在 4~63kJ/mol，色散力存在于一切分子之间。

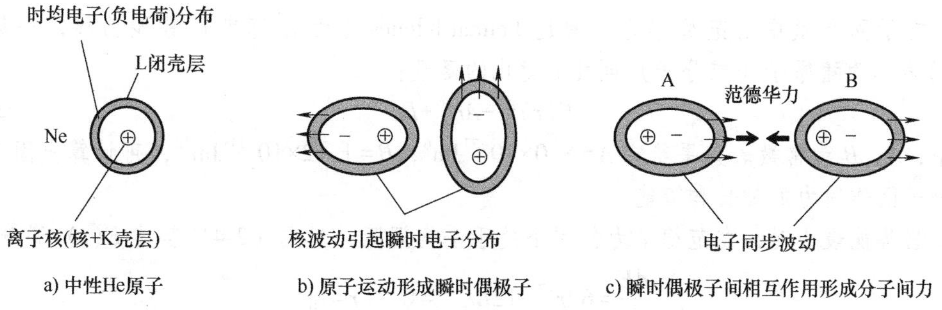

图 2-17 感应偶极子间的相互作用

（2）氢键

氢键是分子中的氢原子与另一分子（或同一分子）中的强电负性原子相互作用而形成的键，其键能介于化学键与范德华力之间。如氢原子与氧（氟）原子以共价键结合成 H_2O(HF) 时，由于氧（氟）原子的负电荷密度比氢原子大，对共用电子的吸引能力较氢原子大得多，其共用电子对就强烈地偏向氧（氟）原子，而使 H 原子的核几乎“裸露”出来，从而使 H_2O(HF) 分子表现为强极性分子。这种带正电荷的 H 原子核（质子）与相邻分子中氧（氟）原子的孤对电子相互吸引，而在分子间形成次级键，称为氢键，如图 2-18 所示。一般氢键键能大多在 4~50kJ/mol 之间，如水的氢键键能为 21kJ/mol。键能小于 25kJ/mol 的氢键属于弱氢键，键能大于 40kJ/mol 的氢键则是强氢键。

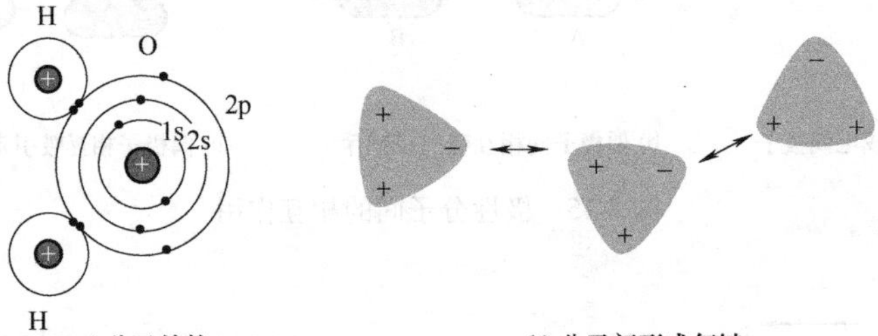

a) 分子结构　　b) 分子间形成氢键

图 2-18　H_2O 分子间的作用力

分子间氢键的形成使物质的熔点和沸点升高。因为在晶体融化或液体气化过程中，不仅要克服分子间力，还要克服分子间的氢键，使得这类氢化物比同族元素的相应氢化物的熔点和沸点要高。氢键还可以在分子内部生成，如在邻位硝基苯酚中，分子内氢键的形成使其熔点和沸点降低。

4. 混合键

在许多固体中，原子间的键合存在混合键的作用。两个不同原子间形成的极性共价键具有离子特征，如 GaAs 陶瓷材料由金属和非金属元素组成，其中含有共价键、离子键或二者的混合，如 Si_3N_4（共价键）、MgO（离子键）和 Al_2O_3（混合键），其特点是易碎、熔点高、电绝缘体。

应用实例——固态氩中分子间作用力的键长和键能

对于固态氩中的范德华力，通过 Lennard-Jones（兰纳-琼斯）势能曲线，将势能 $E(r)$ 表示为随原子（或分子）间距 r 变化的函数：

$$E(r) = -Ar^{-6} + Br^{-12} \tag{2-4}$$

式中，A、B 为常数。如果给定 $A = 8.0\times10^{-77}\text{Jm}^6$，$B = 1.12\times10^{-133}\text{Jm}^{12}$，可计算出固态氩中分子间作用力的键长和键能。

当势能最小时，在范德华力作用下处于平衡间距，对式（2-4）势能 $E(r)$ 微分：

$$\frac{\mathrm{d}E}{\mathrm{d}r} = 6Ar^{-7} - 12Br^{-13} = 0 \quad (r = r_0)$$

可得

$$r_0 = \left[\frac{2B}{A}\right]^{1/6} \tag{2-5}$$

将 A 和 B 代入式（2-5）可解得 $r_0 = 0.375\text{nm}$。

此时，势能最小，对应键能为

$$E_{\text{bond}} = \left| -Ar_0^{-6} + Br_0^{-12} \right| = 0.089\text{eV}$$

由此可见，该分子间力作用键能远小于化学键键能。

2.2.3 晶体结构与缺陷

固体材料可以分为晶体、非晶体和准晶体三大类。

晶体是组成物质的原子、离子或分子按照一定的周期性在空间排列，在结晶过程中形成具有一定规则几何外形的固体。晶体材料具有长程有序、各向异性、平移对称性和解理性等结构特征；同时具有固定的熔点，即当持续加热晶体到某一特定温度时，晶体开始熔化且温度保持不变，直到晶体全部熔化后温度才又开始上升。不同晶体材料因组成、结构和工艺的差异，熔点相差很大，例如：铝的熔点是660℃，铜的熔点是1083℃，硅单晶的熔点是1410℃，石英的熔点是1750℃，金刚石的熔点是3550℃。

非晶体是指组成物质的原子、离子或分子不呈空间有规则周期性排列，自然状态下不呈现规则外形的固体。非晶体材料具有无序或者近程有序而长程无序的结构特征，以及各向同性的物理性质；非晶体没有固定的熔点，随着温度升高物质首先变软，然后由稠逐渐变稀成为流体，因此也有将非晶体称为过冷液体或流动性很小的液体。例如，玻璃体是典型的非晶体，通常将非晶态又称为玻璃态，典型的玻璃体物质有：氧化物玻璃、金属玻璃、非晶半导体和无定形态高分子化合物。

准晶体是一种介于晶体和非晶体之间的固体，具有与晶体相似的长程有序的原子排列，但不具备晶体的平移对称性，因而表现出晶体所不允许的宏观对称性，如铝锰合金、铝铜铁铬合金等。准晶体的发现是20世纪80年代晶体学研究的一次突破。

晶体按其组成粒子和作用力的不同可分为：原子晶体、离子晶体、分子晶体和金属晶体。这些晶体中的作用力通常涉及原子或分子的最外层电子（价电子）的相互作用，表2-4列举了各种类型晶体的组成粒子、作用力、主要特征及实例。

表2-4 晶体的组成粒子、作用力、主要特征及实例

晶体	粒子	作用力	熔点	其他属性	实例
原子晶体	原子	共价键	很高	硬度高	金刚石、晶体硅、石英
离子晶体	阳离子和阴离子	离子键	高	硬而脆，熔融时导电性很高	氯化钠、碳酸钙、氧化铝
分子晶体	极性分子	取向力 诱导力	低	软，液态时不导电或导电性极低	冰
	非极性分子	色散力	低	软	固态惰性气体、固态氧、干冰
金属晶体	金属阳离子和自由电子	金属键	不定	金属光泽，易导电、导热，延展性佳	铁、铜、铝

1. 晶体结构

晶体结构指晶体的周期性结构，是研究固体材料的宏观性质及各种微观过程的基础。为了更好地描述晶体内部原子排列的方式，将晶体中按周期重复排列的原子（结构单元）抽象成一个几何点，从晶体结构中抽象出来的几何点的集合称为晶体点阵，简称晶格。晶格中忽略了周期排列中所包含的具体结构单元组成，而集中反映其周期重复排列方式，仅绘出一个点阵的最小周期单元（一个阵点及相应空间位置）——点阵的原胞，即可反映整个晶体的原子周期排布。所以可简单地将晶体结构表示为：**晶体结构=点阵+原胞，或晶体结构=晶格+原胞。**

对于同一点阵，单位晶胞（简称晶胞）的选择具有多重可能性。选择的依据是：晶胞应最能反映出点阵的对称性；基本矢量长度 a、b、c 相等的数目最多；三个方向的夹角 α、β、γ 应尽可能为直角；晶胞体积最小。根据这些条件选择出来的晶胞，其几何关系、计算公式均最为简单，称为布拉菲晶胞，如图 2-19 所示。按照点阵的对称性，可将自然界的晶体划分为七大晶系，每个晶系最多可包括四种点阵。1848 年，布拉菲证实了七大晶系中，只可能有十四种布拉菲点阵，如表 2-5 所示。

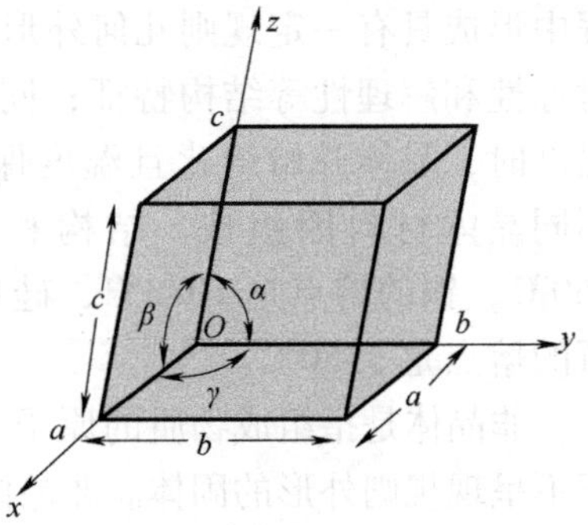

图 2-19　晶胞结构示意图

表 2-5　七大晶系

晶系	晶胞特征	布拉菲格子
立方晶系 CUBIC	$a=b=c$ $\alpha=\beta=\gamma=90°$	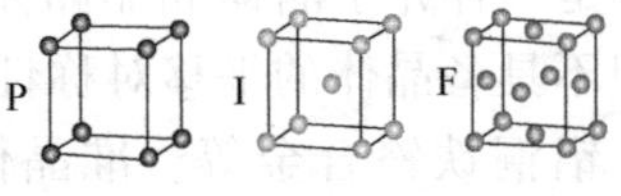 简单立方 体心立方 面心立方
六方晶系 HEXAGONAL	$a=b\neq c$ $\alpha=\beta=90°$ $\gamma=120°$	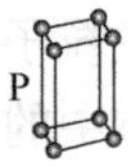 简单六方
单斜晶系 MONOCLINIC	$a\neq b\neq c$ $\alpha=\gamma=90°$ $\beta\neq 90°$	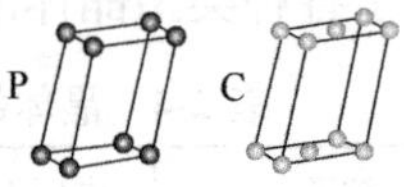 简单单斜 底心单斜
正交晶系 ORTHORHOMBIC	$a\neq b\neq c$ $\alpha=\beta=\gamma=90°$	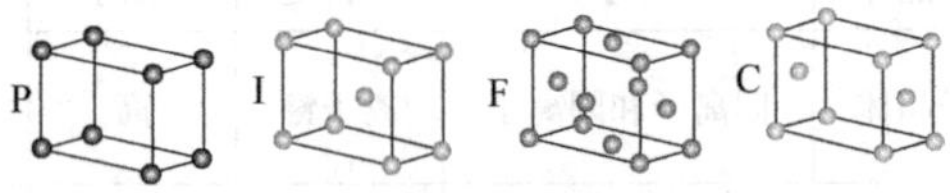 简单正交 体心正交 面心正交 底心正交
四方晶系 TETRAGONAL	$a=b\neq c$ $\alpha=\beta=\gamma=90°$	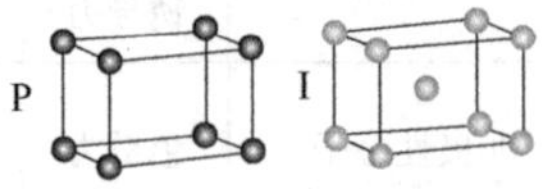 简单四方 体心四方
三斜晶系 TRICLINIC	$a\neq b\neq c$ $\alpha\neq\beta\neq\gamma\neq 90°$	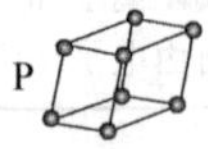 简单三斜
三方晶系 TRIGONAL	$a=b=c$ $\alpha=\beta=\gamma\neq 90°$	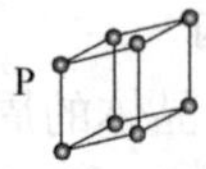 简单三方

应用实例——典型离子晶体的晶体结构

无机电介质与离子晶体密切相关，下面着重介绍典型离子晶体的晶体结构。

(1) AB 型氧化物

电子陶瓷中常见的 MgO、CaO、SrO 等金属氧化物就是典型的 AB 型氧化物，其结构特点是，氧离子位于立方体的顶点和面心的位置，二价阳离子在各边的中央和立方体的中心，这两组离子互呈面心立方结构。阳离子占据着全部氧八面体中心，配位数（晶格中与某一原子相距最近的原子个数）为 6。AB 型氧化物 MgO 晶体结构如图 2-20 所示。

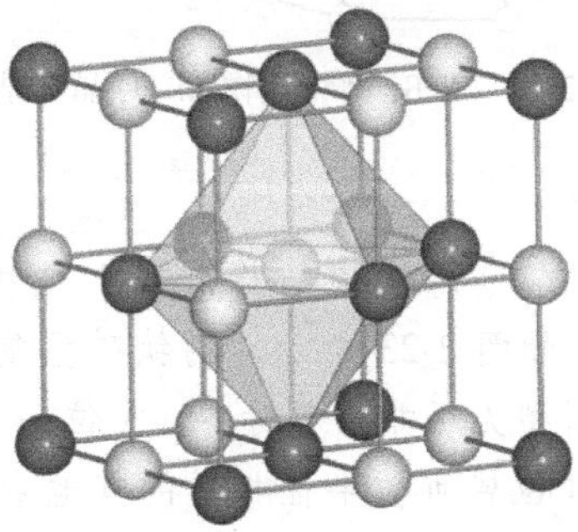

图 2-20 AB 型氧化物 MgO 晶体结构

(2) AB_2 型氧化物

金红石（TiO_2）就是典型的 AB_2 型氧化物，其晶体结构如图 2-21 所示。这种结构的特点是，晶胞是四方柱体，而不是立方体。可以近似的将 TiO_2 看成是 O^{2-} 作六方密堆集，Ti^{4+} 在柱体的顶点和体心位置，由六个 O^{2-} 形成一个八面体，把 Ti^{4+} 包围起来。这种 TiO_2 结构在电场作用下将产生很强的离子位移极化和电子位移极化，从而具有很高的介电常数，所以成为许多陶瓷电容器的基础原料。

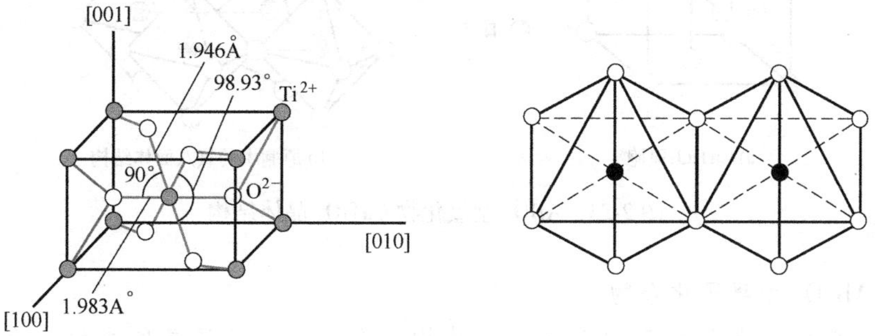

图 2-21 AB_2 型氧化物 TiO_2 晶体结构

(3) A_2B_3 型氧化物

α-Al_2O_3 就是典型的 A_2B_3 型氧化物，其结构如图 2-22 所示。这种结构的特点是 O^{2-} 作六方密堆集，Al^{3+} 占据八面体空隙。但是因为在 Al_2O_3 晶格中 Al 和 O 的数目比为 2∶3，所以只有 2/3 的八面体空隙被 Al^{3+} 占据。这种紧密结构具有极大的离子键强度，表现出很高的机械强度、硬度、化学稳定性及电绝缘性能，成为很好的结构材料和绝缘材料。

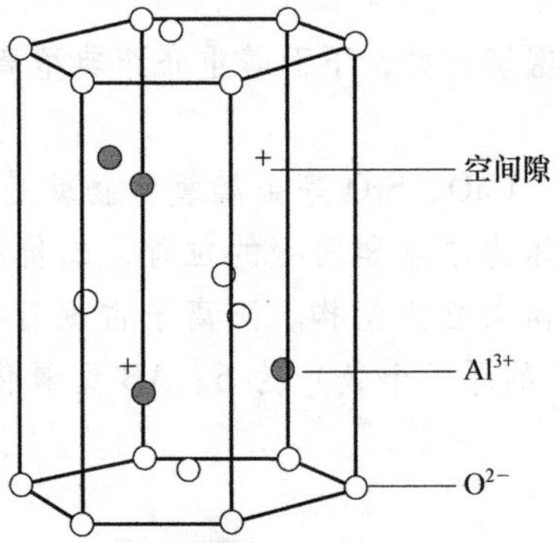

图 2-22　A_2B_3 型氧化物 Al_2O_3 晶体结构

（4）ABO_3 型复合氧化物

这种氧化物的晶体结构称为钙钛矿结构，属于这种结构的有 $CaTiO_3$、$BaTiO_3$、$PbTiO_3$、$PbZrO_3$、$SrTiO_3$ 等，如图 2-23 所示。钙钛矿型复合氧化物 ABO_3 是一种具有独特物理性质和化学性质的新型无机非金属材料，A 位一般是稀土或碱土元素离子，B 位为过渡元素离子，A 位和 B 位皆可被半径相近的其他金属离子部分取代而保持其晶体结构基本不变，因此在理论上它是研究催化剂表面及催化性能的理想对象。由于这类化合物具有稳定的晶体结构、独特的电磁性能以及很高的氧化还原、氢解、异构化、电催化等活性，作为一种新型的功能材料，在电气工程、环境保护、工业催化等领域具有很大的开发潜力。

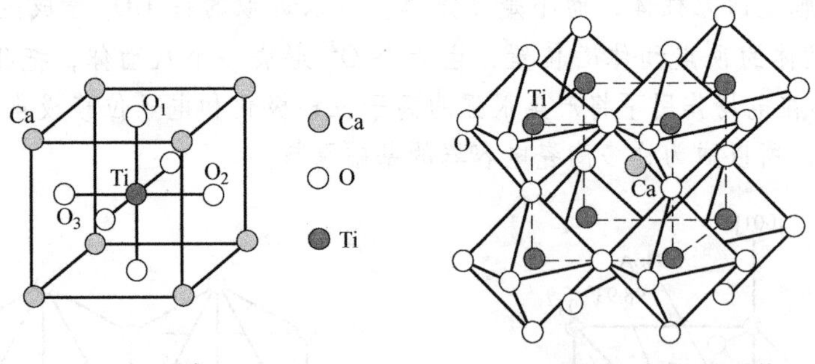

a) $CaTiO_3$原胞　　b) 原胞中的氧八面体结构

图 2-23　ABO_3 型氧化物 $CaTiO_3$ 晶体结构

（5）AB_2O_4 型离子化合物

AB_2O_4 型离子化合物又称尖晶石型结构化合物，是离子晶体中的一个大类，如图 2-24 所示。A 为二价阳离子，如 Mg^{2+}，Fe^{2+}，Co^{2+}，Ni^{2+}，Mn^{2+}，Zn^{2+}，Cd^{2+} 等；B 为三价阳离子，如 Al^{3+}，Fe^{3+}，Co^{3+}，Cr^{3+}，Ga^{3+} 等。结构中 O^{2-} 离子作立方紧密堆积，A 离子填充在四面体空隙中，B 离子在八面体空隙中，即 A^{2+} 离子为 4 配位，而 B^{3+} 为 6 配位。以镁铝尖晶石 $MgAl_2O_4$ 为典型代表，常见的还有 $FeAl_2O_4$ 等。此外，还有 B 为 4 价阳离子的系列，如 Mg_2TiO_4 和 Mn_2TiO_4 等许多复合氧化物。尖晶石型化合物结构较稳定，有的可用作电子陶瓷材料，有的可用作高温耐火材料。

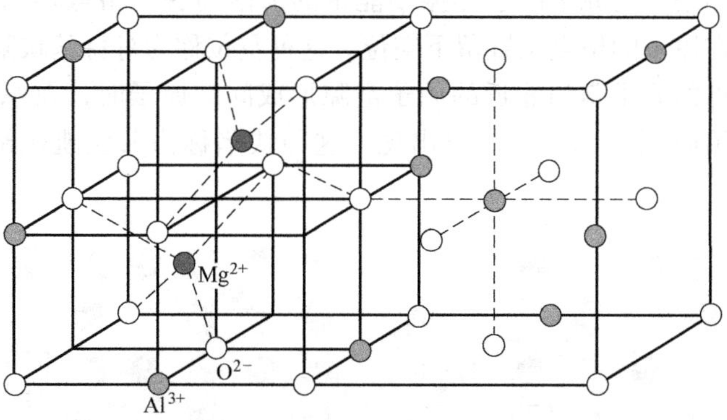

图 2-24 AB_2O_4 型氧化物 $MgAl_2O_4$ 晶体结构

(6) 正四面体结构

种类繁多的硅酸盐的基本结构就是硅-氧四面体，如图 2-25 所示。在这种四面体内，硅原子占据中心，四个氧原子占据四角。这些四面体，依据不同的配合（以链状、双链状、片状、三维架状方式连结），形成了各类的硅酸盐。按正四面体聚合的程度，硅酸盐可细分为岛状硅酸盐类、环状硅酸盐类等，大多数熔点高、化学性质稳定，是硅酸盐工业的主要原料。硅酸盐制品和材料广泛应用于各种工业、科学研究及日常生活中。

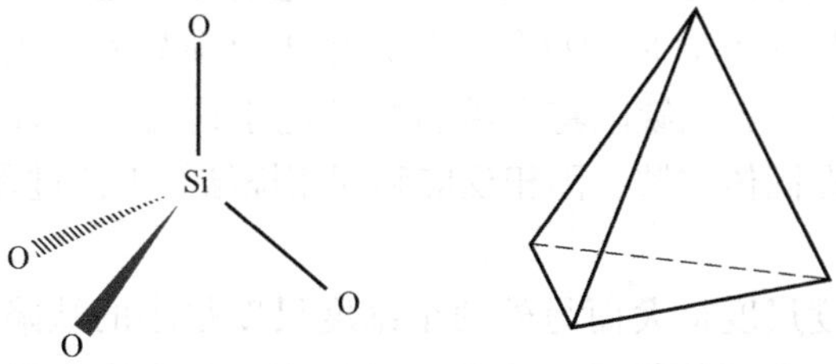

图 2-25 硅-氧四面体晶体结构示意图

2. 晶体缺陷

晶体缺陷是指晶体结构中周期性的排列规律被破坏的不完整结构。理想的晶体具有周期性的晶体结构，称为长程有序；原子或分子的位置以固定的距离重复，这个距离由晶体的晶格常数决定。然而，在实际的晶体中，由于晶体形成条件、原子的热运动、杂质填充及其他条件的影响，原子的排列不可能很完整和规则，往往存在偏离了理想晶体结构的区域。这些晶体中的缺陷（分为点缺陷、线缺陷和面缺陷）破坏了晶体结构的对称性，对晶体的物理性质产生重要的影响。

(1) 点缺陷

点缺陷是最简单的晶体缺陷，是在结点上或邻近的微观区域内偏离晶体结构正常排列的一种缺陷。点缺陷是发生在晶体中一个或几个晶格常数范围内，其特征是在三维方向上的尺寸都很小，例如空位、间隙原子、杂质原子等，也可称为零维缺陷。点缺陷与温度密切相关所以也称为热缺陷。

在晶体中，晶格中的原子由于热振动能量的涨落而脱离格点移动到晶体表面的正常格点位置上，在原来的格点位置留下空位。这种空位称为肖特基缺陷，如图 2-26a 所示。如果脱离格点的原子跑到邻近的原子空隙形成间隙原子时，在原来的格点位置处产生一个空位，填隙原子和空位成对出现，这种缺陷称为弗兰凯尔缺陷，如图 2-26b 所示。

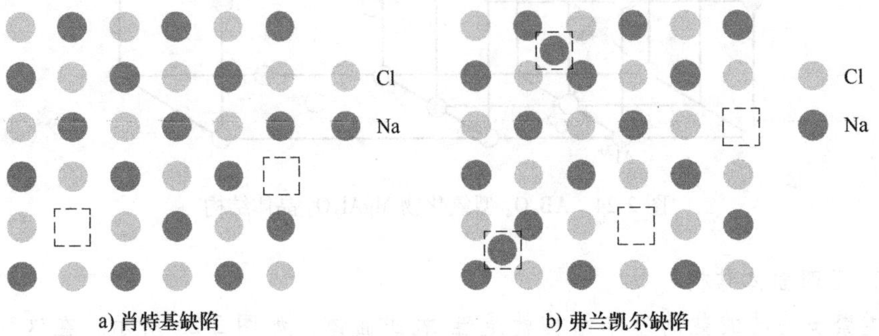

图 2-26　晶体点缺陷示意图

由于晶体是保持电中性的，因此，对于其中的肖特基缺陷，正、负离子空位的数目是相同的；对于弗兰凯尔缺陷则含有相同数目的正、负离子空位和正、负填隙离子。在没有外电场作用时，这些缺陷做无规则的布朗运动，不产生宏观电流；当有外电场存在时，这些缺陷除做布朗运动外，还有一个沿电场方向定向的漂移运动，从而产生电流。正、负电荷漂移的方向是相反的，但是由于电荷异号，正、负电荷形成的电流都是同方向的。由此可见，点缺陷将影响材料的电学性能。此外，点缺陷浓度随温度升高而增大，因此它在固体扩散、固相反应和固相烧结等工艺过程方面有重要意义。

（2）线缺陷

线缺陷指一个维度尺度很大而另外两个维度尺度很小的缺陷，其特征是两个方向尺寸上很小另外一个方向延伸较长，也称一维缺陷。集中表现形式是位错，由晶体中原子平面的错动引起。位错从几何结构可分为螺型位错和刃型位错两种：螺型位错，即一个晶体的某一部分相对于其余部分发生滑移，原子平面沿着一根轴线盘旋上升，每绕轴线一周，原子面上升一个晶面间距；刃型位错，即晶体的一部分相对于另一部分出现一个多余的半原子面，这个多余的半原子面有如切入晶体的刀片，如图 2-27 所示。

位错主要影响晶体的机械强度，以及对晶体中的电子和晶格振动的声子起散射作用，使得自由电子迁移率降低。

（3）面缺陷

面缺陷指一块晶体被一些界面分隔成许多较小的畴区，畴区内具有较高的原子排列完整性，畴区之间的界面附近存在着较严重的原子错排，这种发生于整个界面上的广延缺陷被称作面缺陷。在工程材料学中，面缺陷是指二个维尺度很大而第三维尺度很小的缺陷。面缺陷的种类繁多，主要有表面、晶界、亚晶界和相界，如图 2-28 所示。

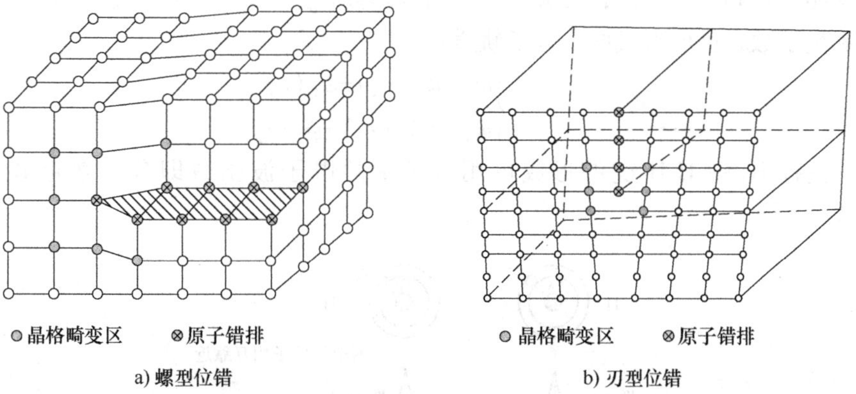

图 2-27　晶体位错线缺陷示意图

晶体位错线缺陷示意图：螺型位错和刃型位错

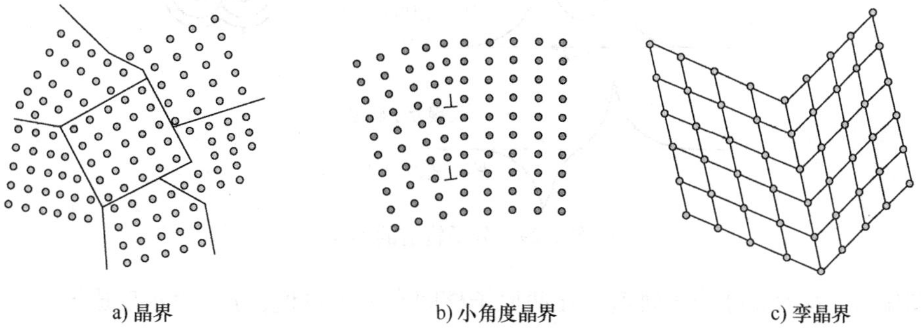

图 2-28　晶体面缺陷示意图

2.3　电气材料的导电性

电气材料导电性的研究首先始于金属，在量子力学运动规律确立以后，人们用量子力学研究金属的导电机理，进而发展形成电子能带理论，成为研究固体中电子运动规律的理论基础。能带理论成功地说明了固体为什么有导体、半导体和绝缘体的区别。

2.3.1　能带的形成

1. 能级的分裂

根据量子力学理论，原子的能量是量子化的，由不同的分立能级轨道构成。能带的形成首先源于能级的分裂，下面以氢分子 H_2 的形成为例，来简单说明这一过程。

对于分离的氢原子，拥有 1*s*、2*s*、2*p* 等分立能级，每个孤立原子中电子的能量为-13.6eV，表示电子脱离其原子核成为自由电子所需的能量。当两个氢原子相互靠近形成分子时，一个原子上的电子与相邻原子上的电子及原子核发生相互作用，使电子系统获得新的能量和波函数。根据泡利不相容原理和能量最低原理，为使系统稳定，电子系统的新能量应低于两倍-13.6eV；同时，两相互作用（干涉）原子的波函数 ψ_{1s} 产生同相交迭和异相交迭，形成两个新的波函数 ψ_σ 和 $\psi_{\sigma *}$。ψ_σ 和 $\psi_{\sigma *}$ 分别具有不同的能量和量子数，进而形成两个分子轨道：

$$\begin{cases}\psi_\sigma=\psi_{1s}(r_A)+\psi_{1s}(r_B)\\ \psi_{\sigma *}=\psi_{1s}(r_A)-\psi_{1s}(r_B)\end{cases}\tag{2-6}$$

这样 H_2 中 H-H 键的形成可用分子中的电子波函数即分子轨道 ψ 来描述，如图 2-29 所示。

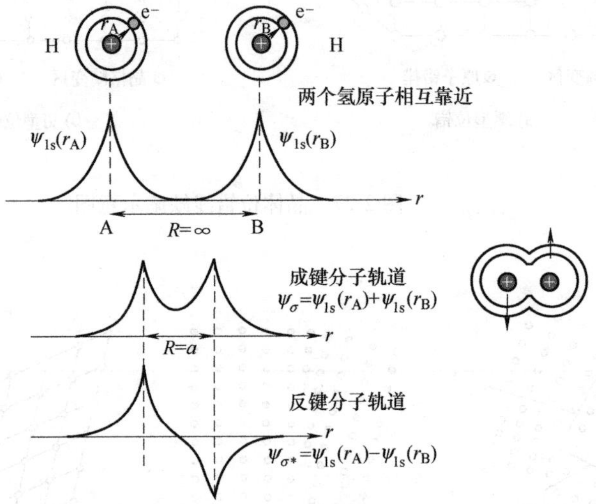

图 2-29　分子轨道的形成

图中 ψ_σ 表示成键分子轨道，在两原子核间有一定量值；$\psi_{\sigma *}$ 表示反成键分子轨道，在两原子核间有一节点。因此，反成键分子轨道比成键分子轨道具有更高的能量。在实际的 H_2 系统中，电子波函数可以通过解薛定谔方程来确定。

从能级角度来看，上述分子轨道的形成过程即为能级的分裂过程。对应一个原子的能级 E_{1s}，可分裂成两个能级 E_σ 和 $E_{\sigma *}$，其中 E_σ 低于 E_{1s}，$E_{\sigma *}$ 高于 E_{1s}。这种分裂是由于原子轨道间的相互作用（交迭）所致，其能量分布如图 2-30 所示。图 2-30a 表示两个分子轨道的能量 E 随原子间距离 R 的变化分布，随着两个原子靠近，ψ_σ 轨道能量在 $R=a$ 处达到最低 $E_\sigma(a)$，系统处于稳定状态。最低能量 $E_\sigma(a)$ 小于孤立氢原子的能量 E_{1s}，其差值 $\Delta E=E_{1s}-E_\sigma(a)$，即为共价键氢分子的键能。图 2-30b 为两个孤立的氢原子形成一个 H_2 分子过程中电子能量变化示意图。

同样可以进一步得到，当三个氢原子结合时，将产生 ψ_a、ψ_b、ψ_c 三个分子轨道，如图 2-31 所示，可用波函数表示为

$$\begin{cases}\psi_a=\psi_{1s}(A)+\psi_{1s}(B)+\psi_{1s}(C)\\ \psi_b=\psi_{1s}(A)-\psi_{1s}(C)\\ \psi_c=\psi_{1s}(A)-\psi_{1s}(B)+\psi_{1s}(C)\end{cases}\tag{2-7}$$

式中，$\psi_{1s}(A)$、$\psi_{1s}(B)$、$\psi_{1s}(C)$ 分别表示环绕 A、B、C 原子 E_{1s} 能级的波函数。

图 2-31 中对应的能量 E_a、E_b、E_c 可通过薛定谔方程得出，并具有不同值。因此，原来的 E_{1s} 能级分裂成三个分离的能级。由于分子波函数的节点越多，则能量越大，故有 $E_a<E_b<E_c$。

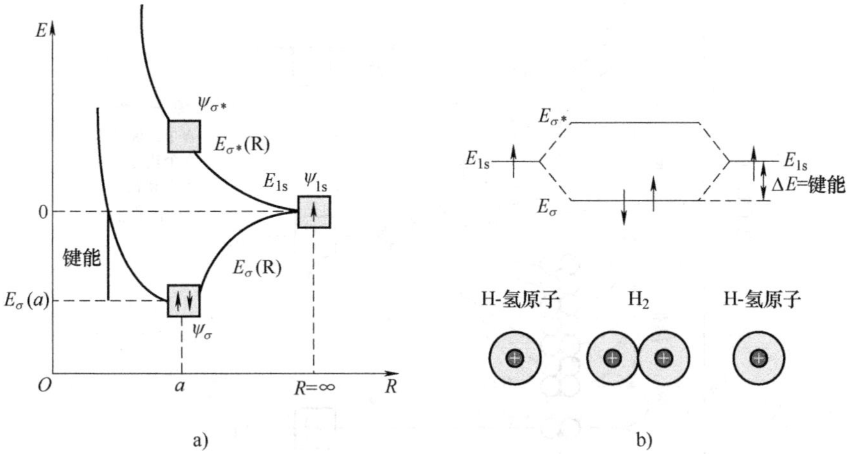

图 2-30 两个氢原子组成系统中的电子能量

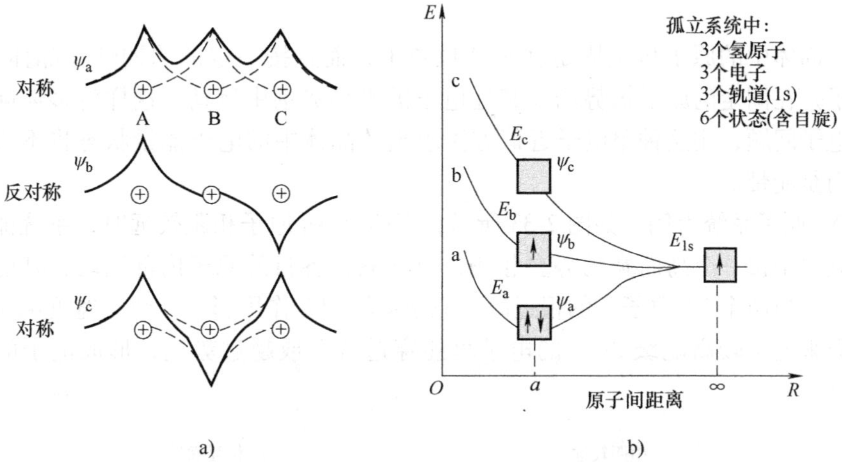

图 2-31 三个氢原子构成的三个分子轨道

依此类推，在由 N 个 Li 原子排列构成的固态金属中，Li 原子的电子排列为 $1s^2 2s^1$，由于 K 壳层已占满，第三个电子独自处于 $2s$ 轨道上，具有能量 E_{2s}，易于与其他原子产生相互作用。同前所述，原子能级 E_{2s} 可分裂为 N 个分离的能级，如图 2-32 所示。由于 $1s$ 亚壳层上电子占满且靠近原子核，受原子间相互作用的影响小，其能级的分裂可忽略。$1s$ 上的电子留在原子核周围，可不考虑其对固体形成的作用。

能级分裂的最大宽度，取决于固体中原子间的最小距离，N 个 ψ_{2s} 轨道相互作用产生的 N 个分裂能级分布在最低能级 E_B 和最高能级 E_T 之间。当 N 相当大（$\sim 10^{23}$）时，相邻分裂能级间间隔非常小，几乎是连续的。因此，单个 $2s$ 能级 E_{2s} 分裂成 N 个细微分离的能级而形成能带，该能带为半满带。

2. 电子的共有化运动

原子的周期性排列是晶体最基本的特征，是研究晶体各种物理性质的基础。能带理论就是研究电子在周期性势场中的运动规律。

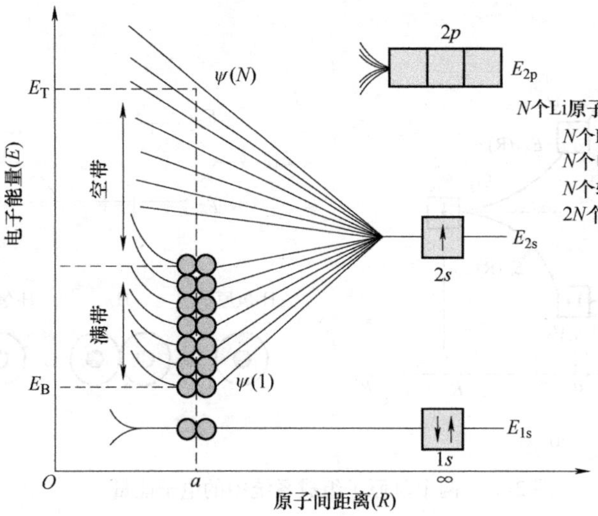

图 2-32　N 个 Li 原子构成的固态 Li 中形成的 2s 能带

假设固体中的原子核是固定在平衡位置上，而且按一定的周期性在晶体中排列；每个电子是在固定的原子核势场及其他电子的平均势场中运动。这样将多体问题简化成为单电子问题，用这种单电子近似方法求出的晶体中的电子能量状态将不再是分立的能级而是能带。

以 Na 原子系统为例，如图 2-33 所示，当两个 Na 原子相距较远时，系统能级如同两个孤立原子被一个高而宽的势垒相隔，电子只在各自的原子内部运动，其能量为分立能级；而当两个 Na 原子靠的很近时，原子势场相互作用影响，势垒宽度减小、高度降低，原来处于较高能级 3s 上的电子可能穿透势垒或越过势垒，形成电子的共有化运动。

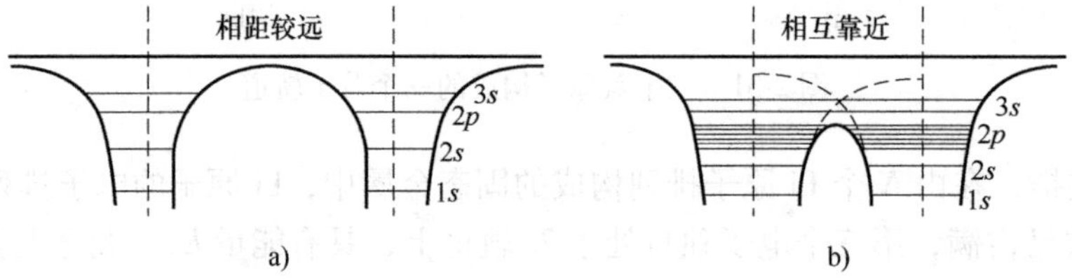

图 2-33　两个 Na 原子间距变化时的势能曲线和能级示意图

对于由 N 个 Na 原子组成的一维晶体，假设每个 Na 原子中都有一个电子处在能量为 E_0 的 3s 能级上，其受到周围原子势场的作用，产生附加能量，使 E_0 能级分裂为 N 个相互靠的很近的能级，形成一个能带。如图 2-34 所示。

通过量子力学可以证明：晶体中的电子共有化运动，使每个原子中具有相同价电子的能级分裂成一系列和原来能级很接近的新能级，这些新能级基本上连成一片而形成能带。低能级上的电子处于被各自原子所束缚的状态，共有化运动很弱，能级分裂的很少，能带很窄；高能级上的电子，特别是外壳层上的价电子，共有化运动显著，能级分裂很多，形成较宽能带。分裂成的能带称为允带，即允许电子存在的能带，允带之间不存在能级的区域称为禁带，如图 2-35 所示。

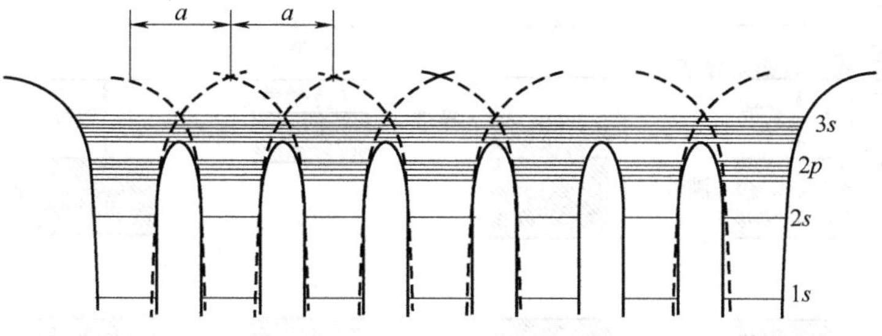

图 2-34 *N* 个原子组成一维晶体时的势能和能级示意图

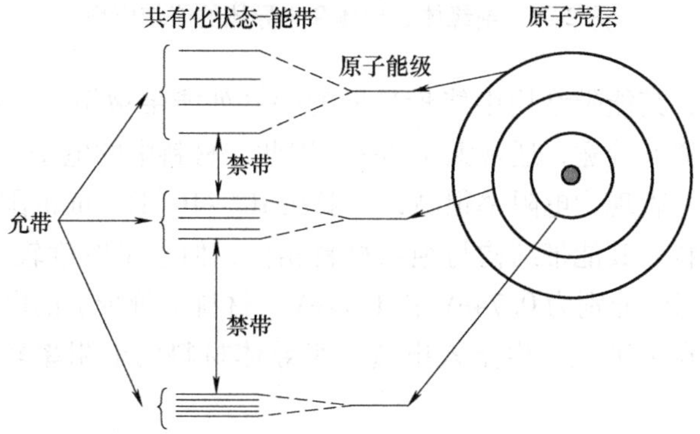

图 2-35 原子能级分裂成能带示意图

2.3.2 导体、绝缘体和半导体的能带论

电气材料中包含有大量的电子，但不同材料中的电子导电性能有很大差异。例如，金属导体的导电性能很好，半导体的导电性能不好，而绝缘体基本上观察不到电子导电（电荷输运）现象。这种差异性可以从固体能带论的角度来加以说明。

首先看能带结构与导电性的关系。若固体由 *N* 个原子组成，由于原子核、电子之间相互作用，原子中的一个能级会分裂为 *N* 个分离的能级，相邻的分离能级之间能量间隔很小，几乎是连续的，从而形成能带，能带可分为允带和禁带。在允带中，所有能级全部被电子所填充的能带叫满带，而只有部分能级为电子所填充的能带叫不满带或半满带，完全没有电子填充的叫空带。在外电场的作用下，只有不满带中的电子才有导电能力，而满带中的电子则不导电，因此不满带亦称为导带。

在由原子序数为 *Z* 的 *N* 个原子构成的晶体中，有 *ZN* 个核外电子，按泡利不相容原理和能量最低原理，从低能级的允带开始按顺序填充到各个能带内，形成图 2-36 所示的不同能带结构。

对于导体材料，其能带结构中除满带外还存在不满带，即导带，导带以下的第一个满带称为价带。例如：碱金属 Li、Na、K 最外层只有一个电子，则形成半满带；而碱土金属 Mg 最外层有两个电子，形成能带交迭的不满带。因此，导体中的电子易于在电场作用下产生迁移运动，表现为电阻率很低，通常在 $10^{-8} \sim 10^{-6}\Omega \cdot m$ 范围。

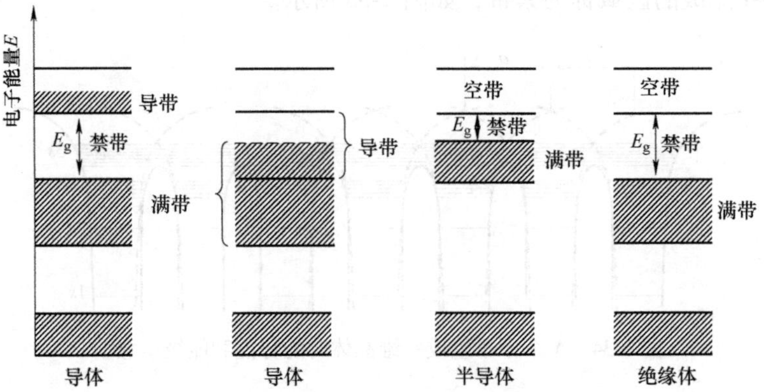

图 2-36 绝缘体、导体和半导体的能带模型

对于绝缘材料，其能带结构中能量最低的一系列能带被填满，而其上的能带则完全为空带，且禁带宽度较宽，通常大于 3eV。因此，材料中的电子不易在外电场作用下产生定向迁移运动，表现为电阻率很高，一般在 $10^8 \sim 10^{16}\Omega \cdot m$ 范围。

对于半导体材料，其能带结构与绝缘材料相似，但禁带宽度较窄，一般小于 2eV，如 Ge 和 Si 的禁带宽度分别为 0.74eV 和 1.17eV。材料中价带上的电子易受热激发到空带参与导电，同时在价带上产生空穴电流。半导体材料的电阻率较低，一般在 $10^{-6} \sim 10^8\Omega \cdot m$ 范围。

2.3.3 缺陷能级

通常晶体中总是存在缺陷，这些缺陷往往来源于结晶的不完整性与外来杂质。结构缺陷包括点缺陷、线缺陷和面缺陷。外来杂质缺陷则有替位与填隙两种，一般都属于点缺陷。

晶体中常见的点缺陷有弗兰凯尔缺陷和肖特基缺陷，它们是由于晶格原子在热作用下脱离结点位置而产生的，可称为本征缺陷。一般晶体中的本征缺陷浓度随温度升高而增加。实验表明，杂质或结构缺陷的存在会对晶体中周期性势场产生破坏，进而影响电子的能级分布。

当晶体中存在缺陷时，将在禁带中引入附加能级，称为缺陷能级。缺陷能级可分为浅能级和深能级。浅能级是指离导带比较近即电离能比较小的能级，深能级则是指离导带比较远即电离能比较大的能级。禁带中的浅能级易于释放电子（或空穴）到导带（或价带），成为导电载流子，故这些浅能级又称为施主（或受主）能级。而深能级则不易放出电荷，它们便成为俘获电子或空穴的中心，所以称为俘获能级或俘获中心，又称为陷阱能级。

应用实例——半导体中的缺陷能级

在半导体中，电子除共有化状态外，还存在一定数目由杂质或缺陷引起的束缚能级状态。这种杂质能级处在禁带中间，电子被缺陷所束缚，也具有确定能级，如图 2-37 所示。

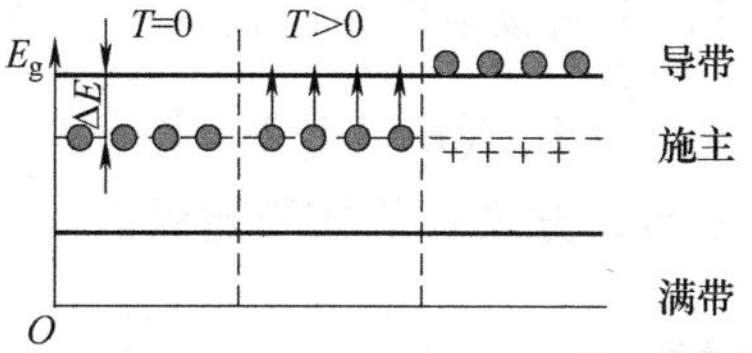

a) 施主能级和施主电离

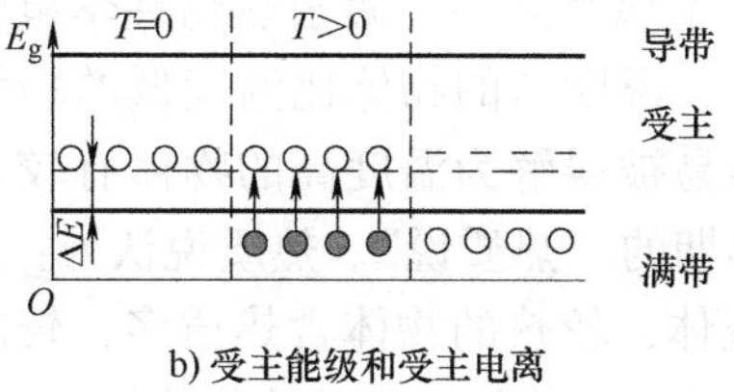

b) 受主能级和受主电离

图 2-37 施主和受主能级示意图

半导体中的杂质通常可分为施主杂质与受主杂质。在 n 型半导体中，施主杂质提供带有电子的能级，依靠电子导电，如磷（P）。在 p 型半导体中，受主杂质提供禁带中空的能级，依靠空穴导电，如铝（Al）。

缺陷能级也常用费米能级来表示。根据量子统计学：粒子的能量为量子化，即具有分离的能级；电子为相同粒子，即粒子是不能相互区别的；同时，能级中电子的填充遵守泡利不相容原理，同一能级上只允许有两个自旋方向相反的电子。

由此可导出，电子能量的费米-狄拉克统计分布：

$$f(E)=\frac{1}{1+e^{(E-E_F)/kT}} \tag{2-8}$$

式（2-8）表示一个电子占据能量为 E 的能级的几率，其中 E_F 称为费米能级。其几率分布曲线如图 2-38 所示。

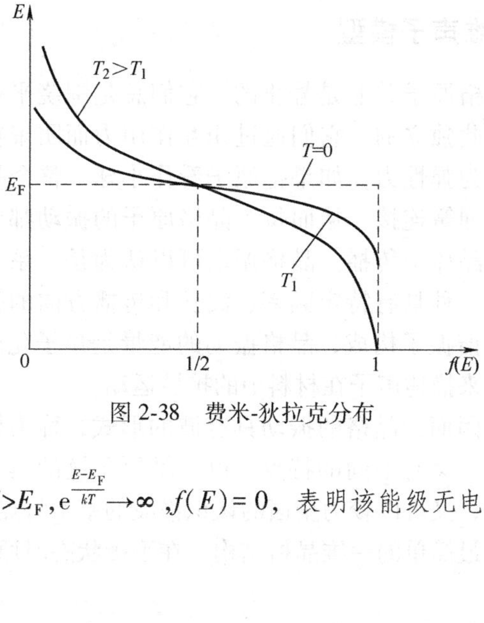

图 2-38 费米-狄拉克分布

当温度 $T=0$ 时：$E>E_F$，$e^{\frac{E-E_F}{kT}}\rightarrow\infty$，$f(E)=0$，表明该能级无电子出现；

$E<E_F$，$e^{\frac{E-E_F}{kT}}\to 0$，$f(E)=1$，表明该能级全部被电子占据。

当温度 $T>0$ 时，$E=E_F$，$e^{\frac{E-E_F}{kT}}=1$，$f(E)=1/2$，电子占据该能级的几率为 1/2。故费米能级可以表征电子占有几率为二分之一的缺陷能级。

2.4 电气材料的导热性

导热性是电气材料的基本属性之一，属于热物理学范畴。在热物理学中，最基本的概念是温度和热量。通常，温度高的物体比温度低的物体要热一些，它产生热传递时会有热量流出，因而很容易被误解为温度高的物体有较多的热量，温度低的物体有较少的热量，由此产生了早期的“热质说”。热质说认为：热是一种可以透入一切物体之中不生不灭的无重量的流体，较热的物体含热质多，较冷的物体含热质少，冷热不同的物体相互接触时，热质从较热物体流入较冷物体中。

直到 19 世纪 40 年代，这一错误概念才得以澄清，温度与热量这两个重要概念才得以区分。爱因斯坦在《物理学的进化》一书中对此进步的评价是：“一经辨别清楚，就使得科学得到飞速的发展”。科学家首先发现了热平衡定律，亦称为热力学第零定律，给出了温度的概念：在不受外界影响的情况下，只要 A 和 B 同时与 C 处于热平衡，即使 A 和 B 没有热接触，仍然处于热平衡状态，即互为平衡的物体之间必定存在一个相同的特征——他们的温度是相同的。

热量的自发传递总是将能量从高温物体传到低温物体，热量的传递可以通过三种方式：传导、对流和辐射。热能的传输是一个无规过程，在固体中热量以热传导的方式传输，能量在样品中以扩散方式传播，同时受到频繁的粒子碰撞。

金属往往既是电的良导体也是热的良导体，这是由于金属中可自由运动的导带电子对热的传导起着一定作用，但对其他材料则不然。金属中的热传导主要由导带自由电子的运动来完成（电子热导），而在非金属中的热传导则主要由于晶格振动的作用（声子热导）。

2.4.1 热传导的一维声子模型

在晶体材料中，晶格原子并非是静止的，它们总是围绕平衡位置不断振动；同时这些原子的振动不是彼此独立的，它们通过相互作用力而团聚在一起。晶格原子之间的相互作用力可以近似为弹性力，如果把原子看作小球，整个晶体由许多规则排列的小球构成，小球之间由弹簧连接，从而每个晶格原子的振动都要牵动周围的原子，使振动以弹性波的形式在晶体中传播。晶格振动可以认为是一系列基本振动的叠加，每一种基本振动模式就是一种具有特定频率、波长和传播方向的弹性波，整个系统相当于由一系列相互独立的谐振子构成，晶格振动的能量是量子化的，称为声子。下面以一维单原子链简化模型来描述声子在材料中的扩散运动。

晶格具有周期性，因而，晶格的振动具有波的形式，称为格波。格波和一般连续介质波既有共同的特征，又有不同的特点。以一维原子链的典型例子来了解格波，既可获得其振动的简单解，又可以较为全面的认识格波的基本特点。

单原子链可以看作最简单的一维晶格结构，在平衡状态时原子间距离为 a，每个原

子质量为 m，原子被限制在沿链的一维方向运动，原子偏离格点的位移用 μ_{n-1}，μ_n，μ_{n+1}表示，如图 2-39 所示。如果原子的运动近似简谐振动：假设只有相邻原子之间存在相互作用，相互作用势能可以表示为

$$V(a+\delta)=V(a)+\frac{1}{2}\beta\delta^2 \tag{2-9}$$

式中，β 是弹性常数，δ 表示相对平衡位置的偏移距离。则相邻原子间的作用力为

$$F=-\frac{\mathrm{d}V}{\mathrm{d}\delta}\approx-\beta\delta \tag{2-10}$$

这表明存在于相邻原子间的弹性恢复力正比于相对位移。

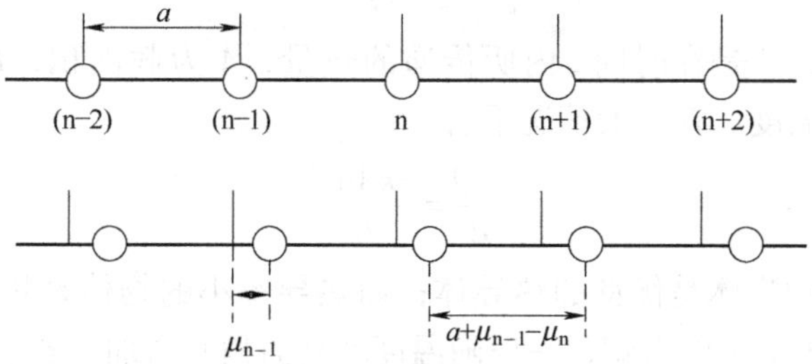

图 2-39　一维单原子链声子模型

图中原子 n 与（n−1）的相对位移 $\delta=\mu_n-\mu_{n-1}$，恢复力为 $-\beta(\mu_n-\mu_{n-1})$；原子 n 与（n+1）的相对位移 $\delta=\mu_{n+1}-\mu_n$，恢复力为 $-\beta(\mu_{n+1}-\mu_n)$。考虑到两个力作用方向相反，得到原子 n 的运动方程为

$$m\ddot{\mu}=\beta(\mu_{n+1}-\mu_n)-\beta(\mu_n-\mu_{n-1})=\beta(\mu_{n+1}+\mu_{n-1}-2\mu_n) \tag{2-11}$$

每个原子对应一个方程，若原子链有 N 个原子，则有 N 个方程。

式（2-11）具有格波形式的解为

$$\mu_{nq}=A\mathrm{e}^{i(\omega t-naq)} \tag{2-12}$$

式中，ω 为频率，A 为幅值，q 为波数。代入式（2-11）可得

$$\omega^2=\frac{2\beta}{m}[1-\cos aq]=\frac{4\beta}{m}\sin^2\left(\frac{1}{2}aq\right) \tag{2-13}$$

通常把 ω 和 q 的关系称为色散关系。一个格波解表示所有原子同时做频率为 ω 的振动，如果在式（2-12）中将 aq 变为 $aq\pm2\pi k$（k 为整数），原子的振动不变，表明所有格波可以用如下周期表示：

$$-\pi<aq\leqslant\pi$$

而且，在由 N 个原子组成的链中，q 可以取 N 个不同的值，每个 q 对应一个格波，共有 N 个不同的格波，所以这种谐振子的能量是量子化的。

这种简谐振动的能量量子称为声子，与光子相仿，当角频率为 ω，则声子的能量为 $h\omega$（h 为普朗克常数），因此，晶格热运动系统可以看成是“声子气体”。但是，声子并不携带物理动量，当样品内存在温度梯度时，“声子气体”的密度分布是不均匀的，高温处声子密度高，低温处声子密度低，因而声子气体在无规运动的基础上产生平均的定向运动，即声子的扩散运动。声子的定向运动就意味着热量的传递，传递的方向

就是声子平均的定向运动的方向。因此晶格热传导可以看成是声子扩散运动的结果。晶体材料的热导率与声子在材料中的热传导密切相关。

2.4.2 热导率

热导率是材料导热能力强弱的量度。其定义为：在材料内部垂直于导热方向上取两个相距 1m，面积为 $1m^2$ 的平行平面，若两个平面的温度相差 1K，则在 1s 内从一个平面传导至另一个平面的热量就称为材料的热导率，单位 $W \cdot m^{-1} \cdot K^{-1}$。如果不考虑热能损失，对于一个对边平行的块形材料，则有

$$\frac{Q}{t}=\frac{\kappa A(T_2-T_1)}{L} \tag{2-14}$$

式中，κ 是热导率，Q 是在时间 t 内所传递的热量，A 为截面积，L 为长度，T_1 和 T_2 分别为两个截面的温度。在一般情况下有

$$\frac{dQ}{dt}=\frac{-\kappa A dT}{L} \tag{2-15}$$

热导率 κ 很大的物体是优良的热导体；而热导率小的物体是热的不良导体或为热绝缘体。κ 值的大小受温度影响，一般随温度增高而稍有增加。若材料各部分之间温度差不很大时，在实用上对整个材料可视 κ 为一常数。晶体材料冷却时，它的热导率增加很快。

1. 金属热导率

当加热一块金属的一端时，如图 2-40 所示左侧，在加热区域原子的振动幅度与电子的平均动能均会增加。如果电子与原子发生碰撞，电子就会从原子中获得能量，随着电子随机运动的增加，这些得到能量的电子通过与振动原子的碰撞，将其多余的能量从热区传递至冷区，因此电子为“能量的载体”。例如，图 2-40 中原子上箭头线的长度表示原子振动的幅度；长的速度矢量表示能量较多的电子，其从热区向冷区扩散过程中与晶格振动碰撞并传输能量。

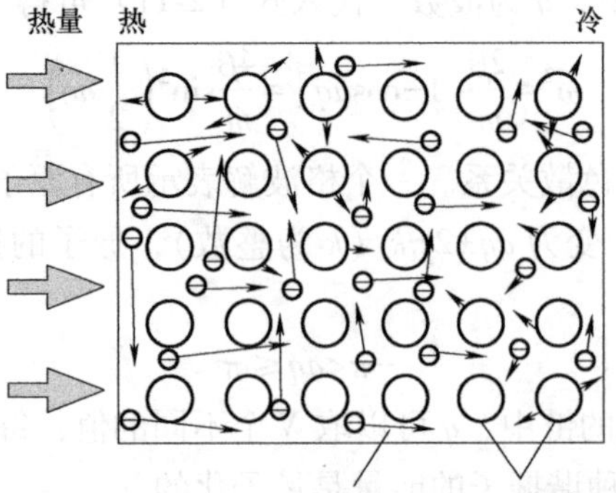

图 2-40　金属中的热传导含导带电子从热区向冷区传输能量

顾名思义，材料的热导率表征热能在介质中传输的难易程度。在图 2-41 中，如果加热金属杆的一端，热量将从热的一端流向冷的一端。实验表明：通过厚度为 δx 的薄截面的热流速率 $Q'=dQ/dt$，正比于温度梯度 $\delta T/\delta x$ 及其截面面积 A，可表示为

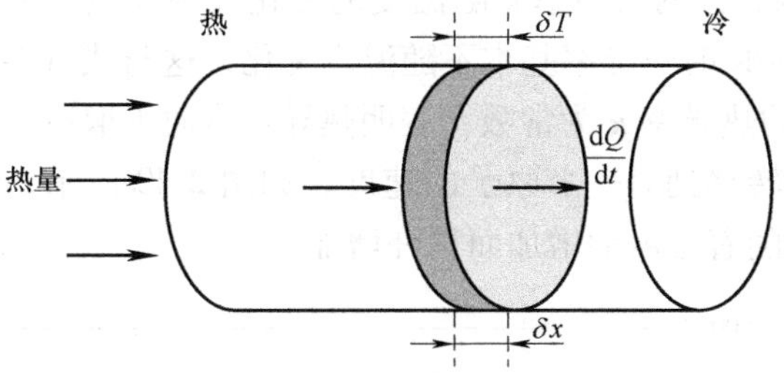

图 2-41 一端加热的金属棒热流示意图

$$Q' = -A\kappa \frac{\delta T}{\delta x} \tag{2-16}$$

其中比例常数 κ 为材料的热导率，负号表示热流的方向为温度降低的方向。通常式（2-16）被称为热传导的傅里叶定律，亦为热导率 κ 的定义公式，热流的驱动力是温度梯度 $\delta T/\delta x$。

将式（2-16）与电流 I 的欧姆定律相比较，可得到电导率的欧姆定律：

$$I = -A\sigma \frac{\delta V}{\delta x} \tag{2-17}$$

可见在此情况下，其驱动力为电位梯度 $\delta V/\delta x$，即电场强度。在金属中，电子参与电荷与热的传导过程，其相关系数分别为电导率 σ 和热导率 κ。因此，不难发现这两个系数可由威德曼-弗朗兹-洛伦兹定理相关联，即

$$\frac{\kappa}{\sigma T} = C_{\mathrm{WFL}} \tag{2-18}$$

式中，$C_{\mathrm{WFL}} = \pi^2 k^2/3e^2 = 2.44\times10^{-8}\mathrm{W\cdot\Omega\cdot K^{-2}}$ 为一常数，称为洛伦兹系数，其中玻尔兹曼常数 $k = 1.38\times10^{-23}\mathrm{J/K}$，电子电荷量 $e = 1.6\times10^{-19}\mathrm{C}$。

实验研究表明，对于从纯金属到合金等多种金属的热导率和电导率，式（2-18）在室温及其以上温度范围均适用，如图 2-42 所示。由于纯金属的电导率反比于温度，我们可以推断这些金属的热导率在室温及其以上温度范围不随温度发生变化。

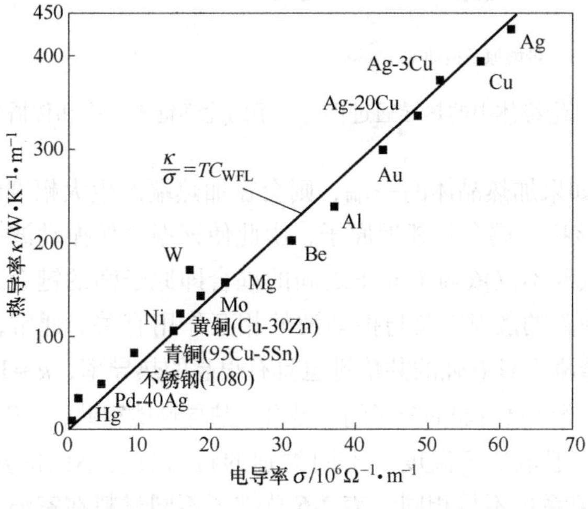

图 2-42 各种金属在 20℃下的热导率与电导率的关系

图 2-43 给出了铜和铝的热导率 κ 随温度的变化关系曲线。从中可以看出，对这两种金属，温度高于 100K 时热导率基本不随温度变化，这与式（2-18）基本一致。定性而言，在 100K 以上的热导率 κ 为常数，表明热导从本质上取决于电子在碰撞过程中将能量从一个原子振动转移到另一个原子的速度，如图 2-40 所示，该能量转移速率取决于电子平均速度，它随着温度的增加而稍许增加。

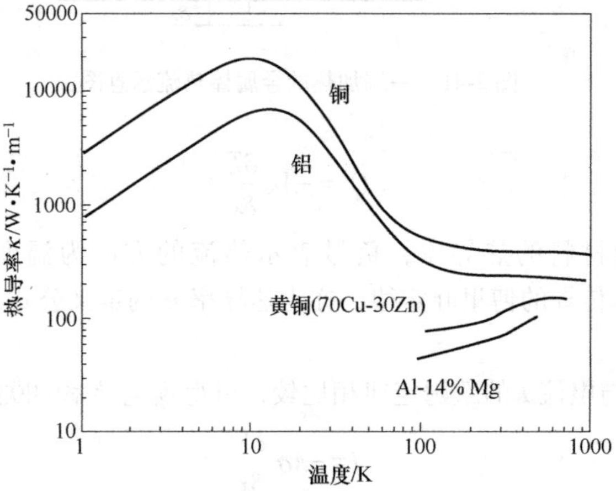

图 2-43　纯金属（铜和铝）和合金（黄铜与 Al-14%Mg）热导率与温度的关系

2. 非金属热导率

在非金属的晶格中缺少自由的导带电子将能量从热区传输到冷区，因此在非金属中能量的转移主要取决于晶格的振动，亦即晶格中原子的振动。我们可以将晶体中的原子及其键合看成由弹簧连接在一起的小球，形成图 2-44 所示的原子链。由分子动力学可知，在一定温度下所有原子都产生振动，且平均振动动能与温度成正比。

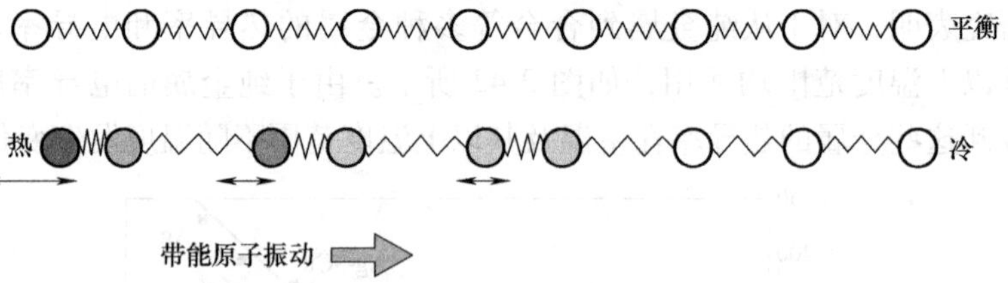

图 2-44　绝缘体中的热导通过耦合原子的化学键来产生和传播原子振动

在图 2-44 中，如果加热晶体的一端，则会在加热端产生大幅度的原子振动，而通过弹簧（化学键）将该振动耦合到邻近原子，由此使该振动像振动波一样从热区传播到冷区。热量传输的有效性不仅依赖于原子之间的耦合即原子间的键合，也与晶体中振动波的传播方式、晶体缺陷的散射以及与振动波的相互作用有关。通常，强的键合将导致高的热导率，例如，金刚石具有强的共价键也具有很高的热导率，$\kappa \approx 1000\text{W} \cdot \text{m}^{-1} \cdot \text{K}^{-1}$；而高分子聚合物在聚合链间具有弱的分子间力键合，热导性能很差，一般 $\kappa < 1\text{W} \cdot \text{m}^{-1} \cdot \text{K}^{-1}$。

热导率的大小一般取决于温度。不同类别的材料具有不同的热导率 κ 值，其中热导率 κ 与温度 T 的关系也不尽相同。表 2-6 总结了不同材料在室温下的热导率 κ 值。尤其要注意陶瓷材料具有很大的热导率 κ 值范围。

表 2-6 各种电气材料的热导率（室温 25℃时） （单位：$W \cdot m^{-1} \cdot K^{-1}$）

纯金属	κ	合金	κ	陶瓷玻璃	κ	聚合物	κ
银	420	硬铝	147	金刚石	~1000	高密度聚乙烯	0.5
铜	390	63%铜-37%锌	125	氧化铍（BeO）	260	低密度聚乙烯	0.3
铝	250	95%铜-5%锡	80	蓝宝石（Al_2O_3）	37	聚四氟乙烯	0.25
钨	178	1080 钢	50	氧化铝（Al_2O_3）	30	尼龙 6,6	0.24
锌	113	70%镍-30%铜	25	氮化硅（Si_3N_4）	20	聚碳酸酯	0.22
铁	80	55%铜-45%镍	19.5	熔融石英（SiO_2）	1.5	聚氯乙烯	0.17
铌	52	不锈钢	12~16	陶瓷玻璃	0.75	聚丙烯	0.12

2.4.3 热阻

对于一个长度 L、截面积 A 的物体，其两端温度差为 ΔT，如图 2-45 所示，则温度梯度为 $\Delta T/L$，由傅里叶定律，得热流速率为

$$Q'=A\kappa\frac{\Delta T}{L}=\frac{\Delta T}{\left(\frac{L}{A\kappa}\right)} \tag{2-19}$$

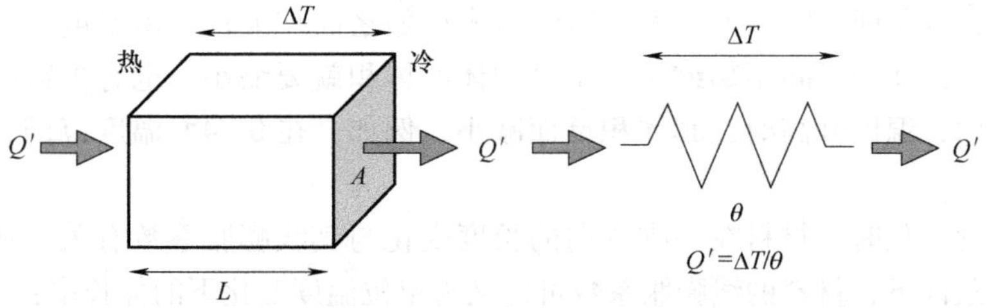

a) 模型化热阻θ b) 等效热路模型

图 2-45 通过某一物体的热导率

这与电路中的欧姆定律相当，即

$$I=\frac{\Delta V}{R}=\frac{\Delta V}{\left(\frac{L}{\sigma A}\right)} \tag{2-20}$$

式中，ΔV 是阻值为 R 的导体两端的电压，I 为电流。

与电阻类似，可以定义热阻 θ 如下式：

$$Q'=\frac{\Delta T}{\theta} \tag{2-21}$$

根据热导率，可得材料的热阻与热导率的关系为

$$\theta = \frac{L}{\kappa A} \tag{2-22}$$

热流速率 Q' 与温度差 ΔT 分别相应于电流 I 与电势差 ΔV。热阻类似于电阻的热模拟量，图 2-45b 为热路的等效电路示意图。

2.4.4 热容

材料在某一热过程中，每升高（或降低）单位温度时从外界吸收（或放出）的热量称为材料的热容。如传递的热量为 ΔQ，温度改变 ΔT 时，材料在该过程中的热容 C（单位为 J/K）定义为

$$C = \lim_{\Delta T \to 0} \frac{\Delta Q}{\Delta T} \tag{2-23}$$

热容与物质的性质、所处的状态及传递热量的过程有关，且与物质系统的质量成正比。由此可见，必须指明系统所经历的过程，热容才具有确定的值。如果升温是在体积不变条件下进行，该热容称为等容热容；如果升温是在压力不变条件下进行，该热容称为等压热容。单位质量物体的热容称为比热容。设物体的温度由 T_1 升高至 T_2 时吸收的热量为 Q，则 $Q/(T_2-T_1)$ 称为 T_1 至 T_2 温度间隔内的平均热容。

2.4.5 热膨胀

物体因温度改变而发生的膨胀现象叫“热膨胀”，通常是指外力压强不变的情况下，大多数物质在温度升高时，其体积增大，温度降低时体积缩小。在相同条件下，气体膨胀最大，液体膨胀次之，固体膨胀最小。因为物体温度升高时，分子运动的平均动能增大，分子间的距离也增大，物体的体积随之而扩大；物体温度降低，分子的平均动能变小，使分子间距离缩短，于是物体的体积就要缩小。也有少数物质在一定的温度范围内，温度升高时，其体积反而减小，例如，在 0~4℃温度范围，水的体积变化。

环境温度变化时，材料在一维方向的长度变化与其线膨胀系数有关。在忽略压力作用的影响条件下，材料的线膨胀系数可定义为单位温度变化下的伸长率：

$$\alpha_L = \frac{dL}{L dT} \tag{2-24}$$

式中，α_L 是线膨胀系数，单位为 1/℃或 1/K；L 是材料原长度，单位为 m；T 是材料温度，单位为℃或 K。

2.5 电气材料的力学性能

电气材料的性能除导电性和导热性外，其力学性能往往也起着十分重要的作用。例如，特高压输电线路中的架空线，主要由钢芯铝绞线构成，应具有优良的导电性能；同时在其服役过程中要承受很大的拉力，如果抗拉强度不够，就会导致掉线事故，造成重大损失，可以说其力学性能与电学性能同样重要。因此有必要对电气材料的力学性能进行评价。

材料的力学性能主要指材料的宏观性能，如拉伸、弹性与塑性、硬度、断裂、抗

冲击等性能，是进行工程设计时选用材料的重要依据。材料的力学性能与材料的化学组成、晶体结构或聚集态结构和加工工艺有关，并受环境温度、外力特性（静力、动力、冲击力等）等因素影响，其本质上是反映材料抵抗外力作用的能力。各种材料的力学性能通常是按照有关标准规定的方法和程序，采用相应的试验设备和仪器测得。

2.5.1 应力-应变曲线

拉伸试验的应力-应变曲线是表征材料的力学性能的一种方法。拉伸试验用于测定材料对静态的或缓慢施加的外力的抵抗力，可获得材料的拉伸强度和伸长率等性能参数。测试中通常采用哑铃形试样，如图 2-46 所示，其中高分子材料使用图 2-46a 的形状，金属材料使用图 2-46b 的形状，陶瓷材料很脆，一般不作拉伸测试。测试装置如图 2-47 所示，在拉伸测试过程中，仪器同时记录对样品所施加的力以及样品的长度，将外力和长度分别换算为应力（σ）和应变（ε），可以做出应力-应变曲线。

$$\sigma=\frac{F}{A_0}\quad \varepsilon=\frac{l-l_0}{l_0} \tag{2-25}$$

式中，A_0 为样品的初始截面积，l_0 为初始有效长度，l 是外力为 F 时样品的有效长度。

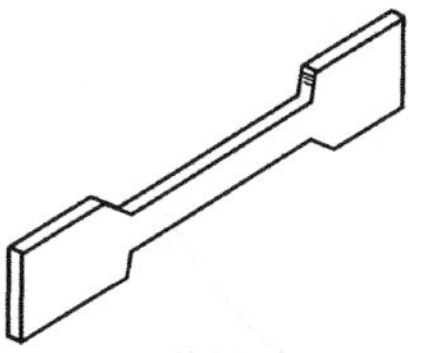
a) 片状

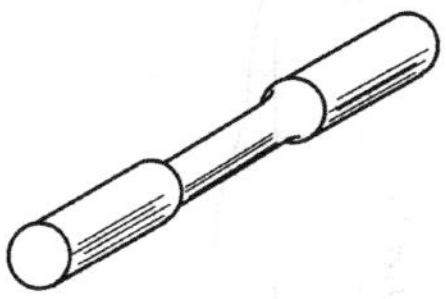
b) 棒状

图 2-46 拉伸测试用样品

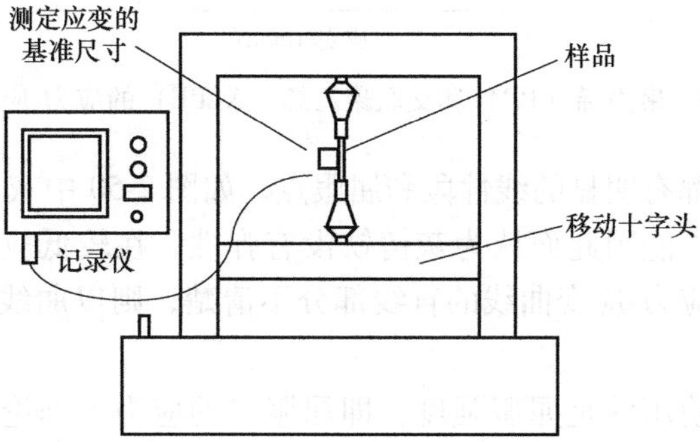

图 2-47 拉伸性能的测试装置

典型的低碳钢的应力-应变曲线见图 2-48。从图中可以看到起始部分为线性区，在这一区域内应力与应变呈线性关系，如果在这一区域撤除外力，样品会恢复测试前的初始长度，故这一段称为弹性形变区。

直线部分之后的应力-应变曲线是不规则的非线性部分，这两部分的分界线称为屈服点。屈服点后形变仍可大幅度增加，但应力升高则十分有限，在这一区域撤除外力，样品不会再回到初始长度，样品产生了永久形变，故称为塑性形变区。应力-应变曲线上最大的应力值称为极限强度或拉伸强度。

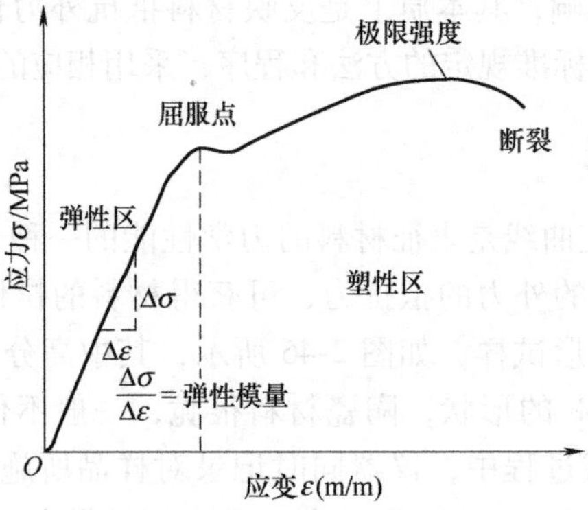

图 2-48　低碳钢的应力-应变曲线

有机聚合物材料的应力-应变曲线如图 2-49 所示。从图中可见，交联聚乙烯（XLPE）和聚丙烯（PP）具有明显不同的应力-应变特性。

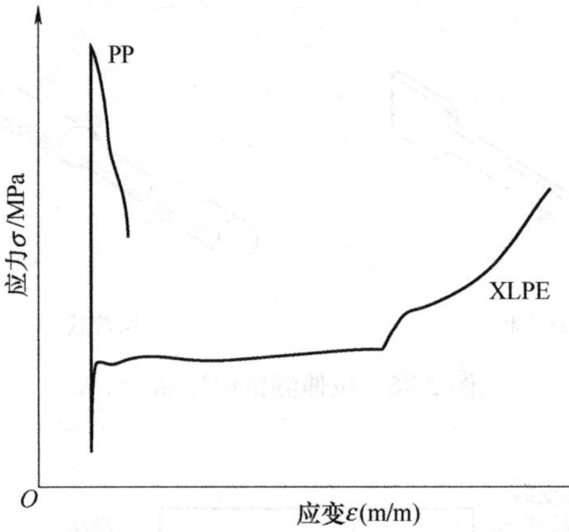

图 2-49　聚丙烯（PP）和交联聚乙烯（XLPE）的应力-应变曲线

不是所有的材料都有明显的线性段和屈服点，如图 2-50 中灰铸铁的应力-应变曲线中，二者都没有。但不能因此而认为灰铸铁没有弹性，在较低应力下这种材料还是具有一定弹性的。如果应力-应变曲线的直线部分不清楚，则以曲线在原点处切线的斜率作为弹性模量。

在工程设计中常使用的是屈服强度，即屈服点的应力。理论上屈服点是弹性形变与塑性形变的分界点，即应力不随应变的发展而显著增加的起始点，但有时屈服点不明显。在实际应用中允许有 0.2%的塑性形变，屈服强度为发生 0.2%塑性形变处的应力，这种屈服强度称为偏屈服强度。图 2-51 为铝合金的典型应力-应变曲线，从曲线上看不到屈服点，图中表示了确定偏屈服强度 σ_γ 的方法。

通常设计人员希望部件过度受力时能够在断裂前先发生一些塑性形变，而加工人员希望材料能被制成任意复杂的形状，因而延展性对材料的加工和应用是十分重要的。下面介绍几种常见的电气材料力学性能。

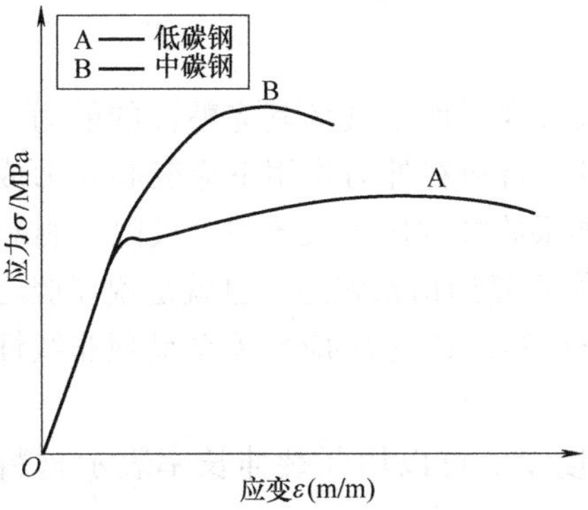

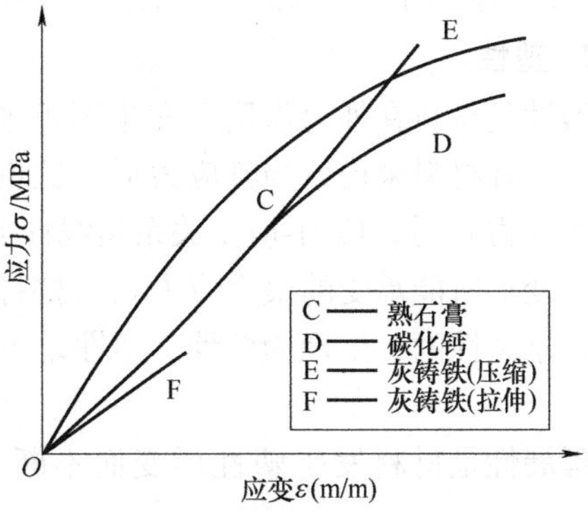

图 2-50　一些材料的应力-应变曲线

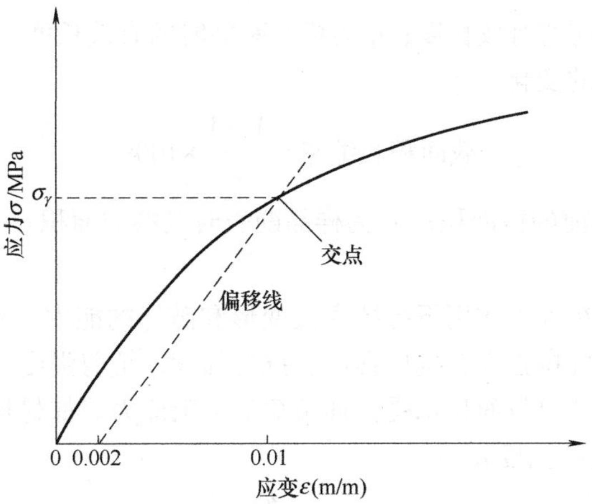

图 2-51　确定偏屈服强度的方法

2.5.2　常见力学性能表征

1. 弹性

弹性是指材料在外力作用下保持和恢复固有形状和尺寸的能力。如果一种材料在应力下发生形变，应力撤销后又恢复到原来的形状，这种材料被称为具有弹性，形变的大小称为应变。

材料在弹性变形阶段，其应力和应变满足胡克定律，呈正比例关系，比例系数称为弹性模量，单位是 Pa 或 MPa。弹性模量是描述物质弹性的一个物理量，包括杨氏模量、剪切模量、体积模量等。弹性模量是工程材料重要的性能参数，从宏观角度来说，弹性模量是衡量物体抵抗弹性变形能力大小的尺度，从微观角度来说，则是原子、离子或分子之间键合强度的反映。凡影响键合强度的因素均能影响材料的弹性模量，如键合方式、晶体结构、化学成分、微观组织、温度等。

材料在弹性形变区服从胡克定律，即

$$\sigma = E\varepsilon \tag{2-26}$$

式中，E 为弹性模量，即直线部分的斜率。

2. 塑性

塑性是材料在外力作用下发生不可逆的永久变形而不破坏其完整性的能力。对大多数的工程材料来说，当其应力低于比例极限（材料在外力作用下应变和应力成正比的最大应力）时，应力-应变关系是线性的。如果施加的应力大于弹性极限（材料不发生永久变形所能承受的最大应力），材料便不能恢复到初始状态，也就是说屈服之后的形变是永久性的，呈现为塑性。塑性是不可恢复的，其应力-应变关系呈现非线性变化特征。

延展性是材料发生塑性形变而不断裂的度量。可以用断裂伸长率表示材料的延展性：

$$\text{断裂伸长率}=\frac{l_f-l_0}{l_0}\times 100\% \tag{2-27}$$

式中，l_0 为样品拉伸前的有效长度；l_f 为样品断裂时的有效长度。表示延展性的另一方法是利用样品截面积的变化：

$$\text{截面积收缩率}=\frac{A_0-A_f}{A_0}\times 100\% \tag{2-28}$$

式中，A_0 为样品拉伸前的截面积；A_f 为样品断裂时刻的截面积。

3. 强度

机械强度是材料在外力作用下抵抗永久变形和破坏的能力。根据外力的作用方式，有多种强度指标，如抗拉强度、抗压强度、抗弯强度、抗剪强度、冲击韧度等。

抗拉强度是指材料单位面积承受拉伸负荷的极限能力。如材料截面积为 S，被拉断时的负荷为 F_T，则抗拉强度 σ_T 为

$$\sigma_T=\frac{F_T}{S} \tag{2-29}$$

抗压强度是指材料单位面积抵抗压缩负荷的极限能力。如材料截面积为 S，受压缩而破坏时的负荷为 F_C，则抗压强度 σ_C 为

$$\sigma_C=\frac{F_C}{S} \tag{2-30}$$

抗弯强度是指材料抵抗弯曲不断裂的极限能力。如将截面为 $b\times h$ 的长方形棒状试样置于支承架上，支承点间距离为 l，在试样棒中心点施加力的作用直至破坏，此时的作用力为 F_B，则抗压强度 σ_B 为

$$\sigma_B=1.5\frac{F_B}{bh} \tag{2-31}$$

冲击韧度是指材料单位面积抵抗冲击载荷的极限能力。亦是材料在冲击载荷作用下吸收塑性变形功和断裂功的能力，反映材料内部的细微缺陷和抗冲击性能。如将重力为 G 的摆锤提升到高度 h_1，让其自由下冲到放在低处支承架上截面积为 S 的试样上；摆锤剩余的动能使摆锤继续向前冲，升高到 h_2，则冲击韧度 a_K 为

$$a_K=\frac{G(h_1-h_2)}{S} \tag{2-32}$$

此外，强度和硬度是本质上不同的概念，例如，玻璃等硬而脆的物质虽然硬度大（变形与外力之比小）但强度小（在断裂之前能承受的总外力小）。强度测量往往需要彻底毁坏材料，而硬度试验则毁坏较小或不毁坏，所以经过校定的硬度与强度换算关系可以被用来通过测量硬度推算出强度。

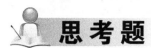

思考题

2-1　请举例说明电气材料的结构与性能的关系。

2-2　如何描述原子的微观结构？

2-3　原子中的电子分布应遵循什么原理？

2-4　分子是如何形成的？

2-5　简述化学键的类型及不同类型化学键所构成物质的特点。

2-6　什么是分子间力？分子间力有什么作用？

2-7　什么是晶体？如何表征晶体结构？

2-8　举例说明典型离子晶体的结构特征及应用。

2-9　能级是如何产生的？

2-10　简述能级的分裂及能带的形成。

2-11　简述电子的共有化运动。

2-12　从能带理论的角度简述导体、半导体和绝缘体的异同。

2-13　简述缺陷结构及缺陷能级。

2-14　一个电阻率为 $50\mathrm{n\Omega \cdot m}$ 的黄铜盘以 10W 的功率从热源向散热器传热，如果其直径为 20mm、厚度为 30mm，忽略其表面的热损失，计算该圆盘的温度降。

第3章 电介质材料

电介质是指在电场作用下能被极化的物质。法拉第（Michael Faraday）最早曾给出电介质的定义是“电力线能穿过的物质”，也就是说，电介质内部存在电场强度。一般认为电阻率超过 $10^8\Omega \cdot m$ 的物质为绝缘电介质，即在电场作用下具有电极化现象并存在较强电场的物质。

电介质的主要特性是以极化方式而不是以传导方式传递电的作用和影响。电介质的带电粒子是被原子、分子内力或分子间力紧密束缚着的束缚电荷，在外电场作用下，束缚电荷不会像自由电荷那样贯穿流过电介质，只会沿电场方向做有限的位移，从而形成感应偶极矩产生介质极化，在电介质内部产生反向电场。

绝缘体和导体是束缚电荷极化与自由电荷传导两种方式的极端情形，而半导体则介于这两种极端情形之间。早在20世纪30年代以前，电介质只是作为电气绝缘材料应用，所以通常人们认为电介质就是绝缘体。实际上某些非绝缘体，如半导体、铁电体、压电体等也可归入特殊类型的电介质；在高频电场作用下，电力线甚至可以穿过某些薄层金属，并产生电磁能吸收，因此金属薄层也可看成是高损耗的电介质。此外当温度足够高时，半导体和电介质也可成为导体。因此，物质电学性质的这种分类是相对的，依具体条件而定。

3.1 电介质基本性能

3.1.1 电介质分类和应用

通常电介质按其构成分子中正负电荷的分布情况不同可分为非极性电介质、极性电介质和离子型电介质等三类。

1. 非极性电介质

无外施电场作用时，分子的正电荷和负电荷中心重合，因此分子的电偶极矩等于零，这种分子称为非极性分子，由非极性分子组成的电介质称为非极性电介质。

非极性电介质一般都具有对称的分子结构，呈各向同性。一些单原子分子（如He、Ne和Ar等）、相同原子组成的双原子分子（如 H_2、N_2 和 Cl_2 等）以及结构对称的多原子分子（如 CO_2、C_6H_6 和 CCl_4 等）都是典型的非极性分子，他们构成不同的非极性电介质，如图3-1a所示的 SF_6 分子。常见的绝缘材料如聚乙烯、聚四氟乙烯、聚苯乙烯、石蜡、未硫化处理橡胶和绝缘油等均属于非极性电介质。未经极化处理的压电功能材料如压电陶瓷、聚偏氟乙烯等也属于广义非极性电介质的范畴。

2. 极性电介质

无外施电场作用时，分子的正电荷和负电荷中心不相重合，即分子具有偶极矩，称为分子的固有偶极矩，这种分子称为偶极分子或极性分子。由极性分子组成的电介质称为极性电介质，如图 3-1b 所示 H_2O 分子。

组成分子的两种原子的电负性相差越大，两原子间电子云的不对称分布越显著，分子的固有偶极矩（极性）就越大。通常将偶极矩小于 0.5 德拜（Debye，电偶极矩单位，符号为 D）的分子称为弱极性分子，偶极矩大于 1.5D 的分子称为强极性分子，而偶极矩介于 0.5D 和 1.5D 之间的分子称为中极性分子。

这类电介质的结构特征是分子的化学结构不对称。例如：

1）所有碳氢化合物都是非极性或弱极性物质，当其中的氢原子被卤族元素或 OH、NH_2 或 NO_2 基团取代，即可成为极性化合物。如 CH_4 为非极性分子，但当其中一个氢原子被 Cl 取代所生成的 CH_3Cl 即为极性分子。

2）聚氯乙烯、聚乙烯醇、纤维素、酚醛树脂、聚对苯二甲酸乙二醇脂等高分子聚合物都是常见的极性电介质。

3）具有固有偶极矩且能长期保存电荷并在其周围建立电场的聚合物驻极体也是一种重要的极性电介质。如聚氟化乙丙烯（FEP）等已被广泛用于拾音器、光电导成像、静电摄像、光显示、辐射计量及静电除尘器等。

4）一些生命活性物质，如以蛋白质为主的生物大分子、骨骼和神经等也是极性电介质。鉴于生命物质和生命现象与介电行为密切相关，有关生物电介质的研究正在促进生命科学的进一步发展。

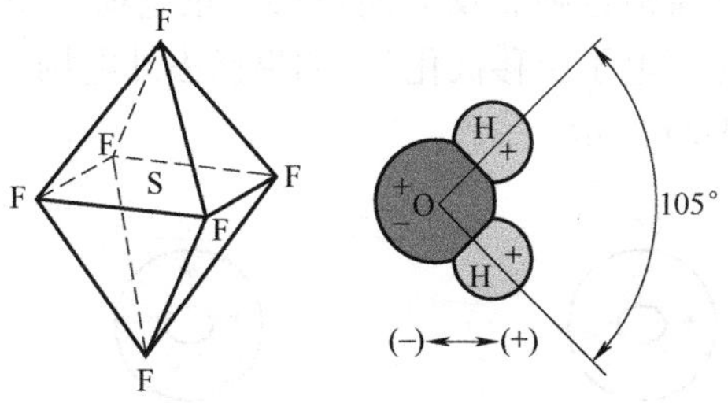

a) 非极性电介质SF_6分子　　b) 极性电介质H_2O分子

图 3-1　非极性电介质和极性电介质

3. 离子型电介质

与上述非极性电介质和极性电介质不同，离子型电介质通常由正负离子组成，此时已没有个别分子，组成介质的基本单元是离子。属于这一类的有离子型晶体电介质（如碱卤晶体 NaCl、石英 SiO_2、云母 $K_2O \cdot 3(Al_2O_3) \cdot 6(SiO_2) \cdot 2(H_2O)$、金红石 TiO_2 等离子晶体）、玻璃陶瓷以及其他一些无机电介质。这类电介质的介电常数高，且变化范围大，具有较高的机械强度。

此外，按凝聚态形态，电介质又可分为：固体电介质、液体电介质、气体电介质。按功能特性电介质又可分为：绝缘材料、铁电材料、压电材料、热释电材料、驻极体、电光材料、铁弹材料等。

电介质的用途相当广泛。电介质的电传导能力很低，具有很好的介电强度，可以用来制造电绝缘材料，例如在电机、变压器、开关电器、电力电缆等电力设备中的绝缘材料，用于限制电流按一定路径流动；同时电介质可被高度极化，可用于建立电场以储存电能或实现不同能量的转换，是优良的电容器材料或电气功能器件材料。另外根据电力设备或电子器件服役需要，绝缘电介质往往还起着灭弧、冷却、散热、防潮、防化学腐蚀、防电离辐射，以及机械支撑、导体固定和保护等作用。随着电气工业的飞速发展，电气设备的电压等级和容量不断提高，服役环境日趋多样化和复杂化，电介质绝缘材料性能除满足常规电、热和力学性能要求外，还能在超高温、超低温、高能辐射、高转速、深空、深海等特殊条件下正常工作。

3.1.2 电介质的电学性能

1. 电介质的极化

电介质的极化是指在外施电场作用下，电介质内部沿电场方向产生感应电偶极矩，电介质表面出现束缚电荷的现象。在外电场中，均匀介质表面出现电荷，这种电荷不能在电介质内部自由移动，不能离开电介质进入到其他带电体，也不像导体中的自由电荷那样以传导方式运动，称之为束缚电荷。因此，在外电场作用下，电介质的极化会在电介质中诱发束缚电荷，极化是电介质材料所独有的现象。电介质的极化主要有三种形式：

1）电子位移极化：按照经典电介质模型，物质内部的每一个原子，都是由带正电荷的原子核和带负电荷的电子云所组成。如果将物质置于外电场中，则正电荷会朝着外电场方向位移，而负电荷则会朝着反方向位移。正电荷与负电荷的相对位移会形成电偶极矩，这种现象称为“电子位移极化”。如果撤去外电场，则原子中的正负电荷会恢复到原来状态，如图 3-2a 所示。

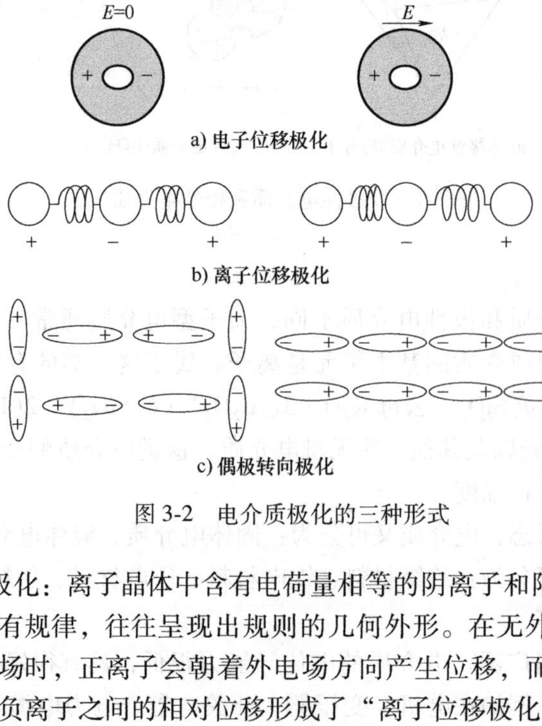

图 3-2 电介质极化的三种形式

2）离子位移极化：离子晶体中含有电荷量相等的阴离子和阳离子，并且这两种离子交替排列，整齐有规律，往往呈现出规则的几何外形。在无外电场时，其宏观电偶极矩为零；有外电场时，正离子会朝着外电场方向产生位移，而负离子则会朝着反方向位移。正离子与负离子之间的相对位移形成了“离子位移极化”，宏观电偶极矩不等于零，如图 3-2b 所示。

3）偶极转向极化：又称“取向极化”，只出现于极性分子中，是由固有电偶极子的方向改变而产生。例如，氧原子与氢原子之间的非对称 H-O 键，在外电场为零时，每个固有电偶极子仍具有极性；施加外电场于此电介质时，电偶极子发生取向，趋向于沿外电场方向定向，从而增加宏观电极化强度，如图 3-2c 所示。

此外，在非均匀介质或两种以上介质组成的复合介质中，电介质中的导电载流子在电场作用下的移动，可能被电介质中的缺陷或不同电介质的分界面所捕获，形成电介质中电荷分布不均匀而产生宏观感应电偶极矩，这种极化称为空间电荷极化或界面极化。

应用实例——介质极化的宏观表征：相对介电常数

极化是电介质的根本属性，宏观上用介电常数或相对介电常数来表征，在工程上可通过在一对平行板电极间填充电介质引起的电容变化来表示。在图 3-3 所示的平行板电容器与电源构成的回路中，当两个平行板电极间为真空或空气填充时，如图 3-3a 所示，施加稳态电压 V，电极间存在电场 E($E=V/d$，d 为平行板电极间距离）的作用下，电极上将被充有电荷 Q_0，则平行板电极电容 C_0 可表示为

$$C_0=\frac{Q_0}{V} \tag{3-1}$$

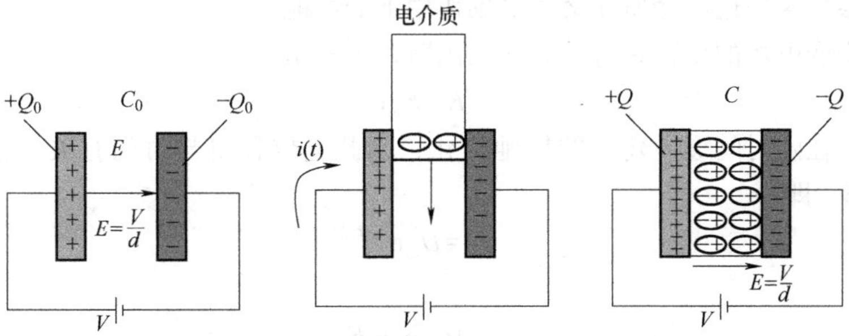

a) 真空或空气填充的平行板电容器　b) 电介质填入平行板电极　c) 电介质填满平行板电极

图 3-3　电容器充电极化过程

如果保持电压 V 不变，将电介质逐步填入两平行电极之间，由于填入部分电介质在电场作用下发生极化现象，在介质表面出现与电极极性相反的束缚电荷，使电极间电场强度下降，为维持电极间电场强度不变，电源会对电容器充电，在回路中出现充电电流 $i(t)$，如图 3-3b 所示，表明极板上的储存电荷增加，当电介质完全填满电极之间后，如图 3-3c 所示，极板上的电荷从 Q_0 增加到 Q，电容也从 C_0 增加到 C。为表征这一变化现象，可定义相对介电常数：

$$\varepsilon_r=\frac{C}{C_0}=\frac{Q}{Q_0} \tag{3-2}$$

ε_r 称为相对介电常数，通常 $\varepsilon_r \geqslant 1$，表明介质极化的建立，使电容器可以容纳更多的电荷，因此电容增大。通过分别测量平行板电容器真空（或空气）填充时的电容和介质填充时的电容，即可计算出该电介质的相对介电常数。

例如：在50Hz交变电场和30℃环境温度下，采用西林电桥可分别测得一交联聚乙烯平板试样的电容 $C=21.21\mathrm{pF}$，平板电极电容 $C_0=9.35\mathrm{pF}$，由此可计算得到此测量条件下交联聚乙烯材料的相对介电常数 $\varepsilon_r\approx2.27$，在非极性固体电介质的相对介电常数范围。

电介质的极化是介质内部的束缚电荷在外电场作用下迁移位置的变化过程，这个过程需要一定的时间。因此，对于外电场的变化，极化响应会有所延迟，这意味着极化机制密切依赖于外电场频率。例如：如果缓慢地增加电场频率，在微波频域约 10^{10} Hz，水分子的偶极取向极化开始无法跟随外电场变化；在红外线或远红外线频域约 10^{13} Hz，离子位移极化失去响应外电场变化的能力；在紫外线频域约 10^{15} Hz，电子位移极化也不能响应外电场的变化。随之而来会伴随出现介质损耗现象。

2. 电介质的损耗

电介质的损耗是指电介质从交变电场中吸收并以热的形式耗散的能量。在某一频率下供给电介质的电能，其中一部分因存在泄漏电流或电介质的极化响应跟不上外电场的变化而产生能量消耗，往往以介质发热的形式出现，它将引起电介质温度升高，从而加速电介质的老化。可见，介质损耗可反映微观极化的弛豫过程。

在恒定电场作用下，电介质中没有周期性的极化过程，介质损耗仅由电导引起，这时介质的损耗只与其体积电导率相关。在交变电场作用下，除了电导引起的损耗以外，还有与外电场变换频率相关的极化过程，也会引起电介质的能量损耗。因此需要引入新的参数来描述电介质在交变电场作用下的性能。

假设交变电场的变化是时间的正弦函数，则表示为

$$E=E_m e^{j\omega t} \tag{3-3}$$

由于存在随时间缓慢建立的松弛极化，因此电位移也与时间有关，在相位上滞后电场角度 δ，即

$$D=D_m e^{j(\omega t-\delta)} \tag{3-4}$$

由于

$$D=\varepsilon_0\varepsilon_r E \tag{3-5}$$

因此

$$\varepsilon_0\varepsilon_r=\frac{D}{E}=\frac{D_m}{E_m}e^{-j\delta}=\frac{D_m}{E_m}\cos\delta-j\frac{D_m}{E_m}\sin\delta \tag{3-6}$$

ε_r 为相对介电常数，通常用复数形式表示为

$$\varepsilon_r=\varepsilon_r'-j\varepsilon_r'' \tag{3-7}$$

由式（3-6）可得

$$\varepsilon_0\varepsilon_r'=\frac{D_m}{E_m}\cos\delta \tag{3-8}$$

$$\varepsilon_0\varepsilon_r''=\frac{D_m}{E_m}\sin\delta \tag{3-9}$$

$$\tan\delta=\frac{\varepsilon_r''}{\varepsilon_r'} \tag{3-10}$$

式中，$\tan\delta$ 称为介质损耗角正切，ε_r'' 称为介质损耗因子，ε_r' 为相对介电常数。

在电场变化一周期内，单位体积电介质所消耗的能量为

$$W=\oint E\mathrm{d}D=\pi E_{\mathrm{m}}D_{\mathrm{m}}\sin\delta=\pi\varepsilon_0E_{\mathrm{m}}^2\varepsilon_{\mathrm{r}}'\tan\delta \quad (3\text{-}11)$$

将式（3-11）代入式（3-10），得

$$W=\pi\varepsilon_0E_{\mathrm{m}}^2\varepsilon_{\mathrm{r}}'' \quad (3\text{-}12)$$

由式（3-12）可见，当电场强度和相对介电常数一定的情况下，$\tan\delta$ 或 $\varepsilon_{\mathrm{r}}''$ 与电介质在电场变化一周期内所消耗的能量成正比。

应用实例——介质损耗的等效电路：介质损耗角正切

电介质在交流电压作用下，除存在电导损耗外，还有因介质松弛极化而产生的能量损耗。因此在研究交流电场作用下的介质能量损耗时，往往采用图3-4所示实际有介质损耗电容器的等效电路来描述。

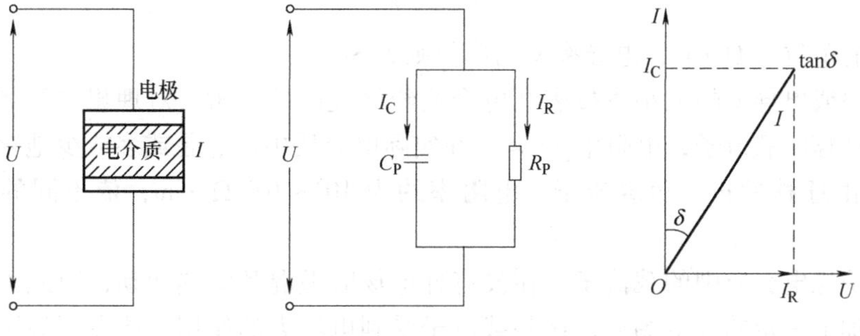

图3-4　有介质损耗电容器的等效电路

当在图3-4a平板介质电容器两端施加交变电压 U 时，由于介质存在能量损耗，通过介质的电流 I 不是纯电容电流，而是包含有功电流 I_{R} 和无功电流 I_{C}，如图3-4b所示，并有

$$\dot{I}=\dot{I}_{\mathrm{R}}+\dot{I}_{\mathrm{C}} \quad (3\text{-}13)$$

从图3-4c向量图可得到电流有功分量和无功分量之间的关系为

$$I_{\mathrm{R}}=I_{\mathrm{C}}\tan\delta=U\omega C\tan\delta \quad (3\text{-}14)$$

则介质损耗角正切为

$$\tan\delta=\frac{I_{\mathrm{R}}}{I_{\mathrm{C}}}=\frac{U/R_{\mathrm{p}}}{U\omega C_{\mathrm{p}}}=\frac{1}{\omega C_{\mathrm{p}}R_{\mathrm{p}}} \quad (3\text{-}15)$$

因此，只要测量一定频率下电介质的等效并联电阻和电容，即可计算出介质损耗角正切值，代入式（3-11），即可得到该电介质在此电场频率下的能量消耗。

例如：与前面应用实例类似，在50Hz交变电场和90℃环境温度下，采用西林电桥可同时测得一交联聚乙烯平板试样的电容 $C_{\mathrm{p}}=19.82\times10^{-12}\mathrm{F}$，$R_{\mathrm{p}}=1.46\times10^{11}\Omega$，由此可计算得到此交联聚乙烯材料的介质损耗角正切 $\tan\delta\approx0.0011$。

对于电介质绝缘材料，其介质损耗角正切值的大小及变化是分析材料绝缘状态演化的重要参数。理想绝缘材料的介质损耗角正切 $\tan\delta$ 与电场频率、环境温度密切相关，

在实际工程电介质绝缘材料中，介质损耗除源于介质极化的松弛过程外，还与介质的电导损耗相关。

3. 电介质的电导

电介质的电导是电介质中能自由迁移的带电粒子（载流子）在电场作用下的定向迁移现象。任何电介质都不是理想的绝缘体，在电场作用下，总有一定的电流通过，这就是电介质的电导。不过这种电流通常很小，故称为漏导电流或漏导。电介质的电导特性一般用电阻率 ρ 或者电导率 γ 来表示，且

$$\rho=\frac{1}{\gamma} \tag{3-16}$$

若电介质试样的长度为 l(m)、截面积为 A(m^2)、电阻为 R(Ω)，则该电介质的电阻率为

$$\rho=R\frac{A}{l} \tag{3-17}$$

电阻率 ρ 的单位为 $\Omega\cdot m$，电导率 γ 的单位则为 S/m。

电阻率或电导率的大小直接表征电介质绝缘性能的优劣。对理想绝缘体来说，不存在自由迁移的载流子，电阻率 $\rho=\infty$。在实际电介质中，总是或多或少地存在一定量的能够自由迁移的正、负载流子，电阻率约为 $10^8\sim10^{16}\Omega\cdot m$，依不同的介质材料而异。

实际绝缘电介质中的载流子，在没有外电场时做混乱的热运动，因此不形成定向电流。当加上一定的外电场后，这些载流子受到电场力的作用，便在不规则的热运动上叠加了沿电场方向的定向迁移，从而形成了电流。正或负载流子沿电场方向迁移的平均速率 v_+ 或 v_-，一般与外电场强度 E 成正比，可写为

$$v_+=\mu_+E, v_-=\mu_-E \tag{3-18}$$

式中，比例系数 μ_+ 和 μ_- 分别为正、负载流子的迁移率，表示在单位电场强度作用下，载流子沿电场方向的平均迁移速率，单位为 $m^2/V\cdot s$。

若电介质单位体积中正、负载流子的数目，即它们的浓度分别为 n_+、n_-，并有 $n_+=n_-=n$，每个载流子所带电量为 q，则单位时间内通过介质截面的电量，即电流为

$$I=q(n_+v_++n_-v_-)A=qn(v_++v_-)A \tag{3-19}$$

若截面 A 垂直于电场，则电流密度 j 为

$$j=\frac{I}{A}=qn(\mu_++\mu_-)E \tag{3-20}$$

式（3-20）也可表示为

$$j=\gamma E \tag{3-21}$$

其中，γ 就是电介质的电导率，它等于

$$\gamma=qn(\mu_++\mu_-) \tag{3-22}$$

由式（3-22）可见，电介质的宏观参数电导率 γ 取决于其微观参数载流子电荷量 q、载流子浓度 n 和载流子迁移率 μ。在电场强度不高的情况下，正、负载流子的浓度及其迁移率是与电场无关的常数。因此，此时电导率 γ 也是一个与电场 E 无关的常数。这表明，在电场强度不高的情况下，电介质的电导服从欧姆定律。

电介质中的载流子可以是电子（包括空穴）、离子（包括格点）或胶粒。因此，按照载流子的种类不同，电介质的电导可以分为：

1）电子电导（包括空穴电导）：载流子是带负电荷的电子（或带正电荷的空穴）。

2）离子电导：载流子是解离了的原子或原子团（离子），它们可以带正电荷，也可以带负电荷，如 Na^+、Cl^-、$(OH)^-$等。离子导电时，伴随有电解现象发生。

3）胶粒电导：载流子是带电的分子团即胶粒，如绝缘油中处于乳化状态的水等。

应用实例——双层电介质的电导率与直流电场分布

在实际工程应用中经常遇到的是复合电介质或宏观不均匀电介质。例如，气体与液体或固体的组合、液体与固体的组合、以及固体与固体的组合等，即使是单一电介质的绝缘结构，由于材料及所处环境的不均匀性（如存在晶区和非晶区、温度梯度）、含有杂质或气隙等，也不能看作是单一均匀电介质，都会对电介质中各区域的电场分配产生影响。下面以直流电场作用下的双层复合电介质模型为例来说明其中的电场分布，如图 3-5 所示。

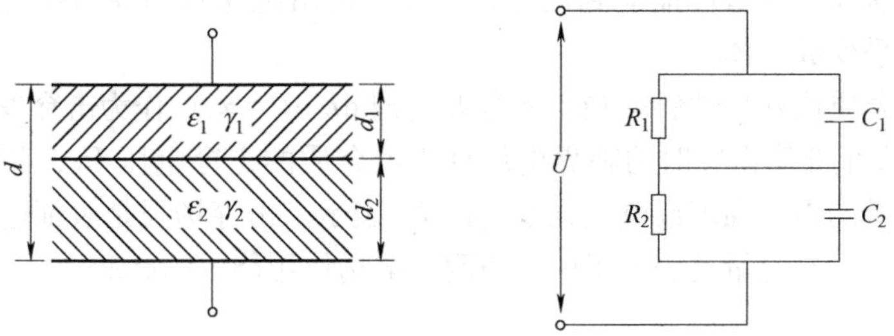

a) 双层串联介质　　b) 等效电路

图 3-5　双层复合电介质模型及其等效电路

双层介质的总厚度为 d，外施电压为 U，各层介质的厚度、电导率及相对介电常数分别为 d_1 和 d_2、γ_1 和 γ_2、ε_1 和 ε_2。各层介质中平均场强分别为 E_1 和 E_2，且应满足 $U=E_1d_1+E_2d_2$，$d=d_1+d_2$。

在稳态直流电压作用下，复合介质两层中的电流密度相等，即有

$$j_1-j_2=\gamma_1E_1-\gamma_2E_2=0 \tag{3-23}$$

引入复合电介质的宏观平均电场强度：

$$E=\frac{U}{d}=\frac{U}{d_1+d_2} \tag{3-24}$$

可得各层电介质中的电场强度

$$\begin{cases} E_1=\dfrac{(d_1+d_2)\gamma_2}{\gamma_2d_1+\gamma_1d_2}E \\ E_2=\dfrac{(d_1+d_2)\gamma_1}{\gamma_2d_1+\gamma_1d_2}E \end{cases} \tag{3-25}$$

若各层中电场强度方向相同，亦有

$$E_1-E_2=\frac{(\gamma_2-\gamma_1)d}{\gamma_2 d_1+\gamma_1 d_2}E \tag{3-26}$$

由此可见，各层电场强度与其电导率成反比。如 $\gamma_1 \approx \gamma_2$，则 $E_1 \approx E \approx E_2$；如 γ_1 与 γ_2 相差很大，则必有一层电介质的场强大于 E。例如，$d_1=d_2=0.2\text{mm}$；在 90℃ 下，$\gamma_1=10^{-13}\text{S/m}$，$\gamma_2=10^{-12}\text{S/m}$；当此双层电介质上施加恒定直流电压 $U=20\text{kV}$ 时，$E=50\text{kV/mm}$，计算可得 $E_1 \approx 91\text{kV/mm}$，$E_2 \approx 9.1\text{kV/mm}$。可见第一层介质中的电场强度远高于复合介质的平均电场强度，即 $E_1 \gg E$，这表明在多层复合电介质中电导率的不均匀性会导致局部电场的畸变，容易引起电介质的击穿破坏。

4. 电介质的击穿

电介质的击穿是电介质中的又一基本现象，是指在外施电场作用下电介质由绝缘状态变为导电状态的现象。实验表明，当施加在电介质上的电场强度增加到相当大时，电介质的电流密度 j 按指数规律随电场强度 E 增加而增加，这时电介质的电导率就不再是常数，而与电场强度有关，不服从欧姆定律。此时电导率随电场强度的升高而迅速增加，当电场进一步增强到某一临界值时，介质中的电导就将突然急剧增加，电流剧烈增大，电介质固有绝缘性能遭到破坏，电介质便由绝缘状态变为导电状态，电介质发生击穿，几乎变成导体。

通常以电介质伏安特性斜率趋于无穷大（即 $\mathrm{d}I/\mathrm{d}U=\infty$）作为击穿发生的标志，如图 3-6 所示。发生介质击穿时的临界电压称为电介质的击穿电压 U_b，相应的临界电场强度称为电介质的击穿强度或电气强度，以 E_b 表示。击穿场强是表征电介质电气性能的又一基本参数，它定量的表征了电介质耐受电场作用能力的高低。

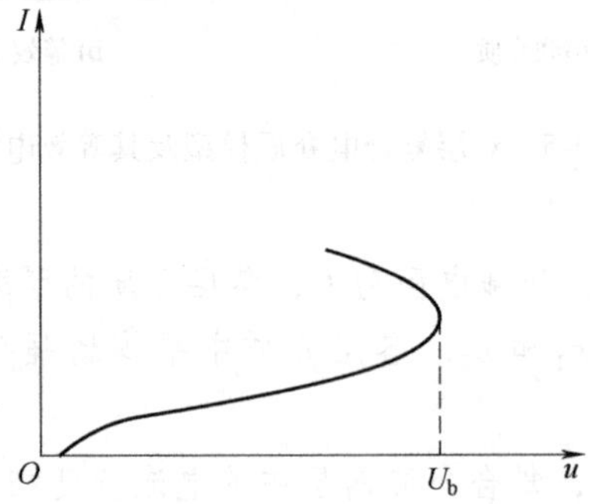

图 3-6　电介质击穿的伏安特性曲线

电力设备往往包含多种电介质绝缘材料（如气体、液体和固体电介质），其击穿特性差异很大。电介质的击穿特性决定了电介质在电场作用下保持绝缘性能的极限能力。在电力系统中常常由于某一电气设备的绝缘损坏而造成事故，因而在很多情况下，电力系统和电气设备的可靠性在很大程度上取决于其绝缘的正常工作。随着电力系统额定电压的提高，对系统供电可靠性的要求也越高，保证系统绝缘在高场强下正常工作是非常重要的。近年来高压技术已不限于电力工业的需要，还扩展应用到国防、生物医学等许多科技领域中，并有很多高场强绝缘的问题。因此，深入研究认识电介质击穿机理、影响因素、不同介质的耐电强度等是十分必要的。

应用实例——固体介质中的局部击穿现象

介质击穿往往指绝缘材料或绝缘系统整体破坏，然而，在实际电力设备绝缘系统中，各部分电场强度分布往往并不均匀，当一部分区域的电场强度达到该部分介质材料的击穿场强时，就会在该局部区域产生放电击穿，没有贯穿整个介质，整个介质绝缘体系仍然能够保持绝缘状态，这种局部放电击穿区别于介质击穿现象，被称为局部放电。

局部放电往往发生在电场不均匀的情况下。例如在电力设备制造过程中残留气泡，或者运行过程热胀冷缩产生气隙，或者绝缘材料老化分解出气体，都会使得绝缘体系中含有气泡，对绝缘系统中各区域的电场分配产生影响，如图 3-7a 所示，图中 c 表示空气隙介质 1，a 和 b 分别表示与 c 并联和串联的介质 2。空气 c 的相对介电常数为 $\varepsilon_1 \approx 1$，绝缘介质 a 和 b 的相对介电常数往往比空气大一倍以上，这里取 $\varepsilon_2 \approx 2.3$，而绝缘介质击穿场强往往为空气的几倍至几十倍（如空气击穿场强约为 $E_{b1} \approx 3\text{kV/mm}$，绝缘介质击穿场强取 $E_{b2} = 28\text{kV/mm}$）。

在交流电压作用下，b、c 构成的串联不均匀介质界面处满足电荷面密度相等，即有

$$D_1 - D_2 = \varepsilon_1 E_1 - \varepsilon_2 E_2 = 0 \tag{3-27}$$

可得 $E_1 = 2.3E_2$；若在厚度为 $d_2 = 10\text{mm}$ 的绝缘介质中有一个尺寸为 $d_1 = 0.1\text{mm}$ 的微小气泡，对绝缘体系施加 $U = 20\text{kV}$ 电压，此时绝缘介质中场强 $E_2 \approx 2\text{kV/mm}$，远低于击穿场强 E_{b2}，绝缘体系不会发生击穿。但是在气泡局域范围内，电场强度可达 $E_1 = 4.6\text{kV/mm}$，高于空气击穿场强 E_{b1}，产生局部放电。

局部放电虽然不会立刻产生贯穿性介质击穿，但伴随其产生复杂的电、热、光过程会逐渐损伤绝缘材料，使得放电区域不断扩大，直至整个绝缘体系被击穿。因此，工程上常常采用局部放电测试作为评估体系绝缘状态的手段之一，通过建立如图 3-7b 所示串并联等效电路模型，分析放电过程中电荷的变化特征。

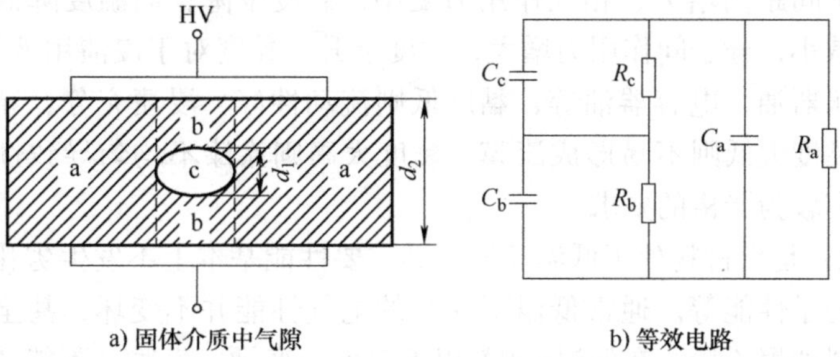

图 3-7　含气泡绝缘介质局部放电模型

3.1.3　电介质的热学性能

电介质在制造与应用过程中总会受到不同热应力的作用，由此电介质的热学性

能也是材料服役中必须被重点关注的问题。电介质材料与导热相关的各种热学性能的物理本质，均与晶格（分子）热振动有关。晶体点阵中的质点（原子、离子）总是围绕平衡位置做微小振动，称为晶体的晶格热振动。晶格热振动的强烈程度与温度有关。电介质材料导热性能表征参照第 2 章中电气材料的导热性能部分。此外，电介质热学性能的表征参数还包括熔点、软化点、闪点、黏度、耐寒性、热冲击稳定性等。

1. 熔点、软化点和闪点

1）熔点：是指一定压力下固体的物态由固态转变（熔化）为液态的温度。结晶态物质被加热时，由于从热源获得能量使分子动能增加，当加热到某一温度时，质点的热运动能量超过晶体的结合能，原来有规则的分子排列就变成无规则的涣散结构，此时晶态物质由固态变为液态，这一温度即称为熔点。对于有些结晶相和无定形相共存的材料，如聚乙烯，其熔点就不明显，熔化发生在一定温度范围。

2）软化点：是指无定形物质软化的温度，主要指无定形聚合物开始软化时的温度，它不仅与聚合物的结构有关，而且还与其分子量的大小有关。非结晶态物质的分子排列是无规则的，各分子之间的相互作用力大小不同，当被加热时分子热运动使其相互束缚减弱，逐渐从固态向液态转变，黏度相应变小，力学强度降低，这种逐步变化的现象称为软化。材料的软化点是指在一定黏度条件下的温度，常采用维卡（Vicat）法和环球法等进行测量。

3）闪点：通常指液体物质挥发后与外界空气形成的混合气与火焰接触时发生瞬时闪火的最低温度。由于分子热运动，液体物质的挥发是不可避免的，这些分子从液面逸出形成蒸汽，且随温度升高而增多，当蒸气与空气混合达到一定浓度时，用一个火花就能引爆。此时液体本身还不会着火燃烧，对应的温度点称为液体的闪点。闪点表示了材料的蒸发倾向和受热后的安定性，闪点高的材料不易起火燃烧，对于材料储存、运输及使用中的防火、防爆非常重要。

2. 黏度、耐寒性和热冲击稳定性

1）黏度：是指流体对流动所表现的阻力，表示液态物质分子间作用力大小。随着温度升高，分子间距离增大，相互作用力变小，黏度下降；而温度降低时，分子间距离随物质收缩减小，分子间作用力增大，黏度上升。黏度对于浸渍用液体介质很重要，如电缆油、变压器油、电容器油等，黏度低则流动性好、浸渍充分、导热性好；而对于漆包线漆，黏度太低则不易形成漆膜，黏度太高则涂漆不均匀导致性能差，因此对绝缘漆的黏度有较为严格的要求。

2）耐寒性：是指材料处于低温环境下其主要性能基本上不发生劣化的能力，如黏度、柔软性、力学性能等。通常低温下材料的电气性能并不变坏，甚至有所好转；但有些电介质材料如聚乙烯，在低温-70℃以下时就会变硬、发脆、不能弯曲，甚至出现裂缝缺陷而影响电气绝缘性能。

3）热冲击稳定性：是指材料抵抗急速加热或急速冷却作用的能力。这种性能与材料的热膨胀系数密切相关，如热膨胀系数大的普通玻璃，在局部急速受热膨胀或受冷收缩时，会发生开裂；而热膨胀系数小的石英玻璃，即使将它烧红后立即投入冷水中也不会开裂，因此石英玻璃的热冲击稳定性好。热冲击稳定性试验通常用于绝缘制品，将绝缘制品加热到某一温度后立即投入温度恒定的冷水中，然后再提高温度重复试验，直至出现肉眼可见裂纹为止，此时制品的加热温度与水的温差就作为热冲击稳定性的指标。

3. 最高允许工作温度

电介质在电场作用下因产生能量损耗而发热，使介质温度升高，短时高温也会使介质软化变形、熔化、甚至烧焦。在不很高的温度下长期工作，材料也会因热老化而发生性能不可逆的变化。因此，电介质的最高允许工作温度就是指在此温度下，材料的电学、力学、化学等性能能保证长期正常运行；当超过这一温度时，电介质的性能将显著下降。

应用实例——绝缘材料的耐热等级

国际上根据绝缘材料的耐热程度，即最高允许工作温度，划分了绝缘材料的耐热等级，分别为 Y、A、E、B、F、H、C 等不同等级，如表 3-1 所示，其中 200℃以上也称为 C 级绝缘。把绝缘材料划分成不同的耐热等级，是为了在进行电机电器等电力设备设计、制造和维修时能够合理选用材料。

表 3-1　绝缘材料的耐热等级

耐热等级	Y	A	E	B	F	H	C		
工作温度/℃	90	105	120	130	155	180	200	220	250

注：超过 250℃，每递增 25℃为一级。

各种耐热等级的绝缘材料，如果使用温度超过其规定的最高工作温度，材料将产生加速老化，其服役寿命大大缩短。例如，实验表明，A 级绝缘的使用温度每超过 8K，则寿命将缩短约一半左右；对 B 级绝缘材料使用温度每超过 10K，H 级绝缘材料使用温度每超过 12K，则材料寿命均缩短一半左右。

3.1.4　电介质的力学性能

电介质在制备加工、储存运输以及应用过程中总会受到一定机械力的作用，因此，电介质的力学性能也是服役中的重要问题之一。电介质的力学性能是指材料抵抗变形和断裂的能力。在设计和选用电介质材料时，要注意考察材料的力学性能，例如：材料的软硬程度、材料的脆性、材料抵抗外力的能力、材料可逆形变的能力、含缺陷材料抗断裂能力、材料抵抗多次外力能力以及特殊力学条件下材料性能等。具体来讲：生产过程要求电介质材料具有优良的加工性能；在服役过程要求电介质材料能够保持设计要求的外型和尺寸，保证在服役期内的安全运行。

电介质材料力学性能表征参照第 2 章中电气材料力学性能部分。根据材料的应力-应变曲线可将电介质分为五大类：

1）软而弱：稍加应力就产生很大应变（变形），强度低，伸长率一般。例如生橡胶、高温（熔点以下）聚乙烯等。

2）软而韧：弹性模量低、屈服强度低、拉伸强度一般，可逆应变（形变）大。例如硫化橡胶、增塑聚氯乙烯等。

3）硬而韧：弹性模量高、屈服强度高、拉伸强度高，应变（变形）大。例如聚酯薄膜、聚乙烯等。

4）硬而强：弹性模量高、机械强度高、应变（变形）不大。例如玻璃钢等。

5）硬而脆：弹性模量高、机械强度中，应变（形变）小。例如聚苯乙烯，以及处于玻璃化温度以下的聚合物。

电介质力学性能的表征主要有拉伸强度、抗压强度、抗弯强度、抗剪强度、冲击韧度等参数，具体要根据使用要求选用。

3.1.5 电介质材料的老化

1. 材料的老化

电介质的老化是指材料在储存、使用过程中，受电、热、力、光、氧、潮气、化学药品、高能辐射线以及微生物等因素长时间作用，其性能发生不可逆劣化的现象。电介质中以有机电介质的老化问题最为突出。

材料在使用中所能维持基本功能的时间称为材料的寿命。在各种因素作用下，材料能长时间耐受老化作用的能力称为材料的耐久性。寿命越长，则耐久性越好。老化特别着重于“长时间”和“不可逆”。例如潮气对绝缘材料的作用，可以引起材料的水解，无疑属于老化，因为是长时间而且不可逆；而潮气还会引起电性能和机械性能的下降，其中大部分仅仅是可逆的物理过程，并不属于老化。这两种性能下降的情况，可归于“劣化”。有的材料在加工过程中性能就有所降低，这也是一种“劣化”，但不是“老化”。

绝缘材料在电工、电子设备中应用很多，与设备中所用的结构材料或其他功能材料相比，绝缘材料特别是有机绝缘材料，对各种老化因子作用最敏感。例如，交联聚乙烯绝缘电缆在长时间运行后，其绝缘层在长期电、热和氧气的作用下就会出现老化，使绝缘层的颜色加深、产生水树枝和电树枝等，即便还没有发生电气故障，但已影响到电缆的寿命和安全。绝缘材料的寿命往往决定了电力设备的寿命和可靠性。因此人们采用高压液相色谱（HPLC）、凝胶色谱（GPC）、红外光谱、紫外光谱、核磁共振、热刺激电流、差式扫描量热分析（DSC）、扫描电镜、质谱法、X 衍射等多种现代测试分析手段来研究绝缘材料的老化原因，并开展绝缘材料寿命评定试验研究工作，以便能预测材料的寿命，进而有助于分析电力设备的寿命。

2. 老化的类型

绝缘材料的老化通常是由表及里，表面首先出现种种老化迹象，包括失去光泽、变色、龟裂、纹裂、粉化、起泡、剥落、长霉、变形、发黏等；老化深入到材料内部时，还会出现机械强度下降、发脆、弹性模量增大或下降、硬度下降、伸长率提高或降低等变化，其他电性、物理性能等也相应变化。但也有例外，例如电树枝化、由材料发热引起的热老化等，基本上是从内部先发展的。

在材料性能的老化变化中，有的与分子变大有关，有的与分子变小有关，这主要与不同老化形式所引起的材料结构发生交联或降解反应有关。交联反应使分子量增大，并逐渐形成网状结构；降解反应使聚合度下降，分子量减少，甚至产生低分子挥发物。

按老化因子和老化机理不同，绝缘材料老化通常可分为以下类型。

1）电老化：因高电压或高电场强度及其产生的放电、电流、电化学等因子的长期作用所致，是绝缘材料所独具的老化形式。电老化可分为无放电老化和放电老化两大类，具体表现为电晕放电、电弧放电、火花放电、电树枝化、电化学树枝化、电化学腐蚀等多种形式。

无放电老化的主要老化因子是强电场、电热、电化学效应。在交流电场作用下，电流通过材料产生热效应，如交流介质损耗发热而引起老化；在直流电压作用下，通过电化学作用或空间电荷的作用使材料老化。其中电化学过程使金属导体被腐蚀，其残留物在电介质中或表面形成导电痕迹使绝缘性能丧失，电化学老化受电介质的结构组成、环境因素、电极材料及其结构形式等影响。

放电老化的主要老化因子是放电作用。在放电过程中会产生过热、局部烧蚀、紫外线辐射、活性粒子（包括高能电子、原子态的氧或氮、激发态的氧分子或氮分子，以及氧或氮的分子离子等）及其他产物（臭氧、二氧化氮）等加速老化因素，使电介质发生老化。

放电老化是电老化的主要形式，它又因放电强度和环境因素差异而不同。放电强度（即单位面积的放电功率）与放电类型有关。电晕放电强度较低；电弧放电强度最高；火花放电强度介于两者之间。不同放电强度下的温度、老化因素及老化产物如表3-2所示。

表3-2 放电类型及老化状况

放电类型	电晕放电	火花放电	电弧放电
放电强度/(kW/m^2)	$\approx 10^{-2}$	$\approx 10^{-2}$	$>10^3$
放电场强/(kV/m)	10^3	10^2	1~10
放电电流/A	10^{-6}	10^{-3}	1~10^3
达到温度/℃	10^2	>5. 10^2	$>10^3$
老化因素	活性产物、辐射	辐射、热	热
老化产物	极性化合物	碳化等	碳化、有机导电物

2）热老化：是电介质最基本的老化形式，因长期热的作用所致。凡应用于真空、充气（空气、SF_6、N_2、H_2 等）、充油电工设备内的绝缘材料，浇铸绝缘和厚绝缘等场合，热老化很可能是其主要的老化形式。热老化速率与温度有密切关系，温度越高，则老化速率越大，使用寿命越短。

热老化中电介质材料主要发生热降解反应：

$$\text{降解反应}\begin{cases}\text{主链断裂}\begin{cases}\text{解聚反应}\\\text{无规断链反应}\end{cases}\\\text{主链不断——侧基消去反应}\end{cases}$$

热氧化老化：是电介质最主要、最普遍的热老化形式，因热和空气中氧的联合长期作用所致。在热氧化老化中，空气中的氧对老化机理有很大影响，热的作用是加速氧化反应；而氧的作用是使电介质开始老化的温度比单一热老化的温度更低。氧和臭氧是两种非常活泼的气体，能与很多材料起氧化反应而使之遭受破坏，尤其是对有机材料破坏作用强，但对无机材料几乎不起作用。

3）疲劳：因机械外力长期反复作用所致，它与应力作用下发生高分子降解产生活性中心，再与氧反应进一步氧化现象有关。电介质材料经长期反复施加应力或应变后，其力学性能发生衰减或丧失，一般认为是介质内部或表面的裂缝逐渐发展导致最终疲劳损坏。材料从投入使用到损坏所需形变的重复周期数称疲劳寿命，它代表材料抵抗产生裂缝的能力，通常施加的应力越大，寿命越短。此外，机械应力对其他老化形式有促进作用。

4）光老化或光氧化老化：这是户外绝缘材料的主要老化形式，是材料受光和氧的长期作用所致。太阳光中的不同成分对电介质的老化作用不同。材料吸收红外线后产生的热会促进其老化；在温度较高的特定条件下可见光也会使有机电介质材料分解破坏；通常紫外线对有机电介质的老化影响较大。这是因为太阳光中紫外线的能量很高，达到 400～600kJ/mol，与化学键键能接近，紫外辐照可直接引起很多高分子链的破坏，也可与氧气共同作用引起光氧化化学反应。实验表明，如果只有紫外线而无氧存在，或者只有氧而无日光照射，在常温下的老化都不很显著。当日照和氧共同存在时，氧分子被光子激发后形成具有很强化学反应能力的激发态氧，会产生明显老化作用。因此光氧老化是光与氧联合作用而引起的一种老化机制。

5）高能辐射老化：高能辐射包括 X 射线、γ 射线、α 和 β 粒子流、宇宙射线等，其能量高达 10^2～10^8eV，比可见光光子能量（仅几个电子伏）大得多。这些辐射线作用于材料后，往往使原子离子化，有时进一步产生自由基。自由基具有强反应能力，可以引起断链反应、交联反应等。若有氧存在，情况更为复杂。

近年来随着核能发电规模的不断扩大，对核电站的安全要求也进一步提高，电气设备的绝缘在核电站条件下的老化问题变得极其重要。核电老化可以看作是复杂条件下多种老化形式的共同作用，除了电老化以外，电力设备的绝缘和电缆护套材料还受到包括核辐射、高温、高湿、化学腐蚀和 LOCA（回路主管道破裂的极端失水事故）等多种老化因素的影响，因而对核电站用绝缘材料，不仅要求基本性能优良、能耐受各种核电老化，还需具有长的工作寿命。

6）化学老化：因水、溶剂、酸、碱、氮和硫的氧化物、气体等化学物质的长期作用所致。外来化学物质要与绝缘材料作用，都有表面附着、溶于材料和向内部扩散三个过程，因此与环境温度、压力以及该化学物质对材料表面的湿润能力有密切关系，同时还与材料的化学结构（影响湿润能力）和物理结构（结晶状况、空隙率等）有紧密联系。如果外来化学物质分子过大，则仅引起表面老化。

臭氧老化是由于臭氧长期作用所致的一种化学老化。若绝缘材料对臭氧特别敏感，臭氧老化则成为其主要老化形式。在光化学烟雾污染的大气中，以及有电晕放电的环境中，臭氧的浓度明显增大，臭氧老化更严重。在一般氧化反应中，氧常袭击弱 C-H 键生成氢过氧化物，而臭氧主要袭击双键本身，选择性很强。

耐溶剂性是指高分子聚合物抵抗溶剂引起的溶胀、溶解、龟裂或形变的能力。如橡胶遇到汽油要溶胀，极性材料遇到极性溶剂易溶解，中性材料在中性溶剂中易溶解等，而材料的耐溶剂性随着温度升高而降低。

吸湿性是指材料（如纤维等多孔材料）从周围气态媒质吸收水分的能力。通常材料吸收水分后电性能恶化，使极化加剧、电导增大、损耗增加，最后导致电介质击穿。水分的存在亦会使电介质的力学性能发生变化，同时还通过水解、溶解、抽提或吸收等化学物理作用，改变材料的组成结构，加速材料的老化。但有时少量的水分对某些高分子材料能起增塑作用，在一定条件下不但不会加速老化，还能延缓老化。为降低绝缘材料的吸湿性，通常在电缆中采用塑料、橡胶或铅、铝作为护套，保护绝缘材料既不受潮又不受机械损伤。

7）生物老化：因生物（鼠、白蚁等）或微生物（霉菌等）长期损害所致。自然界中引起绝缘材料破坏的生物主要有啮齿动物（家鼠、地鼠、鼹鼠、鱼类等）、昆虫（电缆钻蛀虫、白蚁等）、海生蛀虫（蛀船虫、钻孔蚌、穿木甲等）以及微生物（霉菌和细菌）。例如微生物长霉现象比较普遍，影响也大。霉菌和细菌在适当的温湿度下会在一些绝缘材料上长霉，不仅影响外观，还会由于霉菌的分泌物引起一些高分子材料的生物降解而导致性能劣化。防止生物老化的对策主要是采取相应的物理防护或化学防护。

3. 老化的原因

绝缘老化的内在原因是绝缘材料的分子结构有弱点、材料中存在外来或本身产生的杂质，以及绝缘体系中不同材料之间兼容性较差。

绝缘材料的分子结构中最弱的化学键往往是老化的起点。材料本身，或者所添加的各种添加剂，或制备、加工中所产生的杂质，其中总存在着某些弱 C-C 键或弱碳杂键，都能成为材料老化的起点。有的杂质甚至是老化的催化剂。

聚集态和相态影响活性杂质对材料的渗透以及材料中老化产物的迁移，因而对老化有重要影响。结晶相分子敛集紧密，不容易渗透、扩散，使结晶区的老化比非晶区的老化程度轻，说明老化主要限于非晶区，特别是其中比较松散的部分。绝缘材料的退火、淬冷等处理工艺，影响结晶度，因而需要考虑不同工艺对老化速率的影响。

4. 老化的防止

为了提高材料的耐久性，首先要消除结构上的弱点和杂质。在材料制备路线和工艺方面，主要有以下措施：

1）提高原材料纯度：加工前的原料应干燥处理。

2）改进聚合方法：采用高效催化剂，减少残余量；降低聚合反应温度，聚合分子应进行封端处理。

3）改进加工工艺：加工中应严格控制温度、时间；高温加工应隔绝空气；控制冷却速度，以控制结晶度、晶体大小和分布；制品应进行后处理以消除内应力；聚合物经过净化处理以除去残留催化剂和其他助剂。

4）添加不同的防老剂：常用的防老剂有抗氧剂、紫外线稳定剂、热稳定剂、抗臭氧剂等，使用时需要考虑防老剂与材料、不同防老剂之间的兼容性问题，防老剂往往要配合使用，以求取得最佳的协同作用效果。

3.2 气体和液体电介质

3.2.1 气体电介质

气体电介质是能使有电位差的电极间保持绝缘的气体，是电力设备绝缘结构中一种重要的电介质，在架空线、空气电容器、充气电缆、气体绝缘高压电器及通信电缆中均有使用。气体可流动、无孔不入，即使在液体、固体介质中，也难免夹杂有气隙气泡。即使是高真空度的电力设备中也存在一定的气体分子，因此气体电介质的性能优劣对电力设备的安全运行非常重要。

常用的气体电介质有空气、氮气、二氧化碳等天然气体和六氟化硫、氟利昂等人工合成气体。气体绝缘遭破坏后有自恢复能力，具有电容率稳定、介质损耗极小、不燃、不爆、化学稳定性好、不老化、价格便宜等优点，是极好的绝缘电介质。

工程上对气体电介质的要求如下：

1）高电气强度。工作场强和电离起始场强要高。这样可以缩小电气设备的体积，减轻重量；同时要求击穿后能迅速恢复绝缘性能。

2）环境友好性能。对人体无害、不污染环境、不对环境造成潜在危害。这点对制造厂和用户均很重要。

3）化学稳定性好。惰性大，不腐蚀电气设备中的其他结构材料。

4）不燃、不爆、不老化，不易因放电而分解。

5）热稳定性、导热性要好，热容量大。

6）沸点低，流动性好，不致因环境温度下降而液化。

7）制备方便，来源广，成本低。

在实际应用中，以上要求不可能完全满足，应从使用要求出发，根据具体情况确定首先应满足的条件要求。例如氮气的击穿场强比空气略低，但其具有惰性，因此获得了广泛应用。

1. 常规气体

1）空气：是一种混合气体，在自然界中分布最广，也是应用最广的一种气体电介质。按体积计算，空气中含有氮 78.09%、氧 20.95%、二氧化碳 0.03%和少量稀有气体。通常还含有尘埃、烟、工业废气（如 SO_2、N_2H_2）和水蒸气等杂质，其含量随地区和季节不同而异。例如在内陆地区空气中水分少，空气干燥；而在沿海地区空气中含有较多水分甚至盐雾，这些都会影响空气介质的理化性能。

空气的性能主要取决于其氮、氧组分。空气的沸点很低，电气物理性能稳定。它除天然存在于电气设备周围起着绝缘作用外，也可以压缩状态用于电容器、开关电器等电气设备。常态下，空气的击穿强度基本和电极距离呈线性关系，各种波形电压下放电电压相同，击穿强度约为 3kV/mm，常以此来估算均匀电场中标准状态下空气的击穿电压。在均匀电场中，空气的击穿电压是气体压力 p 与电极间距 d 乘积的函数，在很宽的 pd 范围内服从巴申定律，空气和其他气体的巴申曲线如图 3-8 所示。在不均匀电场中，会出现局部放电，所以击穿场强远低于均匀电场下的值。

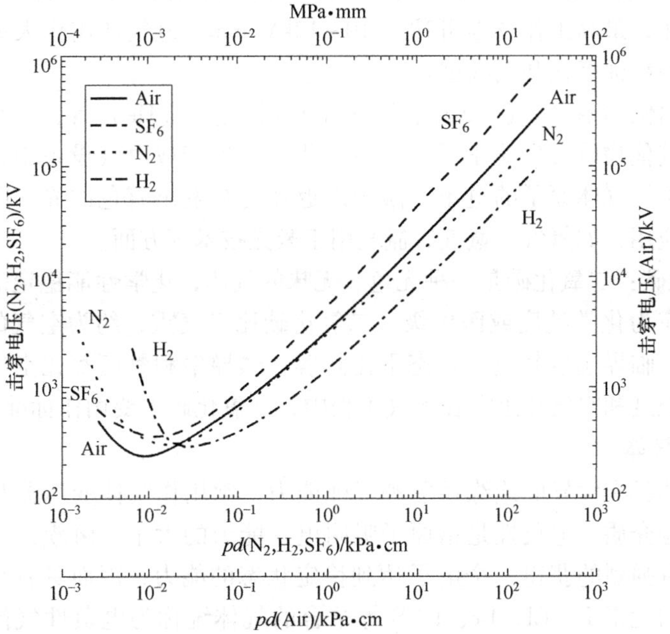

图 3-8 空气和其他气体的巴申曲线

温度和湿度对空气的介电常数有影响，如图 3-9 所示。相对湿度为 0%时，介电常数随温度升高略有下降。这是因为温度上升，气体的体积膨胀，单位体积中气体分子数减小，极化变弱，介电常数下降。而相对湿度大于 10%时，介电常数随温度升高明显增大。这是因为水是极性介质，空气里的水分增加后，在一定范围内随着温度上升介质极化加剧，所以介电常数变大。因此，如将空气作为标准电容器介质，则要求周围环境处于恒温恒湿控制下才能保证其电容量不变。

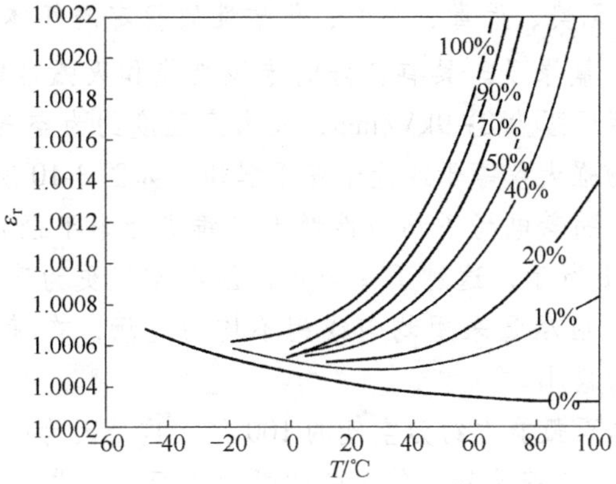

图 3-9 空气的介电常数与温度及相对湿度的关系

2）氮气：是一种性能极稳定的气体。电工用氮气的纯度在99.5%以上。氮气的沸点低（-195.8℃），可在较低的温度和较高的压力下使用，化学稳定性优于空气，不助燃，但击穿强度比空气低一些。氮气主要用作标准电容器的介质，工作压力一般为13~17个大气压，最高工作场强可达到10~12kV/mm。氮气还用作大型变压器的保护气体，以防止绝缘油氧化和潮气进入。

3）惰性气体：包括氖气（Ne）、氩气（Ar）、氦气（He）等，其化学结构极其稳定，一般不与其他物质发生化学反应。在一些工业生产或电气设备中，常常把它们用作保护气体。惰性气体原子的电子从激励态返迁时会发出有色的光，因此它们在电光源中有特殊的应用，如氖气、氦气、氙气用于激光技术等方面。

4）二氧化碳：二氧化碳是一种无色、无味的气体，化学性能稳定。电气工程用二氧化碳的纯度应为化学纯度或医用级。二氧化碳比空气重，约为空气的1.5倍，易溶于水，不助燃，临界温度较高。常态下比热容、热导率和黏度都比空气大，电容率比空气大，击穿强度和空气相近。在电气工程中，二氧化碳主要用作标准电容器的介质。

2. 电负性气体

电负性气体具有优异的绝缘性能和灭弧能力，常用作气体变压器和气体组合电器等设备中的绝缘介质。电负性是指原子吸附电子能力的大小。卤族元素的原子最外层电子有7个，有强烈的获得一个电子达到稳定状态的能力，因而具有高的电负性。凡是与电负性强的元素F、Cl、Br、I、S等结合的气体统称为电负性气体，如六氟化硫（SF_6）、二氯二氟甲烷（CCl_2F_2）、三氯氟甲烷（$CFCl_3$）、六氟二乙烷（C_2F_6）、四氟化碳（CF_4）等。这类气体的共同特点是：不燃、无毒、无腐蚀性、化学稳定性和热稳定性好，绝缘强度高。例如，CCl_2F_2的击穿强度为氮气的2.4倍。在3个大气压下，其击穿强度与变压器油相近。C_4F_8（八氟环丁烷）的击穿强度甚至比SF_6高（达1.25倍）。但氟化烃气体的沸点偏高，在电弧或电晕放电作用时会分解生成腐蚀性产物并在绝缘表面形成炭迹通道，使绝缘性能下降和加速老化。有些气体的价格很高，有些气体会破坏大气臭氧层，目前这类气体还不能作为绝缘介质进行实际应用。

应用实例——六氟化硫（SF_6）气体

SF_6是一种无色、无嗅、无毒、不燃、化学性质稳定的气体。SF_6的分子量大，分子中含有电负性很强的氟原子。具有良好的绝缘性能和灭弧性能。在均匀电场中，一个大气压下SF_6的击穿场强为8~9kV/mm，其击穿强度约为空气的2.3~3倍，在3~4个大气压下，其击穿场强大致等于或优于变压器油，如图3-10所示。

在不均匀电场中，随着电场不均匀性增大（锥尖曲率半径r减小），SF_6的击穿电压明显下降，如图3-11所示，这种下降现象比压缩空气更为明显。因此，在设计SF_6气体绝缘电气设备时，应尽量采用均匀或稍不均匀电场，在满足场强要求的情况下，使电极间隙距离保持为最小。

研究发现SF_6气体灭弧能力约为空气的100倍。这是因为：

1）六氟化硫的导热性能优异，使电弧的弧心直径小，电弧电压梯度低，在电流接近零点时，不会发生电流截断而出现异常电压。由于弧心连续收缩，在开断大电流的过程中，过零时残余弧柱截面很小，因而电弧时间常数很小。

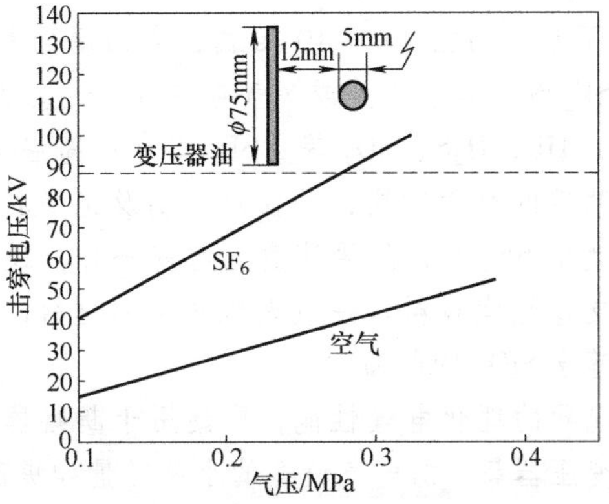

图 3-10 SF_6 气体和空气、变压器油在工频下的击穿特性

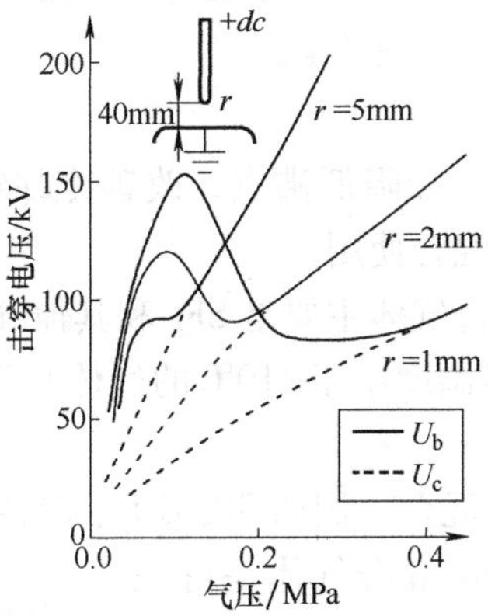

图 3-11 锥尖-板电极中 SF_6 放电的典型 U_b-p 曲线

2）SF_6 气体具有很强的电负性，容易吸附自由电子形成活性较小的负离子，它易与正离子复合。在交流电压过零时，SF_6 气体从导体向绝缘体的转化速度非常快，即弧隙的介电强度恢复得很快。

3）SF_6 气体在电弧作用下发生分解会吸收大量的热量，SF_6 气体热分解时导热性能提高，因此对弧道产生强烈的冷却作用。

一般情况下 SF_6 的化学性质很稳定，但在200℃以上 SF_6 可和某些金属及非金属发生反应，干燥 SF_6 气体与不同金属接触时的分解速率见表 3-3。

表 3-3 干燥 SF_6 气体与不同金属接触时的分解速率

材料	年分解量（%）	
	200℃	250℃
铝	—	0.006
铜	0.18	1.4
硅钢	0.005	0.01
碳钢	0.2	2

在电弧放电或电晕放电作用下，SF_6 会发生分解反应，绝大部分分解为低氟化硫和S、F原子。但当电弧熄灭后，约在 10^{-7}~10^{-6}s内，它们便又复合成 SF_6 和极少部分的低氟化合物，如 S_2F_2、SF_2 等。当有水分或潮气存在时，这些低氟化合物会发生水解反应，生成有害的化学成分HF、H_2S、SO_2 等。SF_6 本身在高温下也会与水反应而分解。这些产物是具有强烈腐蚀性的有毒物质，不仅对金属及绝缘材料有极强的腐蚀性，对人体也有害。所以，在使用 SF_6 时，除要注意人身安全外，还要注意控制水分、吸附 SF_6 副产物和正确选择支撑绝缘材料。一般无机非金属材料的耐 SF_6 分解气体性能较差，特别是陶瓷和玻璃等含 SiO_2 的制品。

由于 SF_6 气体具有优异的理化电气性能，广泛用于断路器、全封闭组合开关、避雷器、电容器、电缆和变压器等，对电气设备的小型轻量和提高功率起了重要的作用。但 SF_6 气体的沸点较高，击穿场强对导电杂质和电极表面状态比较敏感，价格较贵，而且也是一种温室气体，其大气寿命可达3200年，而地球温暖化系数约为二氧化碳的23900倍。因此，目前对于气体介质首先是限制气体泄漏量、提高回收率，并研究 SF_6 混合气体或替代气体来减少 SF_6 的使用量。

3. 混合气体

为改善气体电介质的性能，如降低沸点，改善冷却特性和提高绝缘强度以降低成本，往往要将两种或多种气体混合使用。

可以作为电气绝缘用的混合气体主要是 SF_6 和其他气体的混合气体，包括：

1）SF_6 和永久气体（临界温度小于-10℃的气体）混合，例如 SF_6-空气、SF_6-He、SF_6-H_2、SF_6-N_2 等。

2）SF_6 和其他电负性气体混合，例如 SF_6-CO_2、SF_6-N_2O、SF_6-氟化烃气体等。

在上述混合气体中，SF_6-N_2 混合气体是目前被认为较有发展前途的一种混合气体。它不燃、无毒、均匀场中 SF_6 含量50%~60%时介电强度可达纯 SF_6 的85%~90%，如图3-12所示。混合气体在极不均匀电场中的冲击和工频击穿电压高于纯 SF_6，它对导电微粒和电极表面粗糙度不敏感，预期可在 SF_6 的上限工作压力范围使用。在 SF_6 和其他气体的混合气体实际应用于电力设备之前，对其毒性、可能的放电分解物、导热性能和火花放电时的碳化度等还要进行全面的评定。

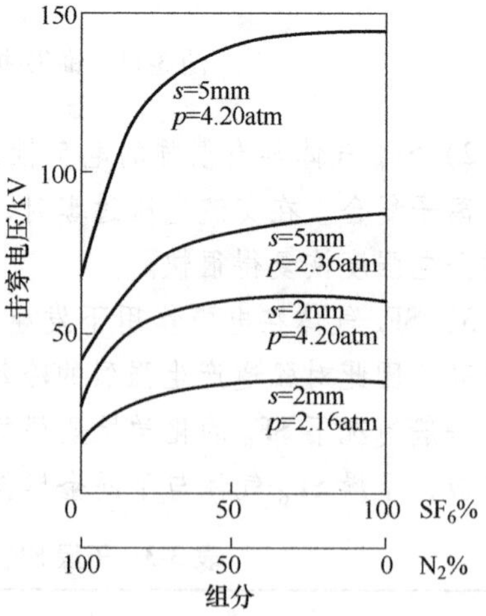

图3-12 SF_6-N_2 混合气体的工频击穿电压（最大值）与混合比的关系

另外，C_4F_8 除了液化温度较高外，其绝缘性能优于 SF_6 气体，是 SF_6 气体的1.25倍，虽然其大气寿命和 SF_6 气体相当，但其地球温暖化系数（GWP）比 SF_6 气体小得多，由于液化温度高，与其他气体混合后易于分离。因此，C_4F_8 气体与其他气体混合也许可以找到一种替代 SF_6 的混合气体。

4. 真空

真空是一种物理现象，是指在给定的空间内低于一个大气压力的气体状态，通常通过对给定的空间抽真空使其气体分子的密度远低于该地区大气压的气体分子密度。为使用上方便，常把真空度划分为不同的等级，目前常采用的一种分级标准见表 3-4。真空绝缘是指真空度低于 $10^{-4}\sim10^{-2}$Pa 的稀薄气体，属于高真空范围。

表 3-4 真空度分级标准

名称	压强范围/Pa	名称	压强范围/Pa	名称	压强范围/Pa
粗真空	$10^5\sim10^3$	高真空	$10^{-1}\sim10^{-6}$	极高真空	$<10^{-10}$
低真空	$10^3\sim10^{-1}$	超高真空	$10^{-8}\sim10^{-10}$		

从理论上讲，真空是一种理想的绝缘体。从图 3-7 所示的巴申曲线可知，当气体压强减小时，气体密度减小，气体分子的碰撞电离次数少，形成的载流子数目也减少，所以击穿电压就会提高。在理想的真空条件下，不存在可发生碰撞电离的气体，因而理论上击穿电压非常高。但实际上，在某一特定电压下，真空也会发生放电。在电气工程中，很多设备都是通过提高真空度来提高击穿电压的，主要应用于断路器、静电发电机和高能粒子加速器等设备中。

3.2.2 液体电介质

液体电介质是用于隔绝不同电位导电体的液体，简称液体介质，如绝缘油、绝缘液体等。液体电介质主要有天然油和人工合成油两大类，其中天然油包括天然矿物油和天然植物油。液体介质主要用于变压器、油开关、电容器和电缆等电力设备中，取代气体浸渍和填充电力设备中固体绝缘材料内部、层间及电极之间的空隙，从而提高电力设备的电气强度，并改善设备的散热条件。

1. 液体电介质的工程要求

液体电介质在用于电力设备电气绝缘时，要求具有以下优良的综合性能：

1）优良的电气绝缘性能：作为油浸电力设备，首先要求液体介质应具有高的电气强度，同时在电场作用下具有优良的吸气性，这样才能有效地提高电力设备的绝缘强度。其次是介质损耗小、电阻率高及适当的相对电容率。介质损耗小，可以减小设备的发热，缩小设备体积，减小运行时的能量损耗。电阻率可以反映油中所含杂质及净化情况，所以要求绝缘油的电阻率要高。一般电力设备要求绝缘油的相对电容率小，例如电缆中，电容率小可以提高电缆的传输容量和传输距离。但在电容器中，介质的主要作用是储存能量，所以要求绝缘油的电容率要大。

2）优良的物理及化学性能：绝缘油大多填充、浸渍于电力设备中长期使用，因此要求具有优良的物理、化学稳定性及热氧化老化稳定性。为提高绝缘油的使用温度范围及安全性，要求绝缘油的倾点低、闪点高、蒸发损失小、着火危险性小。为提高散热效果及补给能力，要求绝缘油的黏度小、黏度-温度特性优良、导热系数和比热容大、热膨胀系数要小。黏度小有利于提高油浸绝缘的局部放电性能。

3）优良的与共用固体材料兼容性：绝缘油往往与多种固体材料共同使用以构成绝

缘系统，材料之间不应产生相互劣化作用。例如绝缘油与铜、铝、铁等金属接触时，要求绝缘油不对金属产生腐蚀作用，同时这些金属也不对绝缘油产生催化老化作用。绝缘油与塑料薄膜等材料接触时，要求油对薄膜的机械性能影响小，薄膜在油中的溶解率及溶胀率小，对油的污染性要尽量小。

4）绝缘油的毒性要小：环境友好，不仅急性毒性低，慢性毒性也要低，生物降解性好，不污染环境。

5）要求来源广、价格低。

根据实际情况还会有其他特殊要求，例如电缆油要求黏度低、绝缘性能好；开关油需要灭弧能力强；超高压大容量变压器油的流动带电性要小等。

2. 液体电介质的理化性能

液体电介质的理化性能应该满足相应电力设备电气绝缘的要求：

1）外观：是最直观、最简单的检验绝缘油的方法。取油样在室温下用透射光直接观察油的颜色、透明度并与合格油样进行比较。颜色是将液体试样与标准条件下具有透光性的一系列编码色标进行比较得出。透光性是用丁达尔（Tyndall）光束来检查，看油样是否透明、发光或混浊，并观察是否有悬浮颗粒或沉淀物。

2）黏度：是反映液体流动时，液体内部反抗邻近层液体相对运动的阻力特性，黏度是绝缘油运行的重要参数之一。黏度小，散热和灭弧能力强，有利于固体介质的浸渍，从而提高介质的电气性能。所以一般高压电力设备总是希望绝缘油的黏度小一些。但是黏度小意味着液体介质的分子量小，脉冲强度耐受较差；易于挥发，闪点较低，易燃烧；流动性好，易使表面的空气向内部扩散，使氧化稳定性下降。总之电力设备应选用适当黏度的液体介质，使其主要性能得到保证。

液体的黏度是温度的函数。温度升高，黏度下降。这种性能称为黏度-温度特性，用黏度指数表示。黏度指数大者，油的黏度受温度的影响较小，表明油品可在较宽的温度范围内使用。矿物油的黏度和黏度指数与烃类组成有关，各类烃的黏度大小的顺序为：多环短侧链芳烃>单、双环长侧链芳烃>环烷烃>烷烃，合成油中硅油的黏度较大，且黏度指数小，这是特殊情况。

3）凝固点：绝缘液体在标准条件下冷却时，能继续流动的最低温度称为凝固点，又称为倾点或流动点。凝固点反映油的低温性能，是绝缘油的重要性能之一。凝固点对室内电工设备影响不大，而对户外用的电工设备，尤其在寒冷地区影响很大。绝缘油的凝固是不允许的，尤其是变压器油、开关油、高压充油电缆油与高压电力电容器浸渍剂等。冬天温度下降，如果油凝固不能流动，就会造成故障。因此，对这类油都规定了较低的凝固点。添加降凝剂或者是采用混合油以及提高净化效果等均可以有效降低绝缘油的凝固点。

4）酸值：是指绝缘油中有机酸的含量，用中和一克绝缘油中的有机酸所需的 KOH 的毫克数表示。当油与空气中的氧接触而被氧化时，将生成醛或酮和有机酸。这些氧化物使油的电气性能劣化，同时还会腐蚀与其接触的材料。因此，酸值是衡量绝缘油老化程度的重要指标。

5）闪点：在标准条件下加热绝缘油品，放出的蒸发气体遇火焰瞬间闪火的最低温度。当温度超过闪点继续上升，达到液体燃烧不少于 5s 时的温度称为着火点。为了减少液体介质的挥发消耗及安全运行，要求闪点尽可能高。矿物油的闪点大多在130~140℃，合成绝缘油的闪点多数在140℃以上。

3. 液体电介质的介电性能

用于电力设备电气绝缘的液体电介质应具有优良的介电性能，如相对电容率、体积电阻率、介质损耗因数、电气强度等。

1）相对电容率：液体介质的相对电容率ε_r是极化造成的，其大小与极性有关。一般弱极性液体的ε_r约为1.8~2.2，例如矿物油；极性液体的ε_r较大，例如酯类油的ε_r可以达到3.5~7。液体介质ε_r的大小与温度、电场频率有关。

2）体积电阻率：液体介质的体积电阻率ρ_v是由本征电导和杂质电导决定的，纯净液体的电导极小，所以绝缘油的体积电阻率主要决定于含杂质情况。通过测量绝缘电阻可了解绝缘油的净化情况。

3）介质损耗因数：绝缘油的介质损耗因数（介质损耗角正切$\tan\delta$）是一个重要的介电性能指标，在很大程度上反映油品的质量。油中的固体颗粒、水分及其他极性物质都会造成较大的损耗，绝缘油发生老化后在介质损耗因素上也有明显的升高。因此，在绝缘油制备和精制中，应除去各种溶解的和不溶解的杂质及水分，并在充入设备之前再次进行脱气、脱水处理，以接近油的本征损耗因数值。

4）电气强度：电力设备对所有液体介质都要求有尽可能高的电气强度。纯净液体介质击穿机理主要有两类：电子碰撞电离击穿和气泡击穿。对于工程中使用的液体介质，不可避免地含有水分、气体及固体颗粒或者纤维状杂质，成为影响绝缘油击穿的决定因素。

4. 绝缘油的老化

绝缘油在长期使用过程中，由于电场的作用会产生发热并与空气接触后氧化而发生老化。某些金属如铜、铁、锌等，更会对绝缘油的氧化起催化作用。在绝缘油的储存、运输过程中也会发生老化或被污染。如果在高温下使用或局部过热，油会裂解生成低分子的烃类化合物，降低油的闪点。在油开关中由于电弧的高温作用，会使绝缘油分解出导电碳粒，增加油的吸水性。这些综合作用的结果（其中以氧和热的作用为主）使绝缘油老化，颜色变深，黏度、酸值增加，闪点及介电性能下降。

为了防止油的老化，一是加强散热，如变压器外部装的很多管道就是为了增加散热面积，降低油温；二是尽量使油与空气隔绝，防止氧化发生。还可以加入各种抗氧剂。为了保证充油设备的正常运行，除了上述措施以外，还要经常检查绝缘油的各项物理化学指标，如发现油的性能不合规定要求时应及时进行处理。

应用实例——几种典型的液体绝缘电介质

A. 矿物绝缘油

（1）矿物油的组成

从石油中提炼精制的绝缘液体电介质简称矿物绝缘油，其主要成分是烷烃、环烷烃和芳香烃。烷烃与环烷烃属于饱和烃，不含不饱和的双键，因此化学稳定性好，介电性能稳定，黏度随温度变化小，对抗氧剂感受性好，是构成绝缘油的理想烃类。芳香烃具有优良的天然抗氧化作用和“抗析气”性能（绝缘油的析气是指绝缘油在使用过程中受到强的电应力作用时会发生化学变化而产生气体的现象），如图3-13所示，对于延长电力设备的使用寿命具有特殊意义。但是如果芳香烃含量太多，会使油的黏度上升，凝固点提高，因此在绝缘油中只保留一定数量的芳香烃。

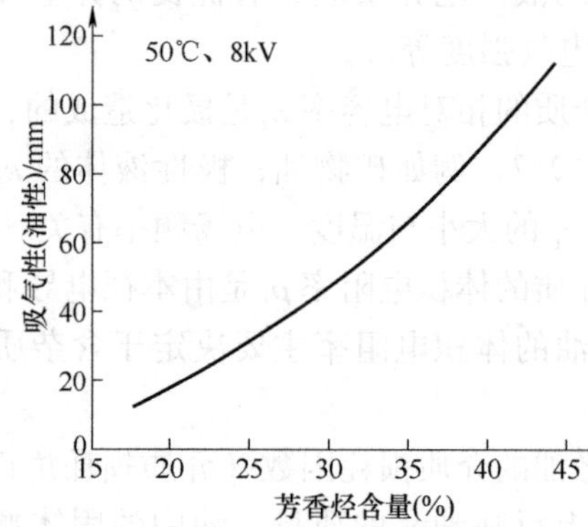

图3-13　矿物油的吸气性与芳香烃含量的关系

水分是影响绝缘油电气性能的主要因素之一，图3-14所示为不同温度下干燥的绝缘油和含水分的绝缘油的击穿特性，可以看出水分的存在对绝缘油的击穿电压有明显的影响。

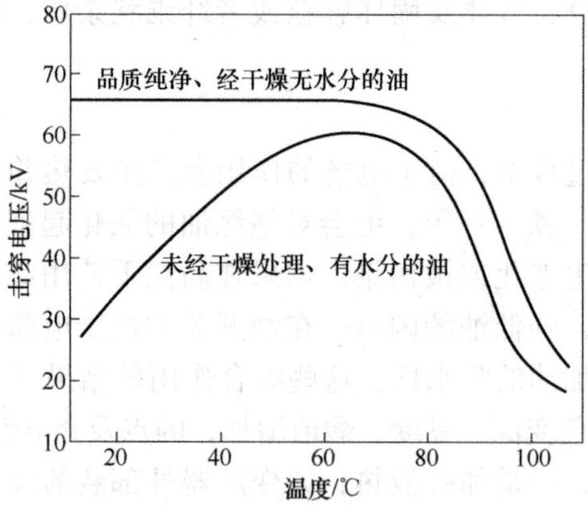

图3-14　温度对油击穿电压的影响

矿物绝缘油中还有少量不饱和的烯烃和炔烃，这些物质中含有双键或三键，是不稳定组分，在一定条件下容易氧化、聚合、分解，导致在油中放出气体，出现水分、酸、树枝状物质等使油的性能恶化。所以这类不饱和烃要设法清除干净。此外，还有非烃化合物，如硫、氧、氮化合物及胶质沥青状物质。这些物质对绝缘油性能有很大影响，石油精制中绝大部分工艺都是去除这类物质。

（2）油的精制处理

石油经过脱盐、脱水处理后再经过常压和减压蒸馏，在150～160℃范围分馏得到汽油；温度上升至160～300℃分馏得到煤油；在300～350℃分馏得到重油，这就是绝缘油的原油。

矿物油典型的精制工艺有以下几种：酸碱-白土精制；溶剂（糠醛或酚）精制-白土精制；脱蜡-酸碱或溶剂-白土精制；酸碱或溶剂精制-白土精制-脱蜡；可在白土精制之前增加加氢精制工艺，以保证矿物油有更高的安定性。

以变压器油为例，原油先加入8%~15%的浓硫酸处理，除去原油中的不饱和烃。再加入适量的碱（NaOH）中和剩余的硫酸。然后再用热的蒸馏水洗油，以除去油中的Na_2SO_4和其他水溶性物质。经澄清排水后油中还残留水分，要将油加热干燥除水分。再经白土硅胶等进行精制处理，在加热的同时进行搅拌，杂质就可被吸附剂所吸附，然后把这些杂质和吸附剂过滤掉，即可获得纯净的变压器绝缘油。

经过提炼加工得到的精制油称为中性油，再加入一定量的改性剂（抗氧剂，抗凝剂等）调配成正式产品。

(3) 绝缘油的再生处理

绝缘油工作一段时间后，如果油的外观发生明显变化，或性能下降，就要对油进行再生处理。再生处理的方法有四种：压力过滤法、真空喷雾法、电净化法、白土硅胶再生法。

在绝缘油的老化不是太严重的情况下，可以利用白土或硅胶的优良吸附能力除去油中气体、水分及其他杂质，再生效果好。如果老化较严重的绝缘油，则要采用与提炼精制绝缘油时相似的方法进行处理，即用酸碱处理、水洗、白土吸附的方法。

B. 植物绝缘油

植物绝缘油指从天然油料植物种子中提炼精制的绝缘油。植物绝缘油来源广泛、可再生、环保，是最早用于电气工业的绝缘液体电介质。用作浸渍剂的植物油主要有蓖麻油、菜子油、大豆油、亚麻子油、棉子油和棕榈油。主要成分是油酸、亚油酸、芥酸、棕榈酸等不饱和脂肪酸。

植物绝缘油具有良好的电气性能，电容率高于矿物绝缘油，见图3-15；纯净植物绝缘油的工频击穿场强高于70kV/mm，90℃下体积电阻率约为$10^{10}\sim10^{12}\Omega\cdot m$，因而可用于电容器的浸渍剂、变压器绝缘油。植物绝缘油的闪点、燃点均高于300℃，能满足高燃点环境友好型绝缘电介质的要求。植物绝缘油无毒，生物降解率高于97%。而矿物绝缘油燃点低、不可再生；合成绝缘油生产成本偏高或有毒，且生物降解率低，有可能对人和环境造成危害。

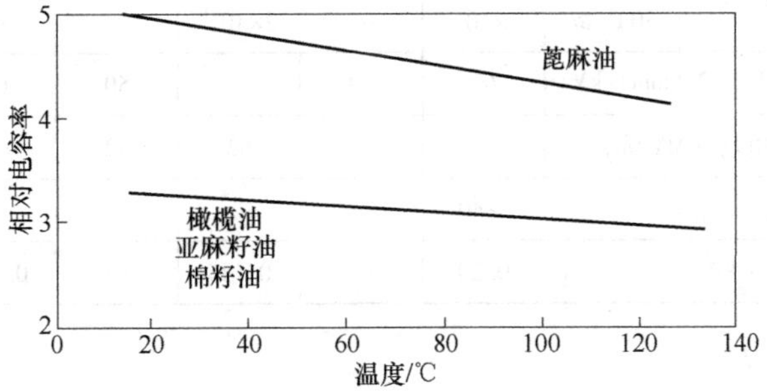

图3-15 几种植物油相对电容率与温度的关系

植物绝缘油的缺点是凝点偏高（约为-25~-15℃），易氧化，低温黏度大等，影响其在电力设备中的绝缘性能。可通过添加降凝剂来降低凝点，添加氧化抑制剂来提高氧化安定性。同时，通过选择添加剂和优化精炼工艺的方法改善植物绝缘油的黏度、水分含量和酸值等性能。

植物油中早期最常用的是蓖麻油，其主要成分是蓖麻油酸甘油酯。特点是：电容率高、无毒、难燃、耐电弧、击穿时无炭粒。蓖麻油在不同温度下的电容率较高，介质损耗因数较低，故适用于高频、直流脉冲及金属化膜电容器的浸渍剂。例如，蓖麻油浸渍纸和纸-聚酯薄膜复合介质具有高储能密度和高的寿命。近年来，菜籽油、大豆油、棕榈油等已在35kV以下配电变压器中广泛应用，同时也已成功用于400kV及以上高压电力变压器中。

C. 合成绝缘油

通过人工用化学方法合成的绝缘油称为合成油，常用的有十二烷基苯、硅油、聚异丁烯等。合成油的主要性能指标见表3-5。

表3-5 各种液体电介质的理化性能

绝缘油名称			矿物油 MO	十二烷基苯 DDB	苯甲基硅油 250/30	邻苯二甲酸二辛酯 DOP	聚丁烯 PB	蓖麻油	β油
指标	密度（20℃）/g/cm³		0.88	0.87	1.01~1.1	0.983	0.905	0.960	0.870
	折射率（20℃）		1.481	1.489	1.471.48	1.484	—	1.477	—
	闪点（闭口）/℃ ≥		135	135	240	218	252	166	272
	倾点/℃		-45	-60	-65	-50	-60	-17	-24
	运动黏度/(10^{-6}m²/s)	20℃	37~45	7.3	4.37	82	82	380	
		40℃	9~12	3.0	3.0	(60℃)	(60℃)	115	
	比色散		106~115	136	124	120	—	—	—
	相对电容率（50Hz）	25℃	2.2	2.22	3.47	4.2	4.2	2.2	—
		80℃	2.1	—	3.25	3.55	3.55	—	
	tanδ（50Hz）/%	20℃	—	—	—	0.5	0.5	0.01	—
		80℃	0.5	0.2	0.2	5	5	—	
	体积电阻率/Ω·m	20℃ ≥	1×10^{12}	1×10^{14}	—	1×10^{12}	1×10^{11}	1×10^{12}	—
		80℃ ≥	1×10^{11}	—	2×10^{11}	—	—	—	
	U_B（20℃，50Hz，2.5mm）/kV		60	70	45	50	60	50	56
	可视气体产生电场/(MV/m)			54	52	42	—	—	—
	表面张力/(10^{-3}N/m)		≥40	—	—	—	—	42	45
	热导率/(W/m·K)		0.20	—	0.145	—	0.110	0.172	—

（1）十二烷基苯

烷基苯是具有侧链的单环芳香烃。实际应用的烷基苯是侧链上平均含碳原子数为12的烷基苯混合物，即十二烷基苯。烷基苯由于合成的原料与工艺路线不同，分为直链型（软质）和支链型（硬质），其化学结构式如图3-16所示。

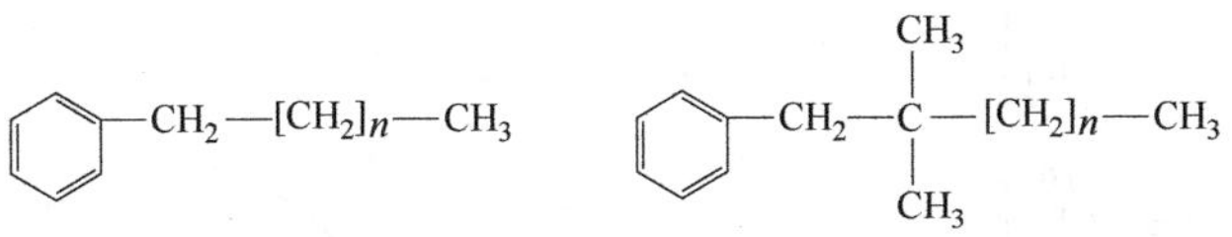

a) 直链型　　　　b) 支链型

图 3-16　烷基苯的化学结构式

由以上结构式可见，十二烷基苯的结构比较对称，含有庞大的苯环，所以热稳定性和介电稳定性好，十二烷基苯的一般性能参数见表 3-5，其交流击穿强度可达 70kV/2. 5mm，100℃时 $\tan\delta$ 低于 0. 25%。

十二烷基苯质地纯净，不含硫等杂质，对金属无腐蚀性，即使在有铜存在的情况下，热老化性能仍比较好。在电场作用下不但不放出气体，还具有较强的吸气性。与铜、铝、钢铁、镀锡铜、镀镍铜、电容器纸等兼容性优良，但是对铅、耐油橡胶不稳定。十二烷基苯无毒，软质烷基苯容易生物降解，但是硬质十二烷基苯难以生物降解。此外，十二烷基苯的黏度低、倾点低，容易浸渍，适于低温条件下运行。作为浸渍介质，其局部放电性能优于矿物油。目前我国主要采用软质十二烷基苯，用于电容器、高压充油电缆和纸及纸膜复合介质的浸渍。

（2）硅油

硅油指分子中含有 Si-O 键的线型低分子量聚硅氧烷液体化合物，其化学结构式如图 3-17 所示。

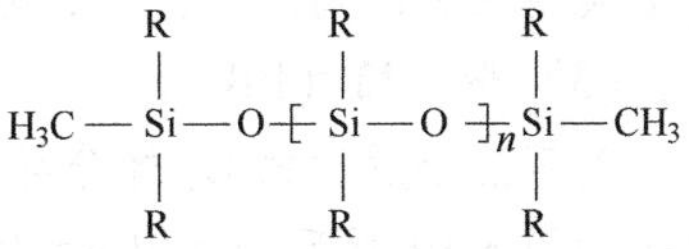

图 3-17　硅油的化学结构式

一般 $n = 15 \sim 50$。R 可为甲基（$-CH_3$）、乙基（$-C_2H_5$）或苯基（$-C_6H_5$）。若 R 为甲基，称为甲基硅油；若 R 的一部分为苯基，则称为苯甲基硅油。硅油的最大特点是无毒、耐燃（难燃）、倾点低、热稳定性好；缺点是黏度大，精制处理和浸渍困难；在高电场下甲基硅油易产生气体，苯甲基硅油具有吸气性。

硅油的化学组成与矿物油和其他合成油不同，在硅油分子中，除了有与上述油相同的碳、氢成分以外，还有 Si 和 O 元素，因此它表现出一些特殊的性能。

1）硅油分子的主链是由硅氧键组成。Si-O 键的键能为 374kJ/mol，一般 C-C 键构成的主链的键能为 242kJ/mol，所以硅油的最大特点是耐热性高，工作温度可达 200℃，且不易氧化、不碳化、不易燃烧。硅油是自熄性液体，这是因为硅油燃烧时放热的速度低，而且燃烧时在液体上部形成一层二氧化硅覆盖物，减少了氧气与液体的接触。

2）硅油的极性。Si-O 键的电负性差值为 1.7，应该是强极性化学键。但是在硅油的分子结构中，极性 Si-O 键主链周围被非极性的烃基（$-CH_3$、$-C_2H_5$ 或 $-C_6H_5$ 等）所包围，因此整体呈现弱极性。硅油的介质损耗因数小，随温度和频率的变化不大。甲基硅油 $\tan\delta$ 的温度、频率特性见图 3-18。但是，甲基硅油的电气强度较低，一般只有 40kV/2. 5mm，而且一旦击穿，油中产生的炭粒很难沉降。

由于有机硅氧烷分子之间的吸引力较弱（弱极性），硅油具有很低的倾点，有优良的耐寒性。含有 5%mol 苯基的苯甲基硅油具有最低的倾点。

硅油的黏度随温度的变化很小，低温时的黏度增大很少，有利于使用。但因为它

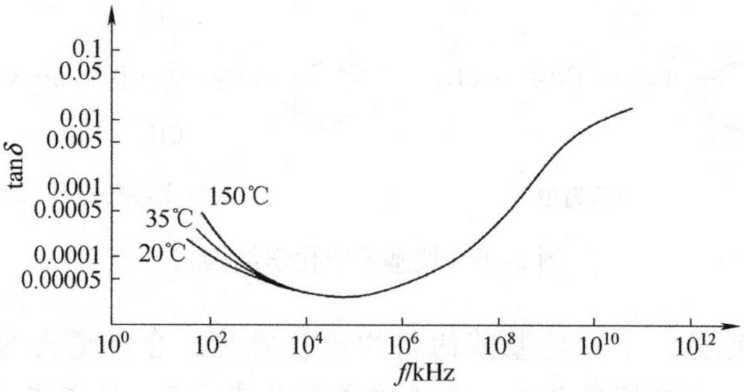

图 3-18　甲基硅油 $\tan\delta$ 的温度、频率特性

的黏度大，并且随温度升高变化很小，因而也给精制和浸渍带来一定困难。

硅油具有很低的表面张力。甲基硅油的表面张力约为 16~21mN/m，矿物油的表面张力为 30~40mN/m。表面张力低，容易在金属和其他材料表面铺展。

电气设备中应用的许多固体材料如铝箔、纸、聚丙烯薄膜、铁、锌、锡、铜等对硅油性能都没有不利影响。此外，从生理学的观点来看，硅油是已知的最无活性的化合物之一。甲基硅油和苯甲基硅油都是属于无毒级环保的液体化合物。硅油可用作变压器和电容器的浸渍剂。苯甲基硅油用于制造纸膜和全聚丙烯薄膜电容器，主要用于对防火要求高的场所。此外，硅油还可以用作脱模剂。

(3) 聚丁烯 (PB)

以石油分解后的 C_4 馏分异丁烯和正丁烯混合物为原料聚合得到的产物，其化学结构式如图 3-19 所示，其中 $n=350\sim500$。当 n 很低，分子量很小时为液态；当 n 较高，分子量高时为固态。

聚丁烯无味无毒，由分子结构式可见，聚丁烯结构对称，属非极性介质，理化性能及介电性能良好。介质损耗因数小，电容率几乎不随温度变化而改变。聚丁烯的黏度范围很宽，可通过调节聚合条件得到所需要黏度的品种。聚丁烯中缺少芳香烃，并且在电、热作用下有解聚现象，形成气体产物，使得在电场下的游离电压降低，但其在电场作用下的抗析气性比矿物油好，是高温介电性能优良的液体介质。

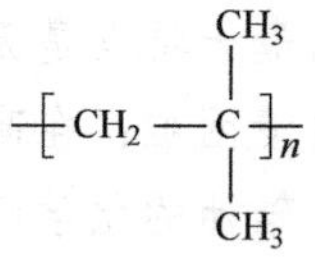
图 3-19　聚异丁烯的化学结构式

聚丁烯可作为油纸绝缘电力电缆的浸渍剂和钢管电缆的填充油。还用作矿物系绝缘油的增黏剂及改性剂，也可用作金属化电容器浸渍剂，与适当材料配合也用作电气绝缘的防潮密封材料。

(4) 酯类合成油

分子中含有酯基的液体介质。考虑到绝缘油的电场稳定性和耐水解稳定性等因素，一般需要选择具有苯环结构或支链烷基结构的大分子量酸和高碳醇合成的有机酯。如偏苯三甲酸三辛酯 (TOTM)、邻苯二甲酸二辛酯 (DOP)、苄基新癸酸酯 (BNC)、双季戊四醇酯等。

合成有机酯的特点是电容率大，一般在 3.7~7，各种酯类合成油的电容率如表 3-6 所示。一般毒性低，闪点高。缺点是本征介质损耗因数大、黏度大、精制处理困难、浸渍性能差、吸潮性大。

表 3-6 合成有机酯的电容率（工频，25℃）

邻苯二甲酸酯				癸二酸二丁酯	醚型双季戊四醇酯	新癸酸苄酯	偏苯三酸三辛酯	均苯四甲酸四辛酯
二丁酯	二辛酯	二异壬酯	双十三醇酯					
6.0~6.5	4.8~5.0	4.7	3.8~4.1	4.5	5.2	3.8	4.8	4.6

含苯环结构的合成有机酯在电场作用下具有吸气性。TOTM、BNC 等有机酯可与电容器纸、聚丙烯薄膜、绝缘纸板、碳钢、铝箔等材料配合使用，但不能与铜共用。酯类液体加热会发生氧化老化，加入 0.1%~1.0%抗氧剂可以抑制氧化老化。另一种常用的酯类添加剂是环氧化合物，一般认为不同的环氧或环氧混合物都可以使用，用量范围为 0.01%~10%。合成有机酯的毒性低、可生物分解。合成有机酯适用于低压、直流、脉冲电容器的浸渍剂，BNC 可用于纸膜复合和全膜电容器。部分高燃点有机酯（例如双季戊四醇酯）可用于高燃点变压器。

（5）含氟液体

氟元素部分或全部取代有机液体介质中的氢元素后形成的液体化合物统称含氟液体，如氟代烃、全氟胺、氟代环醚和氟代烯烃等化合物，它们属不燃性液体。含氟液体无论是液态还是气态，都具有很高的电气强度。在很宽的频率和温度范围内具有很低的介质损耗因数，除某些有不对称分子结构液体的电容率达到 3.6~6 之外，一般电容率总是很低（小于 2）。

典型含氟液体全氟三丁胺（$(C_4F_9)_3N$）和氟代环醚（环-$C_8F_{16}O$）的一般性能见表 3-7。含氟绝缘油无论是液态还是气态，与电气设备中通常使用的金属或绝缘材料（铁、铜、铝、硅橡胶、绝缘纸、漆布）都是可以兼容的。由于含氟液体的沸点低、易气化、黏度小、无毒，液体气化时蒸发吸热起到有效冷却作用，同时由于价格昂贵，通常只用于特殊用途的电容器和变压器。

表 3-7 某些含氟液体的性能

性能	全氟三丁胺	氟代环醚
密度（25℃）/(g/cm^3)	1.87	1.77
运动黏度（25℃）/(10^{-6}m^2/s)	2.74	0.81
沸点/℃	187	103
倾点/℃	-50	-100
表面张力（25℃）/(10^{-5}N/cm)	16.1	15.2
膨胀系数（25℃）/(10^{-3} K^{-1})	1.2	1.6
比热容/(kJ/kg·K)	0.11	0.104
蒸发热/(J/g)	69	83.7
相对电容率（25℃）	1.86	1.85
tanδ（25℃）	0.0005	0.0005
电气强度/(kV/2.5mm)	40	37

3.3 固体电介质材料

固体电介质材料是电工中应用最多的一种材料，可分为有机绝缘材料和无机绝缘材料两大类。有机绝缘材料包括塑料、橡胶、纤维等；无机绝缘材料包括玻璃、陶瓷、云母、石棉、氧化膜等。

绝缘材料是电力设备安全运行的基本保证。高性能绝缘材料的开发应用推动了电力设备的革新与发展。例如：若使用耐热绝缘材料，电机温升的允许值可提高20℃，功率可提高13%~15%；而使用耐电晕绝缘材料，可将牵引电机功率提高15%~45%，煤矿电机功率提高26%~36%；有机合成绝缘子具有重量轻、滑闪距离长、防污能力强等优点，在许多场合已逐步取代传统陶瓷绝缘子；交联聚乙烯取代了油纸绝缘作为电力电缆的绝缘材料，具有体积小、重量轻、污染少、敷设以及维护方便等优点，目前正向超高压和直流输电用绝缘材料方向发展。

3.3.1 有机电介质材料

在电气设备中应用的有机固体电介质绝缘材料基本上是高分子材料，我们需要了解高分子材料的特征，掌握高分子材料的结构与性能之间的关系，才能正确地选择和使用高分子材料，并根据需要对其进行改性。

1. 高分子聚合物的基本特征

（1）高分子的定义

高分子是由许多相同结构单元组成的有机化合物，一般具有高的分子量，高分子材料即高分子聚合物，简称高聚物。高分子上的结构单元内部可以是相同的，称为均聚物，如聚乙烯、聚丙烯等；也可以是不同的，称为共聚物，如聚酯、乙丙橡胶等。相同的结构单元又称为链节，结构单元的数量称为聚合度，一般用 m 或 n 表示。

（2）高分子的分子量

高聚物的分子量为链节分子量与聚合度的乘积。由于聚合度一般在 $10^2 \sim 10^5$ 之间，因而聚合物的分子量很大，分子间的作用力也很大。聚合物的合成过程复杂，每个分子的聚合度 n 都各不相同，分子量也就不同。通常所说的纯净高聚物，是指不含其他杂质，化学组成相同，而分子量不同的同系混合物。聚合物分子量的这种特性称为“多分散性”。

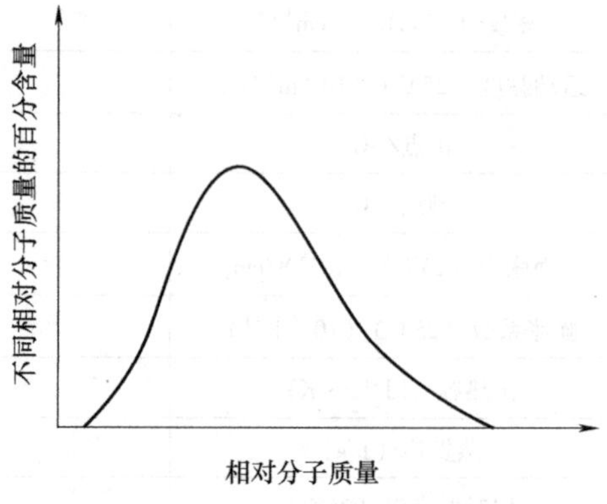

图 3-20　高聚物相对分子质量分布示意图

一般来说，聚合物的分子量是指许多高分子链的平均分子量，分子量的多分散性用分子量分布的宽窄来表示，如图 3-20 所示。分子量分布宽，说明高分子链的分子量大小相差很大；分子量分布窄，表示高分子链的大小比较均匀。平均分子量相同而分子量分布不同的两种聚合物，其性能可能有很大差别。分子量分布窄的，耐热性比较高；分子量分布宽，低分子量部分较多，耐热性下降。一般天然高分子的分子量分布较窄，如棉、丝、天然橡胶等；而人工合成的聚合物分子量分布较宽。

（3）高分子链的形状

高聚物在聚合过程中会形成线型高分子、支化型高分子和网状型高分子，如图 3-21 所示。线型高分子之间没有化学键结合，但存在分子链的物理缠结，在受热和受力的情况下，分子之间可相对移动，因此表现出分子链的柔顺性较好，既可卷曲成团，又可受拉力伸展成直线。线型高分子具有受热时能熔化、在适当溶剂中可溶解等特征，如烯烃类聚合物、未硫化的橡胶等热塑性材料，易于加工成型。

a) 线型高分子　b) 支化型高分子　c) 网状型高分子

图 3-21　高分子链的几何形状

支化型高分子由于主链上有支链的存在，分子间距离增大，分子间作用力减小，分子链容易卷曲和缠结，因而具有较好的弹性和塑性，但机械强度较低，支化型高分子的性能与线型高分子相似，属于热塑性材料。

网状型高分子是分子链之间通过化学键连成的一个三维大分子，也称为交联结构，网状型高分子性能与线型和支化型高分子不同，在溶剂中不能溶解，最多溶胀；遇高温不熔化，最多软化，属于不溶不熔的热固性材料。

（4）高分子聚合物的结晶

高聚物的聚集态分为晶态和非晶态两类。高聚物中分子链作有序规则地排列，称为结晶态，如聚乙烯和聚丙烯等结晶态聚合物；而高分子链处于近程有序、远程无序状态，称为非晶态，如聚苯乙烯和聚甲基丙烯酸甲酯等非晶态聚合物。由于聚合物分子链长，结构复杂，不可能排列的非常整齐，因此聚合物的晶体不完善，存在很多缺陷，通常是结晶态与非晶态共存。

结晶度用来表示在结晶态聚合物中结晶相部分的百分含量。结晶态聚合物的性能与结晶度关系很大，结晶度越大，说明分子链排列紧密，空隙率低，材料的抗拉强度、耐化学性、耐热性、抗溶剂性、硬度和刚性都随着结晶度的提高而提高；但在冲击力作用下，分子链伸缩余地很小，材料的伸长率低，韧性变差。

（5）非晶态高聚物的力学三态

非晶态聚合物的分子排列没有规律性，使其在不同的温度下具有不同的形态和力学特性，如图 3-22 所示的玻璃态、高弹态和粘流态。

玻璃态存在于玻璃化温度 T_g 以下的很低温度范围，分子热运动能量低，高分子链处于冻结状态，只有侧基支链和小链节等较小运动单元能运动；高聚物在受到外力作用时主分子链不能动，只有极小的变形，呈现为坚硬的固体，其力学性质与小分子的玻璃相似。

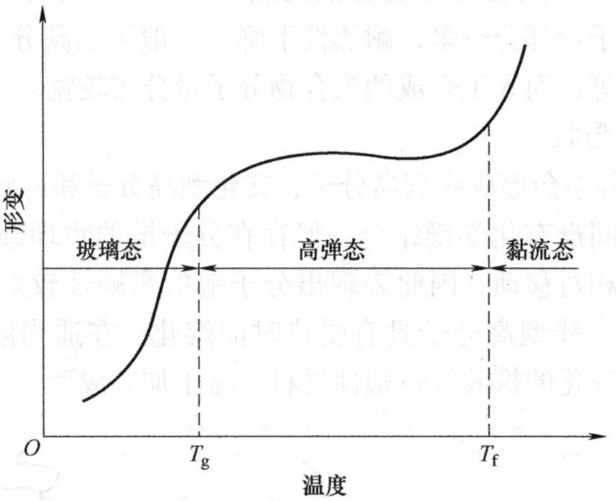

图 3-22　非晶态聚合物的温度—形变曲线

高弹态是一般高聚物所具有的状态，也是高聚物区别于无机材料所具有的特殊力学状态。当温度升高达到玻璃化温度 T_g 时，分子热运动能量增加，小区域的链段运动可产生滑动，但整个大分子仍处于被冻结不能运动的状态；高聚物在一定外力作用下，高分子缠结点间分子链从卷曲状态被拉伸，外力消除后，分子链又恢复到卷曲状态。这种变形是可逆的，属于弹性形变，可高达100%~1000%，高聚物变成柔软的有弹性的固体，其力学性质如同橡胶。

黏流态是非晶态高聚物在高温下呈现出的力学状态。当温度继续升高至粘流温度 T_f 时，由于分子链的热运动加剧，分子链间缠结点松开，整个大分子也能运动；在外力作用下很容易变形，当外力去除后形变不能恢复，此时高聚物不再保持原来的固态，而变成黏稠的液体状态。这一特性对高聚物的成型加工非常重要。

非晶态高聚物的力学三态影响着材料的加工和应用性能。例如聚合物的加工温度要高于粘流温度，聚合物才能塑化流动。而玻璃化温度决定了聚合物在应用中的力学状态和应用性能，它是热塑性塑料的最高使用温度和橡胶的最低使用温度。表 3-8 为几种常用高聚物的玻璃化温度、粘流温度和熔融温度。

表 3-8　常用高聚物的玻璃化温度、粘流温度和熔融温度

材料/缩写	玻璃化温度 T_g/℃	粘流温度 T_f/℃	熔融温度 T_m/℃
聚乙烯/PE	-68	—	110~130
聚氯乙烯/PVC	87	130	—
聚四氟乙烯/PTFE	126	—	327~342
聚丙烯/PP	-10（等规） -20（无规）	—	167
聚对苯二甲酸乙二醇酯/PET	69	230~240	255~260
天然橡胶/NR	-73	130	—

2. 热塑性塑料

热塑性塑料一般具有线型或支链结构，其特点是受热后能熔化，在适当的溶剂中能溶解，由高温到低温的物理变化可逆。当材料加工成型冷却后，再次加热仍然能够熔化，并可以再次加工成型，具有良好的再加工性和再回收利用性。

应用实例——几种典型热塑性绝缘电介质材料

（1）聚乙烯（PE）

PE用于各种电压等级的电线、电力电缆和通信电缆的绝缘和护套材料，为乳白色、半透明的固体，燃烧时与蜡烛一样会熔融滴落。根据聚合反应过程中所加压力不同，可得到不同支化度的产品，如低密度聚乙烯、高密度聚乙烯、线性低密度聚乙烯等，电气工程中最常用的是低密度聚乙烯。聚乙烯的化学结构式如图3-23所示。

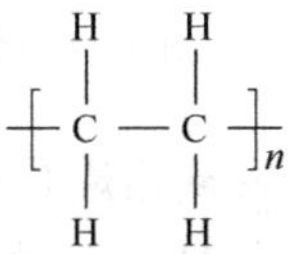

图3-23 聚乙烯的化学结构式

聚乙烯是对称的非极性分子，分子量在一万至几百万之间，具有低的相对介电常数 $\varepsilon_r \approx 2.3$，极小的介质损耗角正切 $\tan\delta = 10^{-4}$，很高的直流电阻率 $\rho_v > 10^{14}\Omega \cdot m$，高的介质击穿场强 $E_b = 18 \sim 28kV/mm$。通常纯净的非极性高分子电介质的电导率极低，但在聚乙烯的聚合反应过程中需要使用催化剂，对其电导率影响很大。为了改善非极性高分子材料的力学、耐热和老化等性能，往往要引入极性的添加剂，这类添加剂也增加了介质中的导电载流子，使电导率增加。聚乙烯作为非极性电介质，其介电常数很低且与密度呈线性关系，相对介电常数 ε_r 和介质损耗角正切 $\tan\delta$ 在很宽的温度、频率范围内几乎不变。聚乙烯的化学稳定性高，在60℃以下能耐受大多数溶剂；常温下不溶于任何溶剂，浓硫酸、浓硝酸对它有一定腐蚀作用。聚乙烯是疏水介质，在长期浸水的情况下其电气和物理性能基本不变。正是因为具有上述优良的性能，且容易加工，聚乙烯被广泛用于电力电缆、通信电缆的绝缘。

聚乙烯的分子量大小及分布对其性能也有很大影响。如分子量小，加工容易，但机械强度、耐热老化性能及低温柔韧性下降。分子量分布窄，可提高抗冲击强度、低温柔韧性及抗环境应力开裂等性能。在结晶能力方面，由于聚乙烯结构对称，大分子之间排列整齐，容易结晶；同时，聚乙烯的长分子链柔性大，要使分子完全有序排列也很困难，所以聚乙烯是结晶相和非晶相共存的聚合物。低密度聚乙烯的结晶度约为65%；高密度聚乙烯的结晶度可达87%左右。

聚乙烯由于分子间作用力小，抗拉强度不高，耐环境应力开裂能力差，在热、氧、疲劳等因素作用下会加速开裂，不抗蠕变；耐热性较低，工作温度不大于70℃，限制了其在电工技术中的应用。为保持优点克服缺点，通过物理（电子束或紫外线辐照）或化学（过氧化二异丙苯DCP或硅氧烷交联）的方法把普通线型结构聚乙烯的C-H键打开进行交联，构成三维网状结构，在分子链之间形成大量新的化学键，从而改善其各项性能。这个结构变化的过程称为聚乙烯的交联，具有网状结构的聚乙烯称为交联聚乙烯（XLPE）。绝缘厚度大的电线电缆一般采用化学法交联，小线和低压电缆多采用辐照法交联。网状交联聚乙烯的化学结构如图3-24所示。

一般聚乙烯绝缘电缆工作温度仅为70℃，而交联聚乙烯绝缘电缆工作温度可提高到 90℃，并且提高电缆的载流量，减小电缆的体积。普通聚乙烯电缆的树枝化放电很严重，交联聚乙烯电缆的耐树枝化放电性能得到明显改善。

(2) 聚氯乙烯（PVC）

PVC 可用作工频低压电缆的绝缘和护套材料，由气态氯乙烯聚合而成，其化学结构式如图 3-25 所示。

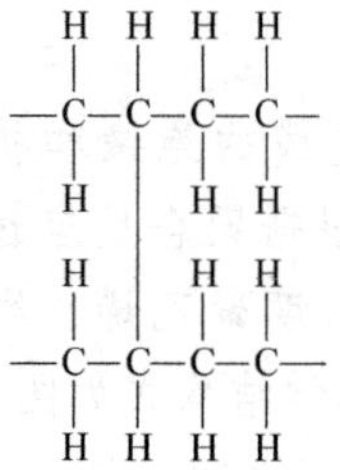

图 3-24　交联聚乙烯的化学结构示意图

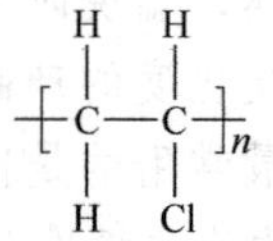

图 3-25　聚氯乙烯的化学结构式

聚氯乙烯是目前各种塑料中应用量最多的一种。聚氯乙烯与聚乙烯的结构差别在于一个 H 原子被 Cl 所取代，从化学结构上看也是线型分子链，属于热塑性塑料。但是聚氯乙烯的结构不对称，属于极性介质，所以介电常数大 $\varepsilon_r \approx 3.5$，介质损耗较大 $\tan\delta = 10^{-3} \sim 10^{-2}$，电阻率较低 $\rho_v = 10^{11} \sim 10^{13}\Omega \cdot m$，击穿场强较高 $E_b = 25 \sim 50MV/m$，ε_r 和 $\tan\delta$ 随温度改变而变化。

聚氯乙烯结构中的氯元素使聚氯乙烯着火后不像聚乙烯那样延燃滴落，而是离开火源后立即熄灭。同时耐酸、耐碱、耐油性高。然而，聚氯乙烯的缺点是工作温度低，一般为 65℃；热稳定性差，68℃开始分解出 HCl，这样在加工时就会出现温度过高引起的热老化；耐寒性差，到-40℃就变硬发脆，容易断裂。另外，由于聚氯乙烯极性大，分子链间作用力强，使材料的硬度大，不利于加工和应用。

为了改善聚氯乙烯的加工性能和耐老化性能，需要添加各种添加剂，其中最重要的是增塑剂和稳定剂。增塑剂通过增大聚氯乙烯分子间的距离，减弱大分子链间相互作用，提高分子链的活动能力；或者增塑剂的极性基团与聚氯乙烯大分子极性基团相互作用，减弱大分子链间的作用力。这样聚氯乙烯的柔软性和耐寒性均可提高。一般增塑剂用量约为树脂重量的 40%（绝缘）~50%（护套）。常用的增塑剂有邻苯二甲酸二辛酯（DOP）、癸二酸二辛酯（DOS）等。聚氯乙烯在加工或使用过程遇到高温会分解出 HCl，HCl 还将进一步催化聚氯乙烯的热分解过程，因此为了防止聚氯乙烯的降解使性能恶化，必须加入各种稳定剂。稳定剂可吸收分解出的 HCl，生成中性物质，阻止聚氯乙烯的进一步分解。常用的热稳定剂有铅系和皂系稳定剂。近年来为了防止铅离子对环境的危害，较少铅类化合物的应用，对新型热稳定剂的开发集中在无铅稳定剂方面。

(3) 聚丙烯（PP）

PP 常用于电力电缆和通信电缆的绝缘，以及电容器中的储能介质等，由丙烯单体聚合而成，其化学结构式如图 3-26 所示。

聚丙烯的分子链结构是线型无分支的，结构规整，能够结晶，结晶相熔点高达

167℃。但又因为大量的侧基（$-CH_3$）有规律地排列在大分子链的一侧，所以聚丙烯的晶体不像聚乙烯那么致密，比较松散，密度小，在0.90～0.91g/cm^3之间，是密度最小的聚烯烃。聚丙烯的力学强度很高，薄膜的抗拉强度可达到100～200MPa，而同样的聚乙烯只有15～20MPa，因而被称为“低密度、高强度”塑料。此外，聚丙烯完全没有环境应力开裂的现象。

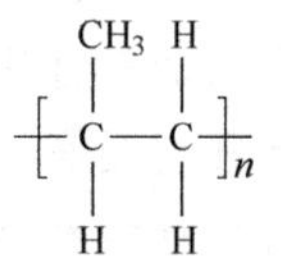

图3-26 聚丙烯的化学结构式

聚丙烯是非极性介质，介电性能优良，表现为低的相对介电常数$\varepsilon_r \approx 2.2$，高的直流电阻率$\rho_v = 10^{14} \sim 10^{15}\Omega \cdot m$，极低的介质损耗角正切$\tan\delta = 2\times10^{-4}$，高的介质击穿场强$E_b = 20 \sim 35MV/m$（薄膜可达到600MV/m）。电工中常用的聚丙烯是薄膜状的，在电力电容器里大量替代电容器纸作为储能介质。虽然薄膜的介电常数很低，但工作场强远高于纸，而且电容器的容量与工作场强的二次方成正比，因此可提高电容器的容量。并且由于聚丙烯膜的损耗小，电容器的发热量也少。

由于线型结构的聚丙烯熔点高，与聚乙烯相比不需要交联就具有更高的工作温度，并且热塑性的特点使聚丙烯易于回收再利用，环境友好，近几年成为中高压交联聚乙烯电缆绝缘替代材料的研究热点。

聚丙烯的老化主要是热氧老化，容易吸氧脱氢而使长分子链断裂，所以在聚丙烯中必须添加抗氧剂来克服老化。

（4）氟塑料

通常把含氟的聚合物称为氟塑料，由于耐高温而属于特种塑料。氟塑料可用作特种电缆绝缘和开关电器中的喷口材料等。常用的氟塑料有聚四氟烯、聚偏氟乙烯、聚全氟乙丙烯等。其中，聚四氟乙烯（PTFE）因其具有许多优异的性能被称为塑料王。聚四氟乙烯是由四氟乙烯单体聚合而成，分子结构式与聚乙烯非常接近，只是其中的H原子全部被F原子取代，形成对称结构，因而也属于非极性介质，其化学结构式如图3-27所示。

聚四氟乙烯具有如下性能特征：介电性能好，低的相对介电常数$\varepsilon_r = 1.9 \sim 2.2$，高的直流电阻率$\rho_v = 10^{14} \sim 10^{15}\Omega \cdot m$，极低的介质损耗角正切$\tan\delta = (1 \sim 3)\times10^{-4}$，高的介质击穿场强$E_b \approx 19MV/m$；聚四氟乙烯耐电弧性好，可超过700s不发生碳化，所以可在高压电器中使用；但其电性能中的弱点是耐电晕性和耐辐射性差，所以一般只能做耐高温、低压、不耐辐射的绝缘用。化学稳定性高，不被强酸、强碱腐蚀，耐化学老化性能优良。耐高低温性能好，可长期工作在-40～300℃之间，工作温度为250℃。摩擦系数低，聚四氟乙烯的摩擦系数是已知固体材料中最低的一类，可作为无润滑轴承使用；但由于分子间作用力小，因此力学强度低，耐磨性差。聚四氟乙烯不吸水、不吸潮、不燃，透水性和透气性都极低；在火焰中难燃，离火自熄，熄灭后仍保持一定形状。

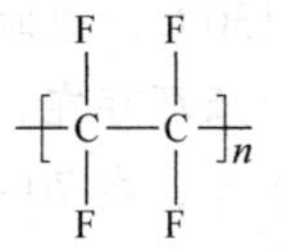

图3-27 聚四氟乙烯的化学结构式

聚四氟乙烯是线型分子，支化度很小，分子很容易结晶，结晶度可高达80%～85%，结晶相熔点高，熔点与热分解温度接近，因而很难采用热加工成型；高的结晶度和耐溶剂性使聚四氟乙烯不溶在溶剂中，具有不溶不熔的特点，加工困难。为了改善聚四氟乙烯的不足，又合成了三氟氯乙烯、全氟丙基乙烯、聚偏氟乙烯等含氟聚合物。这些聚合物的极性比聚四氟乙烯强，因而电性能、耐热性有所下降，最高工作温度降低，但力学强度提高。并且这种氟塑料可在一般的挤塑机上进行加工成型，大大改善了材料的机械性能和加工性能。

(5) 聚对苯二甲酸乙二醇酯（PET）

PET是由对苯二甲酸和乙二醇两种单体通过缩聚反应而成的线型高分子化合物。由于在酸与醇反应过程中得到的产物具有酯键（-COO-），所以也称为聚酯，其化学结构式如图3-28所示。

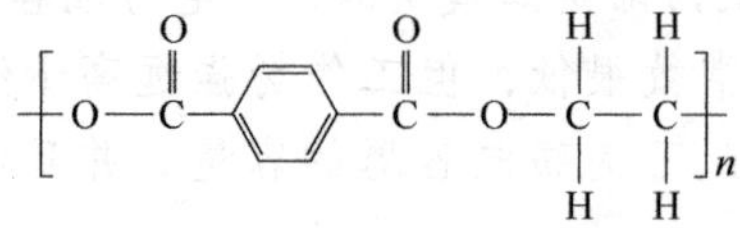

图3-28 聚对苯二甲酸乙二醇酯的化学结构式

聚酯的分子结构有三个特点：由于缩聚反应能自动调节分子量大小，使其集中在较窄的范围内，因而具有分子量分布窄的特点。分子链完全无分支，完全是线型大分子，因而可以结晶。链节的连接方式多数为头-尾连接，此外还有少量头-头连接和尾-尾连接，这些影响了聚酯的热稳定性，是其热稳定性的弱点。

由于以上的结构特点，聚酯容易结晶，是结晶相和非晶无定形相共存的聚合物。通过控制结晶度和取向方法，可得到不同形态的聚酯材料，如聚酯薄膜、聚酯纤维及完全无定形的漆膜。

聚酯分子中含有极性基团（-COO-），其具有较高的相对介电常数 $\varepsilon_r=3.2$，较低的介质损耗角正切 $\tan\delta=5\times10^{-3}$，高的直流电阻率 $\rho_v=(10^{14}\sim10^{15})\ \Omega\cdot m$，高的介质击穿场强 $E_b\approx130MV/m$（薄膜）。由于是极性介质，聚酯的 $\tan\delta$ 与温度的关系中有最大值，且随频率上升，$\tan\delta$ 也上升，因而不适宜于作高频介质用。聚酯薄膜的工作温度为-60~130℃，短时可达150℃。其机械强度比一般薄膜高，抗拉强度达140~180MPa。由于有苯环存在，耐辐射及耐光性能优良。耐有机溶剂性能好，但由于酯键的化学稳定性较差，在70~80℃的水或水蒸气中即开始水解，同时耐碱、耐电晕性能差。聚酯一般在电机、电容器及电缆中作绝缘材料用。

其他几种常用的热塑性聚合物电介质的性能参数如表3-9所示。

表3-9 几种常用的热塑性聚合物电介质的性能参数

名称		聚甲醛	聚砜	聚酰胺酰亚胺	尼龙66	尼龙11	聚苯乙烯
比重		1.42	1.25	1.40	1.14	1.04	1.04
E_b（3.2mm，短时）/(kV/mm)		15	16.7	22.9	23.6（干）	29.6（干）	19.7
ε_r	60Hz	2.6	3.5	4.3	8.0	4.3	2.5
	10^6Hz	2.6	3.5	3.9	4.6	3.9	2.4

（续）

名称		聚甲醛	聚砜	聚酰胺酰亚胺	尼龙 66	尼龙 11	聚苯乙烯
$\tan\delta$	60Hz	0.0004	0.001	0.025	0.2	0.025	0.0001
	10^6Hz	0.0009	0.004	0.031	0.1	0.031	0.0001
$\rho_v/\Omega\cdot m$		1×10^{12}	5×10^{14}	8.6×10^{14}	1×10^{11}	1×10^{12}	$>1\times10^{14}$
耐弧性/s		240	122	230	130	123	65
吸水性/(%)		0.22	0.30	0.30	1.20	0.3	0.02
热变形温度(1.8MPa)/℃		110	174	278	90	55	93
最高使用温度/℃		104	150	230	130	65	70
抗拉强度/MPa		60.7	70.3	152	77.2	565	41.4
悬臂梁冲击强度/(kJ/m^2)		2.9	2.7	5.7	4.4	1.6	0.84
可燃性等级	标准级	HB	V-0	V-0	V-2	V-2	HB
	FR 级	V-0	—	—	V-0	—	V-0
氧指数/(%)	标准级	—	38	43	31	24.5	18
	FR 级	30	—	—	—	—	—

3. 热固性塑料

热固性塑料是由线型或支链分子通过交联形成网状结构固化成形，其特点是在成型过程的前期为液态或粘流态，固化后即不溶不熔，例如，热塑性的聚乙烯，经过化学交联或物理交联形成三维网状结构，变成热固性的交联聚乙烯。经过一次加热成型固化以后，其形状就由于分子链内部交联而达到稳定，再次加热也不能使其流动再次成型，即不具有再次加工性和再回收利用性。

应用实例——几种典型热固性塑料绝缘电介质

（1）酚醛树脂（PF）

酚醛树脂是由苯酚和甲醛经缩聚反应得到的，在不同的聚合反应程度中，首先生成线型酚醛树脂，进一步的反应会生成网状结构的分子。通常电气工程中最终使用的是网状酚醛树脂，是一种不溶不熔的热固性树脂。线型和网状酚醛树脂的化学结构式如图 3-29 所示。

酚醛树脂的工作温度为 105℃，主要优点是尺寸稳定、耐热、阻燃、耐酸。但是结构式中含有很多羟基，因此极性强，损耗大。相对介电常数在 $\varepsilon_r=4\sim6.5$，介质损耗角正切 $\tan\delta=0.01\sim0.1$，同时因为有羟基，吸水性强，耐电弧差，当有电弧或电火花时会发生碳化形成导电通路，所以一般只能在低压电器中使用。

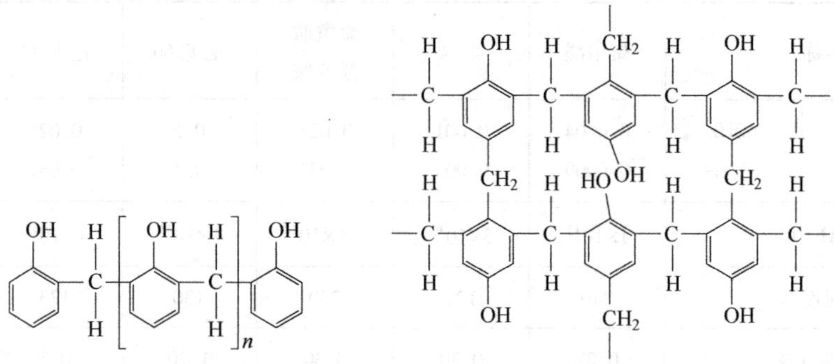

a) 线型　　　　b) 网状

图 3-29　酚醛树脂的化学结构式

(2) 环氧树脂（EP）

在分子结构中含有两个或两个以上环氧基团（$\underset{\diagdown O \diagup}{CH_2{-}CH}{-}$）的树脂统称为环氧树脂。电气工程中最常用、用量最大的环氧树脂是双酚A型环氧树脂，由双酚A和环氧氯丙烷通过缩聚反应制成，其化学结构式如图3-30所示。

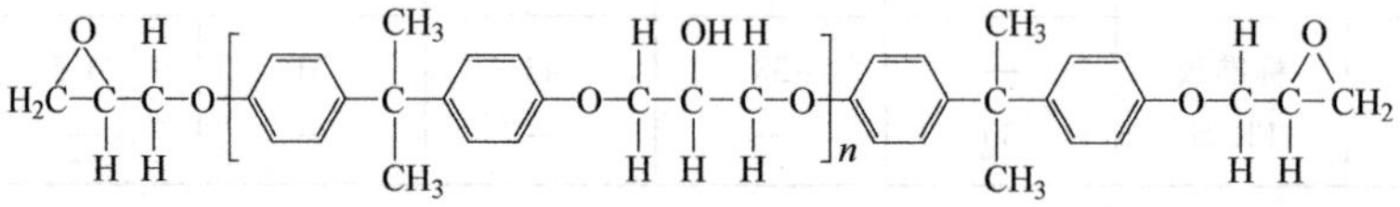

图 3-30　环氧树脂的化学结构式

环氧树脂分子中含有醚键（-O-），羟基（-OH）、环氧基等极性基团，所以它的黏附力强，内聚力大。环氧树脂是线型的大分子，根据聚合度 n 不同，常温下为黏稠状的液体或脆性固体，无法使用，添加固化剂后，线型大分子可转换为不溶不熔的网状结构，能够使用并具有优良的性能。常用的环氧树脂就是双酚A环氧树脂在液态时加入固化剂（乙二胺、间苯二胺、顺丁烯二酸酐、邻苯二甲酸酐等）、稀释剂、填充剂等添加剂，在特定温度下形成网状分子后再进行使用的。

环氧树脂具有优良的耐寒性，耐化学稳定性、耐老化性和耐热性，工作温度达120~130℃。虽有极性但仍具有较好的电性能，相对介电常数 $\varepsilon_r=3\sim4$，介质损耗角正切 $\tan\delta=(1\sim3)\times10^{-3}$，直流电阻率 $\rho_v=10^{13}\sim10^{15}\Omega\cdot m$，并能耐电弧作用。环氧树脂在电力设备中的应用很广，可制成胶黏剂、涂料、浇注料、复合绝缘材料的基体树脂和泡沫塑料等形式。例如，环氧浸渍漆作为B级绝缘漆，浸渍中小型电机定子绕组；环氧无溶剂漆用于大电机定子绕组的真空浸渍；环氧层压制品（板、管、棒）用作电机的槽楔和垫块、高压开关的操作杆；黏合剂用于高压电瓷套管的黏结；环氧树脂浇注料用于六氟化硫组合电器（CIS）中隔离绝缘子、互感器的浇注和高压陶瓷电容器的包封。

（3）聚酰亚胺（PI）

聚酰亚胺是由均苯四甲酸二酐和4,4’-二氨基二苯醚在溶剂中所聚成聚酰胺酸溶液，再流延到钢带上，经烘焙、高温脱水和环化而成。它的化学结构式如图3-31所示。

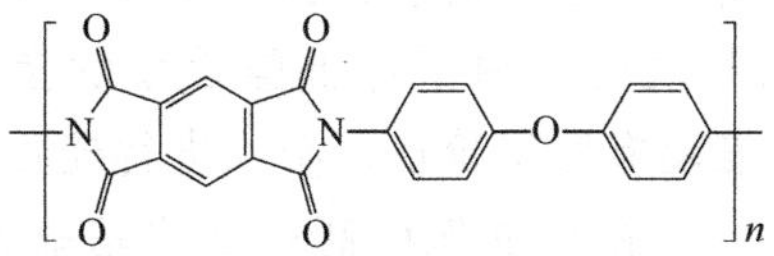

图3-31　聚酰亚胺的化学结构式

从分子结构可见，聚酰亚胺主链上有耐热的苯环及梯形结构，所以耐热性能特别高，耐深冷性也好。它可长期在250℃下工作，短时工作温度可达400℃，超过800℃则碳化，但不燃烧。聚酰亚胺含有很多极性基团，如羰基（C=O）和醚基（-O-），所以是极性介质。但是这些极性基团是对称排列的，极性可相互抵消一部分，因而介电常数不是很高，相对介电常数 $\varepsilon_r=3.6$（10kHz时）。由于酰亚胺环的存在，使大分子链不像一般的碳链柔软，分子链的刚性较大，因而玻璃化温度高。即在较高的温度时，它的大分子还不能运动，这使得聚酰亚胺的高温偶极损耗峰向更高的温度移动，于是工作温度范围内的偶极损耗很小。在220℃时，介质损耗角正切 $\tan\delta=0.004$（100Hz），直流电阻率 $\rho_v=10^{14}\sim10^{15}\Omega\cdot m$，薄膜的介质击穿场强 $E_b=160MV/m$。

聚酰亚胺的力学性能优良，在宽广的温度范围内可保持相当高的水平，尤其是弹性。这是由于其分子结构中有非常柔软的醚键，同时C-N键的柔性也很好。所以，尽管聚酰亚胺是由刚性大分子链组成，但实际上是刚中带柔，具有潜在的弹性。此外，柔软的醚键提高了聚酰亚胺的熔体流动性，使其具有良好的加工性能。聚酰亚胺有一定的极性，但吸湿性不大，因为它没有可形成氢键的氢原子。它的耐辐射性、耐化学性（耐碱性除外）均比聚酯好，且不会水解。吸潮后其机械强度和介电性能有所下降，但干燥后性能会恢复。

聚酰亚胺可制成薄膜，漆包线漆、层压板等，在耐高温电机中做槽绝缘、槽楔等。但价格昂贵，在一般的电器中很少使用。

4. 常用橡胶材料

橡胶通常具有良好的电气、物理、机械性能，韧度好，伸长率大，回弹性好，因而可将其加工成各种形状和各种用途的制品。有些橡胶还具有优良的电气性能，甚至具有耐油、耐寒、耐高温、不延燃等特性，因而在电工绝缘方面有着重要的地位，特别是用作电线电缆的绝缘和护层材料。

根据来源，橡胶可分为天然橡胶和人工合成橡胶两大类。

应用实例——典型橡胶绝缘材料

（1）天然橡胶（NR）

天然橡胶是从橡胶树上割下来的橡浆经加工而得的一种黄色半透明弹性体，分子式为 $(C_5H_8)_n$，其化学结构式如图3-32所示。

天然橡胶具有优良的柔软型、回弹性、抗拉强度和耐磨性。天然橡胶没有极性基团及大的侧链，属于弱极性介质，吸水性弱，其相对介电常数 $\varepsilon_r=2.3$，介质损耗角正切 $\tan\delta=(2\sim3)\times10^{-3}$，直流电阻率 $\rho_v=10^{13}\sim10^{14}\Omega\cdot m$，介质击穿场强 $E_b>24MV/m$；长期工作温度为 60～65℃。由结构式可见，天然橡胶分子中具有双键，结构不稳定，遇到氧、臭氧时会被氧化，使长分子链断裂而弹性下降。工业中利用橡胶的这一特点，将它在塑炼机上滚压，在热和氧的作用下降低弹性增加塑性，便于加工成型。然而，只有塑性的橡胶力学强度极差没有实用价值，必须进行硫化（交联），即利用双键使橡胶分子交联成体型结构，这样可在恢复橡胶高弹性的基础上，减少双键，提高力学强度、化学稳定性及耐热性。含硫量小于3%的橡皮比较柔软，称为软橡皮；含硫量大于3%的橡皮能耐冲击作用，称为硬橡皮。硫化后的网状天然橡胶的化学结构如图 3-33 所示。

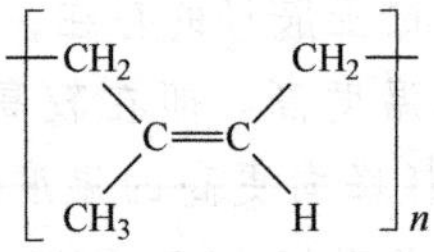

图 3-32　天然橡胶的化学结构式

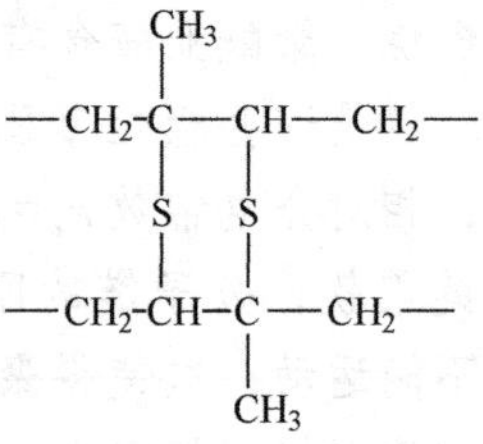

图 3-33　网状天然橡胶化学结构式

天然橡胶虽然有很多优点，但它是热带产物，产量有限；另一方面，硫化后的天然橡胶分子中仍有比较多的双键，耐热老化和大气老化性能差，不耐臭氧、不耐油和有机溶剂，不能满足某些有特殊要求的场合，如要求耐油、耐高温等场合，且不延燃。

（2）丁苯橡胶（SBR）

丁苯橡胶是由丁二烯和苯乙烯共聚而成，典型的组分是丁二烯 75%，苯乙烯 25%。它的化学结构式如图 3-34 所示。

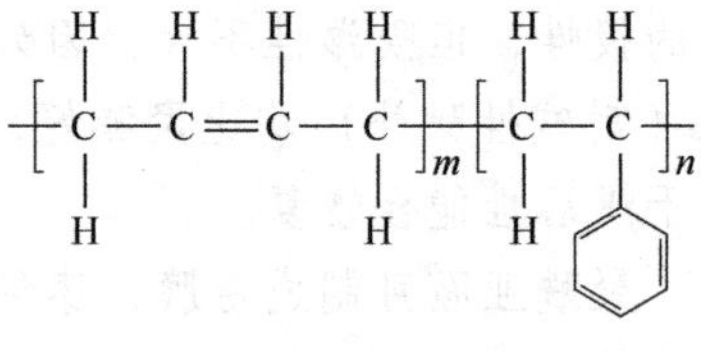

图 3-34　丁苯橡胶的化学结构式

丁苯橡胶分子中含有双键，属于不饱和橡胶，但不饱和度低于天然橡胶。与天然橡胶相比，丁苯橡胶的绝缘电阻较低，但是耐热性、耐老化性优越。分子结构规整性差，抗拉强度低，必须加入补强剂以提高其强度。工作温度 60～70℃，比天然橡胶略高。工业中，丁苯橡胶常与天然橡胶以一定比例混合使用作为橡皮电缆的绝缘，取长补短。并可用于对耐久性有较高要求的场合，如护套材料等。

（3）氯丁橡胶（CR）

氯丁橡胶由氯丁二烯聚合而成，其化学结构式如图 3-35 所示。从结构上看，氯丁橡胶分子是含有双键的线型长分子，分子中除了碳、氢原子以外，还有氯原子，因此具有良好的难燃性、耐热性和耐磨损性。耐磨性在所有合成橡胶中是最好的，常用作电线电缆的护套材料。氯原子的存在还使分子的极性和分子间作用力增大，因此耐油性好，耐氧、臭氧及光的作用性能也好。氯丁橡胶的工作温度为 70～80℃。由于它极性大，介电性能和耐水性差，相对介电常数 $\varepsilon_r=7.5\sim9$，介质损耗角正切 $\tan\delta=0.03$，直流电阻率 $\rho_v=10^{8}\sim10^{9}\Omega\cdot m$，介质击穿场强 $E_b=10\sim20MV/m$；不能作为主绝缘使用，一般可用作电缆护套，如油矿、煤矿中的矿用电缆护套等。

（4）乙丙橡胶（EPR）

乙丙橡胶的化学结构式如图 3-36 所示。

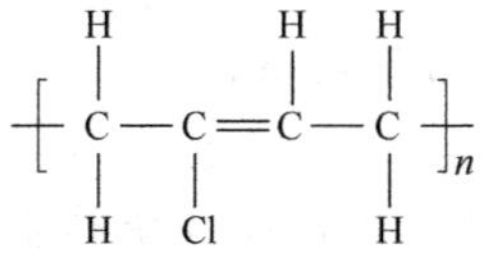

图 3-35 氯丁橡胶的化学结构式

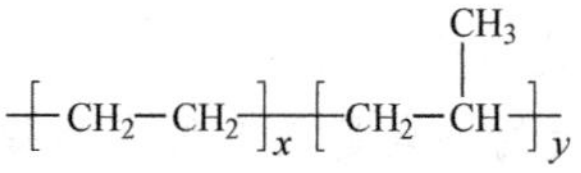

图 3-36 乙丙橡胶的化学结构式

这是由乙烯和丙烯单体共聚而成，称为二元乙丙橡胶。若在分子中引入含有双键的第三单体，则称为三元乙丙橡胶，其化学结构式如图 3-37 所示。

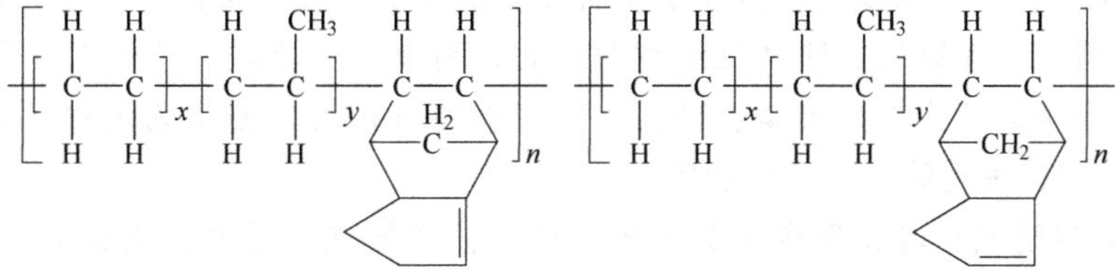

a) 乙叉冰片烯作为第三单体结构　　b) 双环戊二烯作为第三单体结构

图 3-37 三元乙丙橡胶的化学结构式

由结构式可见，乙丙橡胶中没有双键，三元乙丙胶虽然有双键，但量少，且不在主链上，所以防老化性能优良。乙丙橡胶是弱极性材料，分子间作用力小，机械强度低，耐酸、碱性好，耐溶剂性差；工作温度可到 80~90℃；介电性能优良，相对介电常数 $\varepsilon_r=3.0\sim3.5$，介质损耗角正切 $\tan\delta=0.004$，直流电阻率 $\rho_v=10^{13}\sim10^{14}\Omega\cdot m$，介质击穿场强 $E_b=30\sim40MV/m$，尤其具有突出的耐电晕性。由于乙丙胶中主链无双键，因此硫化比较困难，一般采用 DCP 作为硫化剂。乙丙橡胶原料来源方便，性能优良，发展很快，主要用在高电压等级电缆、直流电缆和海底电缆的绝缘材料。随着核电的发展，耐辐射的乙丙橡胶也用作核电站电缆中的绝缘和护套材料。

（5）硅橡胶（SR）

含有机硅的一系列橡胶统称为硅橡胶，它是由二甲基硅氧烷和其他有机硅单体聚合而成。如果 Si 元素与甲基相连，则为甲基硅橡胶，其化学结构式如图 3-38 所示。

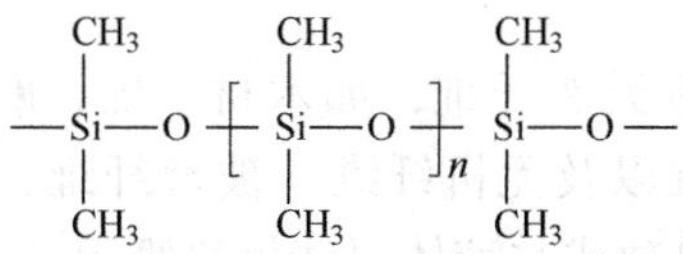

$n>5000$

图 3-38 硅橡胶的化学结构式

如果在硅橡胶分子结构中引入少量其他有机基团，如乙烯基、苯基等，则称为甲基乙烯基硅橡胶、苯基硅橡胶等。硅橡胶的特点是在 −60~250℃ 范围内物理性质变化极小，化学性质稳定，具有优异的耐热老化、臭氧老化和大气老化性。耐寒性也很好，脆化温度为-115～-70℃。当温度低于200℃时，硅橡胶的电气性能随温度变化小。由于硅橡胶的分子间力很小，因此机械强度很低，尤其不抗撕裂，需加入补强剂（SiO_2）进行改善。硅橡胶主要用于对耐热、耐寒、防潮要求高，或要求耐电晕等场合，如高压电机的主绝缘、船舶及航空电线绝缘、绝缘子、电力电缆附件等。

（6）橡胶的硫化体系

橡胶最大的特点是具有很高的弹性，但是未经硫化的橡胶（统称生胶）由于弹性很大缺乏塑性而不能成形，因此没有使用价值。这类橡胶只有经过交联才能具有一定的强度、耐热性以及优良的弹性。与配合剂复合并经过硫化后的橡胶称为硫化胶或橡皮，硫化胶的性能与生胶种类、硫化剂等配合剂的种类和用量密切相关。通常所说的橡胶的物理机械性能是指其硫化后的性能。

1）硫化剂：可使橡胶的线型分子交联成网型分子。天然橡胶最早使用的交联剂是硫，因而习惯上把橡胶的交联反应统称为硫化，所使用的交联剂不论其是否含硫统称为硫化剂。常用的硫化剂有硫磺、硒、碲、有机过氧化物、金属氧化物（MgO、ZnO、PbO）、二元胺、多元胺、合成树脂等。

2）硫化促进剂：其作用在于加快硫化速度，降低硫化温度，减少硫化剂的用量，改善硫化程度，提高橡皮的性能指标。促进剂可分为无机促进剂（PbO、CaO、MgO）和有机促进剂两大类。无机促进剂因其效率低，硫化胶性能差，目前已很少使用。有机促进剂按其化学结构可分为噻唑类、次磺酰胺类、二硫化氨基甲酸盐类、秋兰姆类、胍类、硫脲类、醛胺类等。其中以噻唑类应用最广，因为它的硫化特性好，硫化胶性能优良。

3）活性剂：几乎所有的硫化促进剂都必须在活性剂的作用下才能充分发挥其效能、加速硫化进程。常用的活性剂是氧化锌和硬脂酸。

4）补强剂：凡是能够提高橡皮制品的强度，而且能改善胶料的工艺性能使其具有耐磨、耐撕、耐热、耐油等多种性能的配合剂，均称为补强剂。常用的补强剂是炭黑和白炭黑（胶体二氧化硅）等。

5）防老剂：由于大多数橡胶中含有不饱和双键等不稳定结构，极易受到外界因素影响而发生老化，因此在橡胶体系中必须加入不同种类的防老剂，防止或延缓橡胶的老化，提高橡胶制品的耐热性、耐候性、耐臭氧性等，延长制品的使用寿命，如防老剂D及其他胺类酚类等化学防老剂。另外，还有石蜡等物理防老剂，它能析出到橡皮表面形成一层薄膜，隔绝氧对橡胶分子的侵袭作用。

5. 纤维

用于绝缘的纤维制品很多，有天然纤维，如木材、棉、麻、丝、石棉纤维等；人造纤维，如半合成纤维、合成纤维以及无机纤维（玻璃纤维、碳纤维）等。纤维可制成纸、棉纱、棉带、布等形式，单独或与液体浸渍供绝缘用。

植物中含有天然高分子植物纤维素，纤维素分子中含有许多羟基，如图3-39所示，因此极性很大，相对介电常数ε_r很高，分子间力大，机械强度高。由于大量羟基的存在，纤维素大分子内部和大分子间都可形成氢键，如图3-40所示，使许多纤维素大分子链聚集成纤维束——一种薄壁中空的管状物质。在纤维束之间也有许多空隙，可多达总体积的40%~50%，所以纤维材料很容易吸水或被其他物质填充。电气工程中很少单独使用植物纤维材料，总要浸以各种浸渍剂把空隙填满或以橡皮涂在布带上供绝缘用，如电容器、变压器中用的绝缘纸。一方面可改善其吸湿性，同时也可提高介电性能。

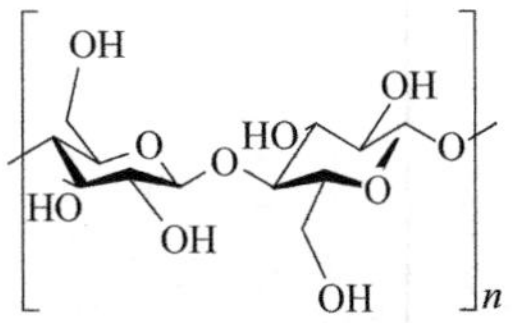

图3-39 纤维素的分子结构

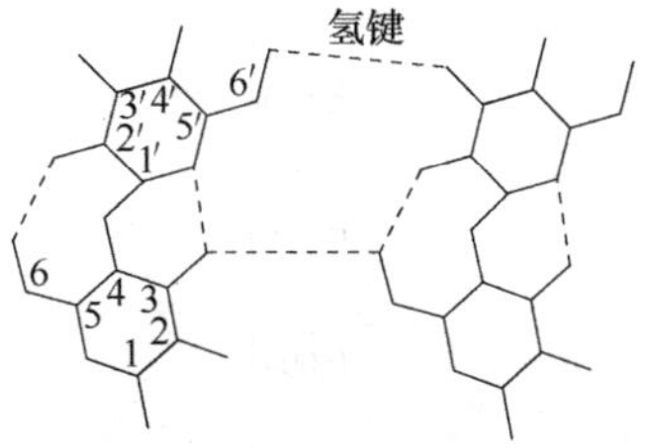

图3-40 纤维素分子的分子内和分子间氢键

应用实例——典型纤维绝缘制品

(1) 绝缘纸

绝缘纸包括天然纤维纸、半合成纤维纸和合成纤维纸。

1) 天然纤维纸。由木材打成纸浆后制得，造纸过程中要将纸浆中的杂质（如木质素和半纤维素）除去，但又不可全部除去。因为木质素能起到抗氧化和抗细菌破坏的作用；半纤维素有利于提高纸的机械强度。纸的水分含量增多时，介质损耗角正切 $\tan\delta$ 上升，直流电阻率 ρ_v 下降，如图3-41所示。此外，含水量还影响纸的力学性能，对拉断力有一最佳值，而伸长率和耐折次数则随含水量提高而提高，如图3-42所示。

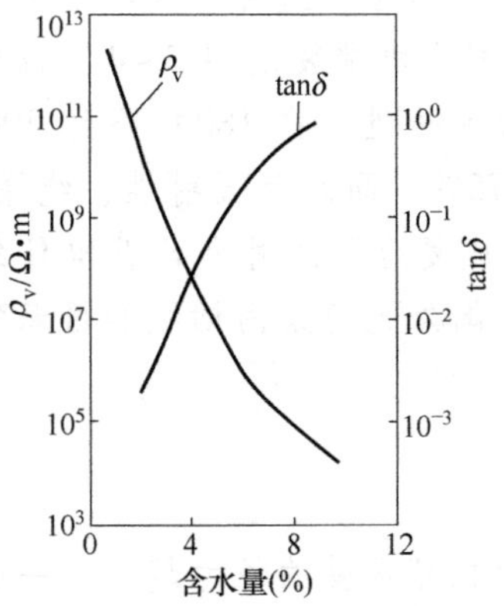

图3-41 绝缘纸的 $\tan\delta$、ρ_v 与含水量的关系

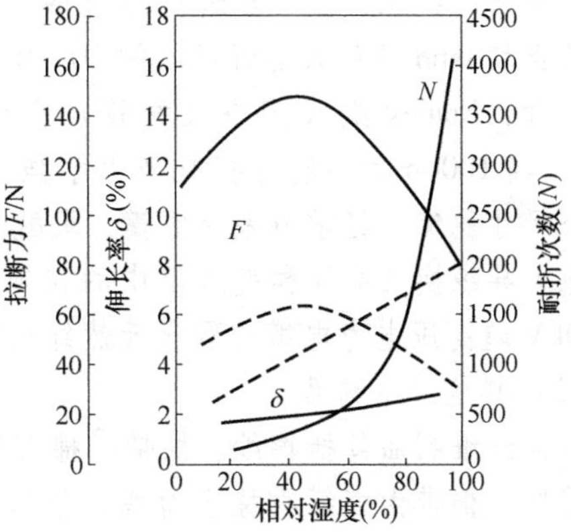

图3-42 绝缘纸的力学性能与相对湿度的关系（实线表示纵向，虚线表示横向）

随着纸的密度增加，即纤维素含量增加，纸的极性增大，则相对介电常数 ε_r 和介质损耗角正切 $\tan\delta$ 上升，工频和脉冲击穿场强也会提高。因此，在选用耐高压绝缘纸时，对纸的密度的要求要适当。

离子种类对纸的介电性能影响很大。当纸中含有低价阳离子（Na^+、K^+、Cu^{2+}）和低价阴离子（Cl^-、SO_4^{2-}）时，绝缘纸的电导损耗大大增加。尤其是 Na^+、K^+ 等一价离

子对直流电阻率 ρ_v 和介质损耗角正切 $\tan\delta$ 的影响最大，如图 3-43 所示。同样为一价离子，原子量越小，$\tan\delta$ 越高。因此，高压电容器纸和电缆纸为了除去杂质离子，在造纸时使用去离子水冲洗纸浆，可得到 $\tan\delta$ 较小的绝缘纸。

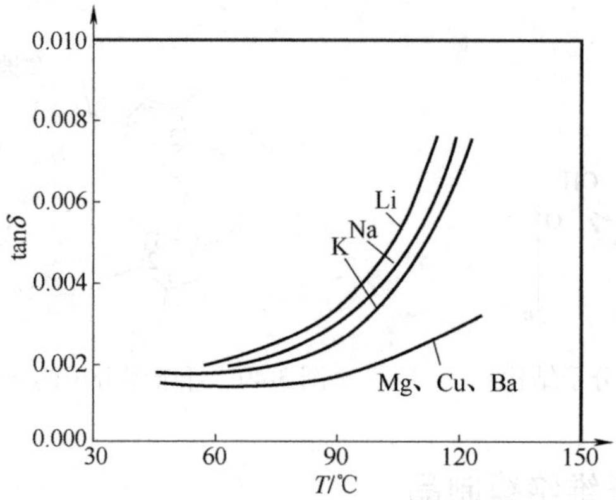

图 3-43　纸中的金属离子对介质损耗的影响

2）半合成纤维纸。天然纤维纸中的大量羟基使纸的极性增强，吸水性增加，电导和损耗增大，不利于电力设备的绝缘需要。用冰醋酸或乙酸酐将纤维素乙酰化，即与纤维素中的羟基反应生成乙酸酯（如羟基50%乙酰化），可大大降低吸水量。如将纤维素通过丙烯氰处理，可得到耐热性好的氰乙基化纸。这类天然纤维素改性纸也称为半合成纸。

3）合成纤维纸。将某些聚合物（如聚丙烯、聚苯醚、芳香聚酰胺等）先制成直径为几个微米的纤维，然后再进行造纸得到的就是合成纤维纸。这种合成纤维纸的介质损耗角正切 $\tan\delta$ 可从天然纤维纸的 10^{-3} 降到 10^{-4}，相对介电常数 ε_r 从 3~4 下降到 2 左右。例如，Nomex 纸（芳香聚酰胺）由于具有高的耐热性，在 180℃ 下经 3000h 或 260℃ 下经 1000h 后仍能保持原来力学强度的 65%~75%，同时耐辐射性、绝缘性好，高温下尺寸稳定，经常与聚酯薄膜、聚酰亚胺薄膜组成复合制品用于 F 级和 H 级电机槽绝缘、导线换位绝缘和变压器中的相绝缘。此外，国外也将聚丙烯纸和聚苯醚纸用于 500kV 超高压电力电缆中取代天然纤维纸。

（2）其他纤维制品

其他纤维制品包括棉纱、棉带、棉布等。

棉纱、棉带由棉纤维搓合而成。纱越细，单位面积可承受的拉力越大。一般用作电线电缆及变压器的包扎线或电磁线的编织层。

棉布主要用作浸渍织物。采用柔性绝缘漆、树脂或弹性体涂料，对织物浸渍不同程度而成的材料，称为浸渍织物。这类材料首先以棉纤维、合成纤维以及玻璃纤维等编制成具有一定形状的单一组分或混合组分的底材，然后经浸渍或涂敷油性漆，或醇酸、聚酯、有机硅或聚酰亚胺等合成树脂漆，或硅橡胶溶液等，最后再经烘焙、干燥而成柔软的绝缘材料或制品。

浸渍织物具有良好的机械强度、柔软性和弹性，较高的介电性能，其耐热等级也可通过调整组分满足不同的要求，最高可达到 C 级以上。鉴于以上特点，浸渍织物广泛应用于电机、电器主绝缘和衬垫绝缘，导线连接保护管和出线绝缘，以及各类线圈和铁心的绑扎绝缘等。根据结构和用途的不同，浸渍织物可分为绝缘漆布、绝缘漆套管和玻璃纤维绑扎带等三个类型。

6. 绝缘漆

漆是成膜物质（天然树脂或合成树脂）在溶剂中的胶体溶液的总称。绝缘漆则是漆类中的一种特种漆。绝缘漆是以高分子聚合物为基础，能在一定的条件下固化成绝缘膜或绝缘整体的重要绝缘材料。一般由漆基、溶剂或稀释剂以及辅助材料三部分组成。

按使用范围及形态，绝缘漆可分为浸渍漆、覆盖漆、漆包线漆、防电晕漆等四种。常用的绝缘漆种类及用途见表 3-10。

表 3-10 几种绝缘漆的组成和特性

种类	名称	组成	耐热等级	特性和用途
浸渍漆	沥青漆	石油沥青、干性植物油、松脂酸盐，以二甲苯、200号汽油为溶剂	A	防潮性好，供浸渍不要求耐油的电机线圈
	环氧树脂漆	干性植物油酸、环氧树脂、丁醇改性三聚氰胺树脂，以二甲苯和丁醇为溶剂	B	防潮性好，机械强度高，黏结力强，可供浸渍湿热带用的线圈
	环氧无溶剂漆 110	6101 环氧树脂，桐油酸酐，松节油酸酐，苯乙烯	B	储存期 4 个月，黏度低，击穿强度高，用于小型低压电机电器线圈
	有机硅浸渍漆	有机硅树脂，以二甲苯为溶剂	H	耐热性、电性好，烘干温度较高，供 H 级电机、电器线圈及零部件浸渍用
漆包线漆	缩醛漆	聚乙烯醇缩甲醛树脂，甲酚甲醛树脂，三聚氰胺树脂，甲酚封闭二异氰酸酯	B	漆膜耐刮性、耐油性、耐水解性、耐热冲击性好，机械强度高，又称高强度漆，供高强度漆包线用
	聚酯漆	对苯二甲酸多元醇树脂	B	耐热、耐刮，耐溶剂性好，耐电强度高；但耐水解性、耐碱耐热冲击性差。适用于中小型电机电器、仪表、干式变压器用漆包线
	聚酰胺酰亚胺漆	聚酰胺酰亚胺树脂	H~C	耐热性、耐热冲击性好，耐电强度高，耐刮，耐化学药品，抗腐蚀性好，适用于涂制高温重负荷电机、密封式电机、制冷电机、干式变压器和电器仪表用漆包线
	聚酰亚胺漆	聚酰亚胺树脂	H~C	耐热性、耐热冲击性好，耐电强度高，能承受短期过载负荷，耐溶剂，耐化学药品腐蚀，但耐碱性差，在含水的密封系统中容易水解，漆膜弯曲时易产生裂纹。适用于涂制耐高温电机、干式变压器、密封式继电器、电子元件用漆包线

应用实例——典型绝缘漆

(1) 浸渍漆

浸渍漆主要用来填充绝缘材料或结构中的空隙或微孔，使线圈粘结成一个整体，以提高绝缘结构的导热、防潮防湿、电性能和机械强度等。例如电机绕组浸渍漆、仪表线圈浸渍漆、黄蜡布漆等。

对浸渍漆的要求是：黏度低、浸渍性能好，能渗入并充分填充浸渍物；固化均匀并速度快，黏结力强，漆膜弹性好，化学稳定性好；介电性能、防潮、耐热、耐油性及与导体和其他材料的相容性好。

(2) 覆盖漆

覆盖漆主要用来在表面形成光滑、耐磨、耐油、耐化学品和防潮的连续薄膜，以提高表面电阻和表面放电电压及对环境的防护作用。例如电磁线漆、硅钢片漆、线圈覆盖漆等。覆盖漆通常是瓷漆，半透明或不透明。

(3) 漆包线漆

漆包线漆是使绕组中导线与导线之间产生良好绝缘的涂料，主要用于裸铜线、合金线及玻璃丝包线外层，以提高和稳定漆包线的性能。有较高的机械强度，与浸渍漆有良好的相容性，能满足耐热、耐冲击、耐油等要求。常用的有油性漆、聚酯漆、聚氨酯漆、聚酰亚胺漆等。

有机硅树脂漆具有优异的耐高温性能、介电性能，耐电晕和耐水性好，但价格偏高。为此，常用价格较低的树脂，例如醇酸树脂和环氧树脂，对其进行改性。改性后的产品其耐热性高于用来改性的树脂，并改善了有机硅树脂的机械性能和黏结性能。若在漆的配方中加入卤原子或含卤素的基团时，则产品具有阻燃性能。

(4) 防电晕漆

防电晕漆用于高压线圈防电晕，如高压大电机的槽部端部等。它是在绝缘清漆中加入一定导电性能的碳黑、石墨、碳化硅等，根据加入量不同可得到不同电阻率的漆。低电阻率用于电机槽部，高电阻率用于线圈端部。

绝缘漆除漆基外，还可按加入的其他成分进行分类。例如，按成膜料（绝缘漆称为漆基）加入溶剂的类型而分为有溶剂漆或无溶剂漆。有溶剂漆是漆基中加入非活性溶剂后的溶液、分散液或乳浊液。无溶剂漆是近几年发展起来的一种浸渍漆，由合成树脂、固化剂和活性稀释剂等组成。在固化过程中无溶剂挥发，所以固化速度快，可减少污染。这种漆的缺点是价格高、储存期短，最短几天，最长也只有几个月。此外，按是否加入色料，绝缘漆又可分为清漆（无色料）和瓷漆。

3.3.2 无机电介质

绝缘材料多以有机物、无机物或有机物与无机物复合组成。有机材料在连续受热时，材料将发生热老化而受到破坏。虽然近年来人们对耐热性高的有机绝缘材料开发取得了较大进展，但长期耐温180℃以上的有机绝缘材料品种还不多。相对有机绝缘材料，云母、石棉、玻璃和陶瓷等无机绝缘材料都具有较高的耐热性，其耐电弧性和耐电晕性也较好。例如，高低压电器在运行或开断时，经常产生电弧，电弧的温度高达

4000K。有机绝缘材料受到电弧的作用就会炭化，而无机绝缘材料则可以耐受严酷的电弧条件，不会形成显著的表面漏电痕迹。

总体来说，无机绝缘材料的主要特点是耐热性高、稳定性好，但脆性大、工艺性差。这与其组成、化学键和结构特点有密切的关系。常用的电工无机材料包括玻璃、云母、陶瓷、石棉等。

应用实例——典型无机绝缘材料

A. 玻璃

玻璃主要是指多种无机矿物加少量辅助原料经过高温熔融后冷却形成的凝聚体，它基本不结晶或完全不结晶，没有确定的熔点，具有宏观各向同性。作为绝缘用的玻璃，通常都具有良好的介电性能，大量用于制造玻璃绝缘子和灯泡，还可用作装置零件或电容器介质。此外，玻璃还是陶瓷材料中常见的一种相成分，因此认识玻璃微观结构与宏观性能之间的关系非常重要。

(1) 玻璃的组成与结构

玻璃是各种无机氧化物的复合物。一类是本身能形成玻璃的氧化物，如 SiO_2、B_2O_3、P_2O_5 等；另一类是在 SiO_2 中加入碱金属及碱土金属作为添加剂，对玻璃的性能进行调节，如加入 CaO、BaO、MgO、PbO、Al_2O_3 等；还有一类氧化物可以使得玻璃具有不同的颜色，如加入 CaO 呈蓝色、加入 Cr_2O_3 呈绿色、加入 MgO 呈紫色、加入 UO_3 呈黄色。大多数玻璃的主要成分为 SiO_2，所以此类玻璃统称为硅酸盐玻璃。

目前公认的玻璃的结构模型为无规则网络假说，或者叫不规则连续网络模型。认为玻璃结构是一种无对称性、无周期性的三维网络，其结构单元在空间不作规律性的重复出现。在氧化物玻璃中这种结构单元即为氧多面体。这种假说是 1932 年由扎哈里逊提出的，他根据玻璃与其相应的晶体具有相近的机械强度因而具有相似的内能，认为形成氧化物玻璃的四个条件是：多面体中正离子的配位数要小，一般为 3 或 4；每个正离子不应与超过两个氧离子相结合；氧多面体之间只能共角，不能共棱或共面；每个氧多面体至少有三个顶角与其他多面体共用。

根据这种假说，RO_2、R_2O_3、R_2O_5 类型的氧化物均能满足上述条件，因此 SiO_2、GeO_2、B_2O_3、As_2O_3、P_2O_5 等均可形成玻璃。形成玻璃的氧多面体，都是三角形或四面体，能够形成这种多面体的金属氧化物称为网络形成剂，相应的金属离子称为网络形成离子。对于纯净的结构单元同为硅氧四面体的 SiO_2，结晶态方石英为有序结构，即有规网络，而玻璃态石英则为无序结构，即无规网络。从结晶学的角度看，这两种网络的差异源自 Si-O-Si 的键角不同。在有规网络中，此键角是较为一致的分布，而在无规网络中该键角必须允许有更大的偏离，否则难以形成无规网络。

(2) 玻璃的介电性能

玻璃一般都是绝缘体。不过随着成分与工艺的不同，可使玻璃的介电性能产生大幅度的变化。

1) 电导特性。对于纯净的玻璃，由高价离子氧多面体所构成的不规则结构是很牢固的。在电场力作用下只能产生有限的弹性位移，难以产生长距离的离子松弛与电导，因此电导很小。

为了降低熔融温度和增加流动性，往往需要在玻璃中加入碱金属离子，对玻璃的介电性能产生很大影响。特别是散居于无规网络间隙中的一价碱金属离子，由于它与网体的联系力弱，可形成浅陷阱和低的激活能，因此在低温和弱电场下也会产生大幅度的跃迁，导致电导显著增大。图 3-44 所示为碱金属离子对 SiO_2 玻璃电阻率的影响，随其含量的增大，玻璃的电阻率下降，电性能变差。此外，影响程度以 Li_2O 为最大，Na_2O 次之，K_2O 最小，与一价碱金属离子的质量、离子半径大小等密切相关。对于质量和半径较小的离子，参与导电时，其脱离网格或在网格中移动所需要的激活能也较小。

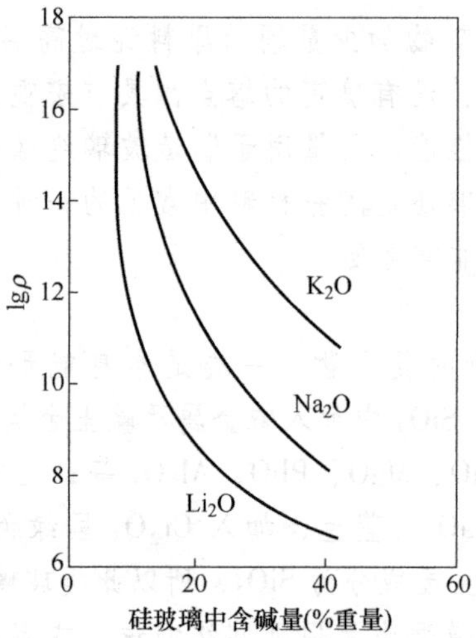

图 3-44　含碱量对硅玻璃电阻率的影响

温度对玻璃电导率的影响符合指数规律：$\gamma = Ae^{-B/T}$。其中 A 与载流子数目有关，主要取决于低价金属离子的浓度；B 与载流子活化能有关，取决于网络结构的完整性和牢靠程度。一价碱金属离子的加入，增加了载流子浓度，减小了其活化能，故随温度变化更为剧烈。如果在玻璃中添加重金属离子 Ba^{2+}、Pb^{2+} 等，则由于网络结构更加牢靠、活化能大大增加，电导下降，但电导随温度上升而增加的趋势也大大加剧。

同时，表面电导的贡献也很重要。导电载流子在玻璃内部迁移时，受到空余网隙结构的制约，要越过高的势垒；而这些载流子在玻璃表面运动时则不受这种空余网隙的限制，活化能低得多。玻璃的表面电导随存放时间、表面状况和所处环境而大不相同。例如：环境湿度对表面电导的影响就很大，玻璃是一种离子性很强的介质，表面对于强极性的水分子有很大的亲和作用，研究表明，当相对湿度大于 80% 时，玻璃表面附着的水分子数大为增加，表面电导也大为增加。由于高频电流具有趋肤效应，故对高频绝缘玻璃更应保证其表面清洁。

2）极化与损耗。纯净的玻璃只有电子位移极化和离子位移极化。前者为氧离子的电子云相对于原子核的位移和形变引起，由于正离子半径小，电子云受原子核束缚紧，形变有限；后者是正负离子受外电场作用而引起的弹性位移。这两种极化都不会引起大的损耗，在 10^{10}Hz 以内与频率基本无关。纯净玻璃的损耗主要来源于电导损耗，室温下电导和电导引起的损耗都很小，但会随温度的升高而增大。图 3-45 所示为纯净玻璃与钠-钙-硅酸盐玻璃的损耗比较。可见，在测试的频率与温度范围内，纯净的玻璃都具有更小的损耗。

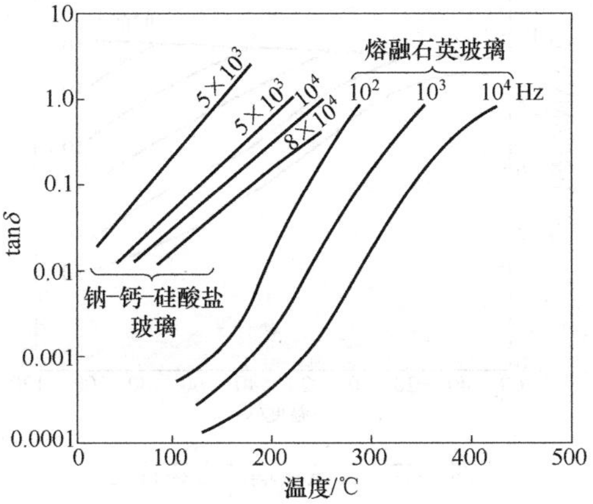

图 3-45 两种玻璃的 tanδ 与温度的关系

玻璃中碱金属离子的添加将导致化学键断裂和结构疏松，使得极化与损耗机制产生很大的变化。其中一部分碱金属离子可以进行长距离穿透性的迁移，使电导及其损耗大为增加。还有一部分碱金属离子受到一定范围内网络结构的限制，在热运动的作用下只能在有限区域内跃迁，形成外电场作用下的热离子松弛极化。这种极化与温度和频率密切相关，其活化能一般低于电导激活能，会对损耗产生较大的贡献。室温下玻璃中介电损耗的构成如图 3-46 所示。

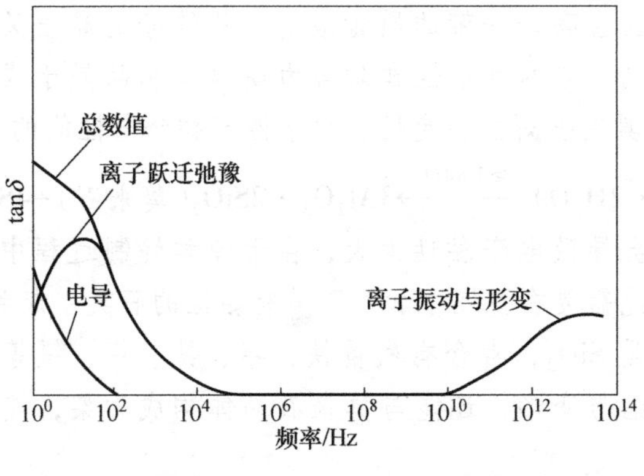

图 3-46 室温下玻璃中介电损耗的各种组成部分

3）击穿特性。玻璃的介质击穿场强与成分和结构密切相关，也与温度、散热条件、电场作用时间等有关。图 3-47 所示为一种玻璃的击穿特性，具有典型的电击穿向热击穿过渡的形式。温度较高或电场作用时间较长时，为典型的热击穿。其击穿场强随温度上升和电场作用时间增加而下降，且击穿场强 E_b 与散热条件（试样厚度、电极材料等）有关。在低温或者电场作用时间短时，E_b 可以达到很高的数值，且不随温度和电压作用时间而变。这时击穿与散热条件无关，起决定作用的是玻璃中的气泡或网络的牢固程度。当介质受到强电场作用时，气泡首先被击穿，产生自由电子和离子，改变电场分布，并进一步发展为网络结构的电离击穿。

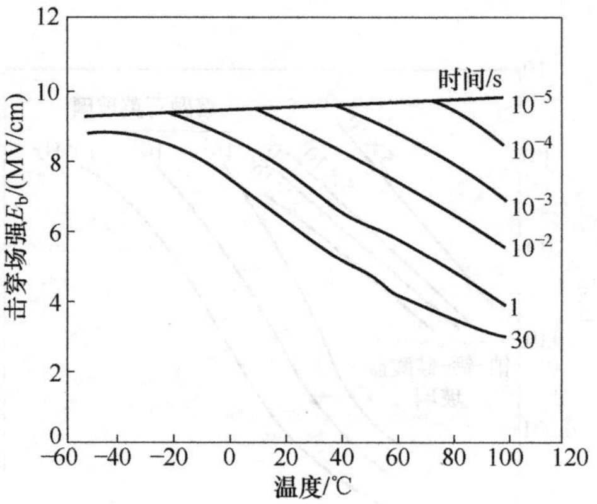

图 3-47　含碱玻璃的击穿特性

B. 电工陶瓷

电工陶瓷简称电瓷，电瓷是输变电线路和电力设备中应用最广泛的绝缘材料之一，具有较高的电气强度，良好的机械强度，耐热性、耐大气腐蚀和耐电晕性优异，不易老化。电瓷材料是电瓷产品的基础，其性能决定了电瓷产品的种类和用途。

(1) 电瓷的原料与结构

电瓷的原料主要有黏土、长石、石英，此外还有铝矾土、滑石、金红石、碳酸钡、碳酸钾、碳酸钠、瓷料等。

黏土的化学成分为铝硅酸盐（$Al_2O_3 \cdot 2SiO_2 \cdot 2H_2O$），提纯后为白色，又称白土或瓷土。黏土以我国江西省高岭一带的质量最好，故纯净的黏土又称为高岭土。黏土在电瓷中起主要作用，利用它的可塑性和黏合力使电瓷制品易于成形。当制品坯料加热到 1000℃以上时生成具有良好热稳定性、力学性能和介电性能的莫来石：

$$3(Al_2O_3 \cdot 2SiO_2 \cdot 2H_2O) \xrightarrow{\geq 1000℃} 3Al_2O_3 \cdot 2SiO_2(\text{莫来石}) + 4SiO_2 + 6H_2O \tag{3-28}$$

然而，只用黏土会导致电瓷黏性太大，在干燥和烧制过程中产生大的收缩，容易使制品变形开裂，因此需要在瓷坯中加入不具有黏性的石英，起到降低黏性的作用。

石英的主要成分是 SiO_2，常含有微量铁、铝、钛、钙、镁等杂质。石英在干燥和烧制过程中不发生收缩与变形，还能与莫来石晶体构成骨架，使烧成的瓷坯具有一定的强度。

黏土和石英制成的瓷坯烧制温度很高，所得的瓷件致密性差。需要加入一种在较低温度下能熔化为玻璃的材料，以降低瓷坯的烧结温度。长石就是起这种作用的材料，它是钾、钠、钙、钡等碱金属或碱土金属的铝硅酸盐矿物，其主要成分为 SiO_2、Al_2O_3、K_2O、Na_2O、CaO 等，是重要的造岩矿物之一。烧结过程中长石熔融物逐步扩散并促使莫来石晶体的生成与发展，熔融的长石将结晶颗粒之间的空隙填充，且在表面张力作用下产生收缩，进而提高瓷坯的致密性，改善电瓷制品的机械和电气性能。长石还能起到降低塑性、减少收缩、缩短干燥时间等的作用。

电瓷显微结构的物相主要由结晶相、玻璃相及气孔构成。对常用的电瓷，其结晶相是由莫来石、刚玉和石英等构成。一般来说，结晶相本身的机械强度越高，对提高瓷质机械强度的作用就越大。在同一类型的瓷质中，结晶相含量越多，瓷质机械强度越高。此外，各种晶体的大小、形状与瓷质机械强度关系很密切。

玻璃相是电瓷材料中除气孔之外最弱的物相。瓷质的电气击穿和机械破坏，都是绕过结晶相穿过玻璃相而发生的。因此在保证瓷坯正常烧结的情况下，应尽可能减少玻璃相的含量，以改善瓷质的机电热性能。

气孔的存在会降低此材料的机电热性能。但由于瓷质中完全消除气孔是不可能的，因此有必要减少气孔的含量和大气孔的数量。瓷质中的气孔最好是分布均匀，细小而呈圆形。

(2) 电瓷的性能与分类

电瓷绝缘材料按其应用范围可分为电绝缘装置瓷、电容器介质瓷和电热高温绝缘瓷三大类；按其主要特征分为高低压电瓷、高频瓷、高介瓷、铁电陶瓷和高温绝缘瓷五大类。电瓷绝缘材料的有关分类见表3-11。

表3-11 电瓷绝缘材料的分类

按用途分类	按特性分类	按瓷质分类	主要特性	主要原料
电绝缘装置瓷	高低压电瓷	高碱质瓷	耐辐射性好、电气、力学性能优良，$\varepsilon_r<10$	黏土、长石
		高硅质瓷		
		高铝质瓷		石英
	高频瓷	滑石瓷	在高频下电气性能稳定，耐热性好，$\tan\delta$ 小、$\varepsilon_r<10$	滑石、黏土、菱镁矿
		镁橄榄石瓷		
		钡长石瓷		黏土、石英、碳酸钡
		钙长石瓷		黏土、石英、方解石
		莫来石瓷		黏土、矾土
		刚玉瓷		氧化铝
电容器介质瓷	高介瓷	金红石瓷	ε_r 高 ε_r 温度系数小或为负值	二氧化钛
		钛酸镁瓷		二氧化钛、菱镁矿
		钛酸钙瓷		二氧化钛、方解石
		钛酸锶瓷		二氧化钛、碳酸锶
		四钛酸钡瓷		二氧化钛、碳西钡
	铁电陶瓷	钛酸钡瓷	ε_r 高、有电滞特性	钛酸钡、二氧化钛
电热高温绝缘瓷	多元氧化物高温绝缘瓷	多孔镁橄榄石瓷	热稳定性好，膨胀系数小，耐弧性好，$\tan\delta$ 小	黏土、滑石
		多孔堇青石瓷		
		多孔滑石瓷		
		锆英石瓷		锆英石、黏土、熔剂
	特种氧化物高温绝缘瓷	氧化镁瓷		提纯的氧化镁
		氧化铝瓷		氧化铝
		氧化铍瓷		提纯的氧化铍
		氧化锆瓷		提纯的氧化锆

高低压电瓷通常在工频下使用，又称为工频瓷或低频瓷。主要品种是普通长石瓷、高硅质瓷和高铝质瓷。前者价格便宜容易制造，广泛用作绝缘子和绝缘套管的材料，但机械强度较低。后两种机械强度高，特别是高铝质瓷，还有很好的耐热冲击性，适合用于超高压输电线路用的高强度悬式绝缘子和高压配电绝缘子。

高频瓷的主要品种是滑石瓷、镁橄榄石瓷、高铝瓷、氮化硼瓷和氧化铍瓷。滑石瓷价格便宜、损耗小，是最早使用的高频瓷；镁橄榄石瓷的微波损耗小，高温绝缘电阻高、表面平滑，适用于薄膜电阻芯体；高铝瓷是指 Al_2O_3 含量在75%以上的陶瓷，其高温绝缘性能优异，高频特性好，机械强度大、硬度大，耐磨性和耐腐蚀性优异，大量用于半导体封装和各种基片材料；氮化硼瓷的高温绝缘电阻大、微波损耗小，可用于散热板和高频绝缘材料。氧化铍瓷的电绝缘性能和高频特性优异，导热性极好，约为氧化铝瓷的10倍，用于高频封装材料。

介电瓷主要用于电容器介质，又称电容器瓷。常用的有高钛氧瓷、钛酸镁瓷和钛酸钡瓷。高钛氧瓷的相对介电常数约为80；钛酸镁瓷的介电温度系数很小，接近于零；钛酸钡瓷常温下相对介电常数为1000~3000，它还是一种铁电材料，经极化处理后可作为电致伸缩元件和压电元件。

常用的高温绝缘瓷有堇青石瓷和锆英石瓷。这两种瓷的特点是热膨胀系数小、耐热冲击性好、高温绝缘电阻高。适用于电热器用热板和断路器用灭弧片。新发展的碳化物瓷、氮化物瓷、硼化物瓷和硅化物瓷等也都是优异的高温陶瓷材料，在电气工程中有广阔的应用前景。

C. 功能陶瓷

功能陶瓷是陶瓷材料的一大类，具有基本物理性能（导电和半导电性能、绝缘介电性能、磁性和热学性能）、物理量的敏感特性（机、电、磁、光、热等物理性能之间的耦合和转换效应），以及化学和生物效应等。功能陶瓷品种多、用途广，发展迅速，形成了巨大的市场，目前在先进陶瓷市场的销售份额占到了70%以上。

（1）导电陶瓷

导电陶瓷是电导率远大于一般陶瓷（通常大于 10^{-2} S/cm）的一类功能陶瓷。绝大多数陶瓷属于绝缘体，但具有间隙结构的碳化物呈现十分良好的导电性。这类间隙相的导电机理与金属类似，属于电子电导。此外，某些陶瓷材料在一定温度和压力条件下具有与强电解质液体相似的离子电导特性，这类陶瓷大多属于固体电解质，也称为快离子导体或快离子陶瓷。

每一种快离子导体都具有一种起主导作用的迁移离子，因此具有很好的离子选择性。由于离子传导对周围物质的浓度或分压、温度、压力的敏感性，可以利用快离子导体制作多种固态离子选择电极，气敏、热敏、湿敏和压敏传感器，以及高纯物质提取装置；利用快离子导体内某些离子的氧化-还原着色效应可制作着色电色显示器；因它具有充放电特性，可以制作电池、库仑计、电阻器、电化学开关、电积分器、记忆元件等多种离子器件。

（2）半导体陶瓷

通过适当的材料和工艺设计，可以制备出具有半导体特性的功能陶瓷，称为半导体陶瓷。这类材料具有优良的半导体性质，价格低廉，已经成为功能材料中重要的、富有生命力的分支。半导体材料的电阻率显著受到外界环境变化的影响，如温度、光照、电场、气氛、湿度等，根据这些变化可以很方便地将外界的物理量转化为可供测量的电信号，从而制成敏感器件或传感器。因敏感陶瓷多属半导体陶瓷，半导体陶瓷大多用于制造敏感元件，也常将半导体陶瓷称为敏感陶瓷。

（3）超导陶瓷

材料的超导行为最初发现存在于少数几种金属及金属化合物中。陶瓷的超导电性首先在 $SrTiO_3$ 中发现，随后人们又在 Li-Ti-O、Ba-Pb-Bi-O 等陶瓷中发现了超导电性。但由于这些陶瓷中的超导临界转变温度 T_c 低于当时金属超导体的 T_c，未引起人们的足够重视。1986 年，在 La-Ba-Cu-O 系陶瓷中发现了当时最高 T_c 的超导电性。此后在世界范围内展开了对陶瓷超导的研究热潮。

（4）介电陶瓷

介电陶瓷是指在电场作用下具有极化能力，且能在体内长期建立起电场的功能陶瓷，主要包括绝缘陶瓷、电容器陶瓷和微波陶瓷等。广义上压电体、热释电体和铁电体也属于电介质范畴，它们在电场作用下都存在极化现象，故广义的介电陶瓷也包括压电陶瓷、热释电陶瓷、铁电陶瓷等。

（5）磁性陶瓷

磁性陶瓷又常泛称为铁氧体。但严格来说，磁性陶瓷还包括不含铁的磁性瓷。铁氧体在现代技术中的应用是多方面的，主要用于高频技术，如无线电、电视、电子计算机、自动控制、超声波、微波及离子加速器等许多方面。

3.4 复合电介质材料

在电力设备中使用着大量的复合电介质绝缘材料，例如油纸复合绝缘、云母层压板、环氧浸渍玻璃纤维布、泡沫绝缘通信电缆、低烟无卤阻燃电缆材料，还有为了改善力学、耐热等性能而添加无机填料的绝缘材料等。这些由多种成分共同组成的绝缘材料都可称为复合材料。此外，即便是无添加的材料，由于在合成、生产的过程中不可避免地存在杂质或气孔，或者材料内部结构不均一（如半结晶聚合物的晶区与非晶区、陶瓷中的晶粒与无定形区等），也会构成材料复合体系。因此，对复合材料的研究与应用具有非常重要的意义。

3.4.1 复合材料概念

复合材料通常是指物理化学性能不同的两种或多种材料按所设计的形式、比例、分布，经人工组合而成的新材料。复合后不仅具有互补作用，获得较好的综合性能，而且还可能产生一种相乘效应，甚至出现单一材料所不具有的全新性能。材料复合，可以通过不同的聚合物之间复合，或不同的陶瓷之间复合，或不同的金属之间复合，聚合物、陶瓷、金属之间也可相互复合。

常用的绝缘材料大多数是通过不同材料的复合制备而成，而且是聚合物基复合材料。复合体系中的一相是聚合物基体，另一相是不仅起填充作用的所谓“填料”。按“填料”的形态，复合材料的结构表现为不同显微特征：

微粒型：微粒填充的复合物，如聚合物中的添加剂、橡胶中的补强剂、元器件包封料等，一般为球形粒子。

棒型：纤维填充的复合物，如玻璃纤维增强体系、油纸复合介质等。

层型：如云母与胶粘剂/玻璃复合，印制电路板中层合材料与铜箔，聚合物/层状硅酸盐等。

网型：如浸渍纤维布/非织布。

互穿聚合物网络 IPN 型：两相均为连续相，分子链相互贯穿，并至少一种聚合物分子链以化学键的方式交联。

复合绝缘材料主要有以下两种结构形式：

1）聚合物-微纳粉料/短纤维复合绝缘材料。如由绝缘清漆与无机色料或其他功能填料构成的绝缘漆，为改善电气、热或力学性能添加无机填料的绝缘件，添加大量阻燃剂的阻燃绝缘材料，含云母粉的 Nomex 纸，以及由聚合物和气泡两相复合而成的泡沫绝缘材料。

2）聚合物-纤维及其制品（织物或纸）复合材料。用于开关拉杆和制造合成绝缘子的浸渍织物，其成分是胶粘剂与织物（布、绸），由胶粘剂与粉云母（或片云母）制成的云母带/板/箔，由胶粘剂与织物或纸复合而成的层合板，层合材料与铜箔复合而成的印制电路板，以及绝缘粘带等。

从严格意义上讲，半结晶聚合物、共聚物、陶瓷等材料结构中既有结晶相也有非晶相；硫化橡胶体系由多种大量的填充物共同构成，因此都属于复合材料的范畴。

3.4.2 聚合物多相体系的界面

1. 高分子合金的界面

高分子合金是由两种或两种以上高分子材料构成的复合体系。高分子合金是互穿结构的高分子，将两种或两种以上不同种类的树脂，或者树脂与少量橡胶，或者树脂与少量热塑性弹性体，通过共聚或共混等方式获得的复合高分子材料，其性能与界面相的结构与形态密切相关。界面相的厚度约 5~100nm，界面相中大分子互相交错、扩散。当相畴很小时，界面相的总体积可达到材料总体积的 20%左右。

高分子合金的两相之间存在着界面，并附加了自由能即界面能，单位界面所具有的自由能称为界面张力。若两相的相容性越好，界面张力越大，则扩散深度越深，界面相厚度越厚；反之，界面相厚度越薄，所占体积分数越低，而且两相间粘附和湿润情况变坏，黏结力降低，两相彼此分散的程度也低，在加工时和使用过程中易出现分层现象。界面相的大分子形态和运动状态与单一相中的分子不同；界面相的密度往往低于平均密度，两相彼此相容性越差，则密度越低，对复合材料的机、电性能肯定有不利的影响。由于多相体系存在界面层，因此其性能不一定符合各相性能的简单加和法则。

影响界面相的因素：聚合度越高则内聚力越大，界面厚度越薄；多相材料中具有表面活性的添加剂，活性杂质，以及两相中的低分子组分易向界面相集中，导致界面张力降低，使界面稳定性提高，但会使机械强度降低。

2. 结晶聚合物两相间的界面层

结晶聚合物的界面指的是聚合物内部晶区与非晶区之间的界面。低密度聚乙烯绝缘电缆运行表明：结晶相的球晶尺寸越大时越容易出现电树枝老化。机理可能是：当挤出的聚乙烯从高温缓慢冷却下来时，球晶逐渐长大，低分子物质或杂质从正在成长的晶区中离析出来并积聚在球晶边界上，形成低密度脆弱的界面层，因此电树枝都倾向于沿球晶边界发展。球晶越大则球晶边界上界面层中的低分子物质或杂质浓度越大，界面层密度更低，更容易引发电树枝。

为了提高聚乙烯电缆绝缘的击穿场强，延长使用寿命，可通过改善结构形态以抑制电树枝的生长：①加入成核剂：使球晶微晶化，改善球晶间非晶区的结构，如加入0.5%~1.0%地蜡后，树枝起始电压可提高一倍；②提高聚乙烯的聚合度（或降低熔融指数）：如熔融指数从1.6降到0.2时，便能有效抑制电树枝；③共混法：添加适量其他聚合物以限制晶体长大，如聚丙烯，也可使球晶微晶化。

3. 聚合物-填料多相材料中的界面层

聚合物通常是低表面能固体，而填料通常是无机材料，属高表面能固体。当热塑性聚合物处于成型加工的粘流态阶段时，或固化前的热固性聚合物处于低分子液态阶段时，聚合物中极性较强甚至离子性的添加剂或活性杂质，具有很强的活性和扩散能力，在界面张力的作用下，必然向界面迁移并形成界面层，从而降低界面张力，增加界面层的载流子浓度和吸收水分或潮气的能力，使界面层的电导率和电容率均比聚合物或填料高。

制备聚合物-填料多相材料时，若聚合物中某组分如固化剂过量，也可能迁移到界面层。电力设备长期运行中，绝缘材料老化将产生极性较强甚至离子性产物，并逐步扩散到界面层，使杂质、载流子的浓度随时间的延长而不断增大。

两相间存在界面也即彼此不能完全湿润，因而使界面两侧的原子间距离比各相内部大得多，也即界面存在一层微观间隙，甚至存在气隙。对于热塑性聚合物-填料体系，成型加工后冷却到室温时，由于聚合物与填料两相的膨胀系数不同，使上述间隙或气隙增大、增多。对于热固性聚合物-填料体系，当聚合物相由低分子液体经过固化过程转化为固态时，聚合物发生固化收缩，也会使上述间隙或气隙增大、增多，模具中局部区域内的聚合物量越集中，则收缩越严重，气隙大而多。较多的间隙或气隙促进了材料吸收水分或潮气的过程，而且将随时间的延长而不断增大。

因此界面层是绝缘材料中的电气薄弱层，绝缘的电气强度、局部放电、绝缘电阻、吸潮性等都与该薄弱结构有关，且容易沿薄弱结构发展击穿通道，使得强电场作用下容易发生材料击穿破坏。

4. 复合材料界面的偶联作用

偶联剂是能使表面或界面增强黏结性能的添加剂，分子中通常含有两种活性基团，能分别与不同的接触表面相容。聚合物多相体系中的偶联剂常含有对聚合物基体具有活性的基团和能与填充相表面反应的基团，从而达到增强基体-分散相界面的粘接效果，使界面过渡区的聚合物分子链保持牢固的聚集形态，防止填料对聚合物固化反应催化效应的抑制作用，改善相界面结构。

偶联剂与聚合物基体的相互作用形式主要有：偶联剂的硅醇与热固性树脂相溶时，在树脂固化前形成树脂-偶联剂共聚物；偶联剂的硅醇与热固性树脂部分相溶时，与液态热固性树脂形成少量共聚物外，主要是树脂与偶联剂硅醇分别固化或缩聚，形成互相穿插的聚合物网（IPN）结构；偶联剂的硅醇能扩散到热塑性树脂中时，在加工温度下，仅硅醇缩聚形成网络聚合物，热塑性树脂不参与反应，结果形成半互相穿插聚合物网络（半-IPN）；偶联剂硅醇难扩散到热塑性树脂中时，相互分割成团粒，在加工温度下硅醇团粒内部缩聚成网，但在界面上的硅醇缩聚物分子链段仍可与热塑性树脂分子链段相互扩散。

有些偶联剂并不一定能与基体或填料表面起化学反应，例如，聚烯烃常用的氯化石蜡和硬酯酸钙，其黏结作用可能是通过改善表面的湿润作用、使两相表面完全接触来达到的。经过偶联剂处理的填料在聚合物基体中很容易均匀分散，降低多相体系的黏度，防止填料在以后的混合、压制等工艺操作中发生开裂与磨损，从而充分发挥填料或填充相提高性能的作用。

应用实例——几种典型结构复合绝缘材料

A. 泡沫绝缘材料

泡沫绝缘塑料或多孔绝缘塑料，是内部有大量微小气孔的聚合物制品。一般通用和工程塑料均可通过合适的发泡工艺制成泡沫塑料，其结构如图 3-48 所示。泡沫塑料具有塑料材料的一系列优异性能，特别是相对电容率和介质损耗都很低，可用来制造低电容率/高频绝缘材料，而且质轻、隔热、抗震以及吸声等，在电气电子设备上都有应用。

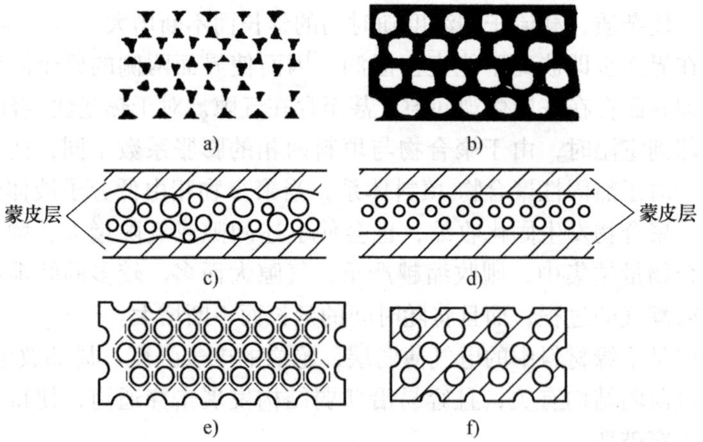

图 3-48　泡沫塑料结构示意图

与常规塑料制品的制造相比，泡沫塑料制品唯一不同的是在制造过程中有一发泡工序，因此除增加或改变一些与发泡相关的设备外，其他设备与非发泡塑料的加工设备基本相同。最常用的发泡方法有：

1）物理发泡法：运用物理原理实施发泡，一般是把惰性气体、低沸点液体或中空微球与聚合物混合，利用加工过程中物理条件的变化使其发泡。

2）化学发泡法：将发泡剂加入聚合物中，利用加工过程中发泡剂的分解或相互反应而发泡。

3）机械发泡法：利用机械搅拌使空气卷入树脂体系而发泡。

泡沫塑料密度小，吸收冲击载荷性好，隔热性优良，隔音效果突出，比强度高，在电气电子、航天航空以及医疗等领域得到越来越多的应用。

B. 浸渍织物

采用柔性绝缘漆、树脂或弹性体涂料，对织物浸渍而成的材料，称为浸渍织物。这类材料首先以棉纤维、合成纤维以及玻璃纤维等编制成具有一定形状的单一组分或混合组分的底材，然后经浸渍或涂敷油性漆，或醇酸、聚酯、有机硅，或聚酰亚胺等合成树脂漆，或硅橡胶溶液等，再经烘焙、干燥而成柔软绝缘材料或制品。

浸渍织物具有良好的机械强度、柔软性和弹性，较高的介电性能，其耐热等级也可通过调整组分满足不同的要求，最高可达到C级以上的水平。鉴于这些特点，浸渍织物被广泛应用于电机、电器主绝缘和衬垫绝缘，导线连接保护管和出线绝缘，以及各类线圈和铁芯的绑扎绝缘等。根据结构和用途的不同，浸渍织物可分为绝缘漆布、绝缘漆套管和玻璃纤维绑扎带等三类。

C. 层合箔

由两种或更多不同的绝缘材料黏合在一起组合而成的柔性片材或卷片定义为层合箔复合绝缘材料。该定义基于其“柔软”和“薄片”的特征，与术语“层合纸（Laminated Paper）”相对应。

绝缘纸板和其他纤维材料的机械性能优异，耐热性高，且附着性良好，但介电性能不够理想；而薄膜具有优良的介电性能，但耐磨、耐撕裂性能较差。它们都很难同时满足电气和电子工业对绝缘系统材料的各种要求，因此发展了层合箔。

层合箔以薄膜、纤维材料（纤维纸、薄纸板、布等）经黏结、加热压合而制成。其结构是在薄膜的一面或两面黏合电工绝缘纸板/玻璃漆布/合成纤维纸，或两面为薄膜，中间是玻璃布/石棉纸。

D. 绝缘粘带

绝缘粘带是要经过处理或无需处理，即可黏附于自身或其他材料上的带材。粘带由基材涂以粘合剂，再经加工制成。使用时通过手指加压、溶剂活化或加热使粘带与被粘物表面黏结。由于使用方便，便于机械包装，在绝缘行业中已被广泛应用。

电工上多用的绝缘粘带一般由基材、底胶、压敏黏合剂和隔离剂等四部分组成。基材有绝缘、支撑、密封、补强和防护等功能。黏合剂作用是把基材迅速、牢固地固定在被粘物体上。底胶涂在基材和黏合层之间，其作用是增加黏合剂与基材之间的黏附强度，防止黏合剂渗透。在基材的背面涂隔离剂，隔离剂既要保障人工或机械操作时容易开卷，又要保持粘带对基材有满意的粘结力。也有的不使用隔离剂，而在收卷过程中添加隔离纸，这种方式多用于双面粘带。

E. 阻燃绝缘材料

大多数绝缘材料都以聚合物为基体，遇火具有易燃、延燃、发烟量大等特征。此类材料一旦燃烧，将严重危害电力设备和人身安全。因此，非常有必要推广使用阻燃绝缘材料。

为了防止由于燃烧时的烟雾所带来的二次灾害，人们对无卤阻燃材料的使用越来越重视。对于无卤阻燃材料，通常采用非卤素聚合物，如PE、PP、EVA、EPR及EEA等作为基材，加入金属水合物如$Al(OH)_3$、$Mg(OH)_2$来获得阻燃性。由于这类阻燃剂的阻燃效率比较低，若要使阻燃性能达到一定的要求，则需添加大量的阻燃剂，往往超过聚合物本身，其后果是材料的机械强度、加工性能显著降低，热氧老化稳定性劣化。低烟无卤阻燃电缆料在使用中的一个关键问题是绝缘材料的开裂，不能满足应用的需要，因此必须对电缆料的基料和阻燃填充剂进行改性，改善填料与聚合物的相容性；对阻燃剂和催化活性助剂的配伍进行研究，寻求综合性能好的高效无卤阻燃体系，降低成本，这对于无卤阻燃材料的开发应用极为重要。

3.4.3 纳米电介质

1959年12月29日，美国著名物理学家、诺贝尔物理奖得主费因曼（Feynman），在美国物理学会年会上，做了题为“底层大有可为”（There's Plenty of Room at the Bottom）的著名演讲，成为现代纳米科学研究的起点。而1990年7月，在美国巴尔的摩同时举办的第1届国际纳米科学技术会议和第5届国际扫描隧道显微学术会议上，正式提出了纳米材料学、纳米生物学、纳米电子学和纳米机械学的概念，标志着纳米科技的正式诞生。纳米电介质就属于纳米材料学的范畴。

纳米电介质一般指在高聚物中均匀、分散、尺寸在1~100nm的无机粒子或微孔，形成具有纳米结构且性能发生改变的复合材料。1994年T. J. Lewis发表“Nanometric Dielectrics”一文首次提出纳米复合电介质概念，然而直到2002年英美学者才首次报道有关纳米复合电介质电学性能的实验结果，纳米电介质表现出独特的电学性能。从此，纳米复合电介质的研究进入高速发展期，成为电气绝缘领域的研究热点。

1. 纳米的定义

纳米本身是一个长度概念，1纳米（nm）= 10^{-9}米（m），即1米的十亿分之一。人的头发丝直径一般为0.1mm，而1纳米只有人类头发的十万分之一。氢原子的直径为0.1nm，十个氢原子排列在一起，只有1nm。纳米尺度只有通过电子显微镜才能观测，如图3-49所示。

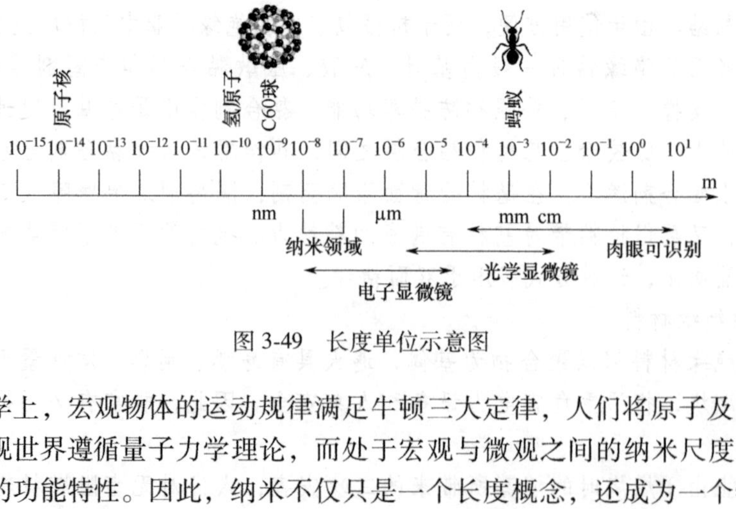

图3-49 长度单位示意图

在物理学上，宏观物体的运动规律满足牛顿三大定律，人们将原子及以下尺度称为微观，微观世界遵循量子力学理论，而处于宏观与微观之间的纳米尺度，则表现出了很多奇特的功能特性。因此，纳米不仅只是一个长度概念，还成为一个特殊的物理概念，通常将纳米尺度空间称为介观。

2. 纳米材料与纳米效应

纳米材料是指把组成相或晶粒结构的尺寸控制在100纳米以下的具有特殊功能的材料，具有传统材料所不具备的奇异或反常的物理、化学特性。即三维空间中至少有一维尺寸小于100nm的材料或由它们作为基本单元构成的具有特殊功能的材料。这里包含两层含义：一是指结构上具有纳米尺度调制特征的材料。特征尺寸为1~100nm，包括微粒尺寸、晶粒尺寸、晶界宽度、第二相分布、气孔尺寸、缺陷尺寸等；二是纳米材料的性能具有基于量子尺寸效应的特异变化。只有同时满足了上述两条，我们才能将之称为纳米材料。

纳米材料可分为四类：零维纳米材料，包括纳米粉体、纳米球材料；一维纳米材料，包括纳米线、管、纤维等长径比远大于1的纳米材料；二维纳米材料，主要有纳米膜材料；三维纳米材料，包括纳米体材料、纳米孔材料、含有纳米相的复合材料等。

由前面的介绍可以知道，纳米是处于宏观与微观之间的介观尺度，因而具有许多特异的性能。例如，导电铜的尺寸小到某一纳米量级就不导电，而绝缘的二氧化硅在某一纳米量级下变为导电。这是由于纳米材料具有颗粒尺寸小、比表面积大、表面能高、表面原子占比例大等特点，以及由此产生了表面效应、小尺寸效应、宏观量子隧道效应等多种纳米效应。

表面效应：随纳米微粒尺寸减小，表面积大大增加，如表3-12所示。随着颗粒半径的减小，表面原子占比与比表面积急剧上升，当微粒尺寸为2nm时，表面原子所占比例高达80%，比表面积也达到450m^2/g。因而表面能大大增加，位于表面的原子数也大大增加。

表3-12 微粒尺寸、总原子数、表面原子占比与比表面积关系

直径/nm	总原子数	表面原子占比/%	比表面积/m^2g^{-1}
10	3×10^4	20	90
4	4×10^3	40	220
2	2.5×10^3	80	450

表面原子不同于内部原子，如图3-50所示，内部原子受到周围原子的束缚，呈现较稳定的状态；而表面原子由于配位不足产生悬挂键，导致表面能、表面活性高，因而极不稳定，极易与外部相邻的其他原子反应。纳米粉体具有的极高活性、极易与其他原子结合和反应的特性，可用于催化剂和传感器领域。

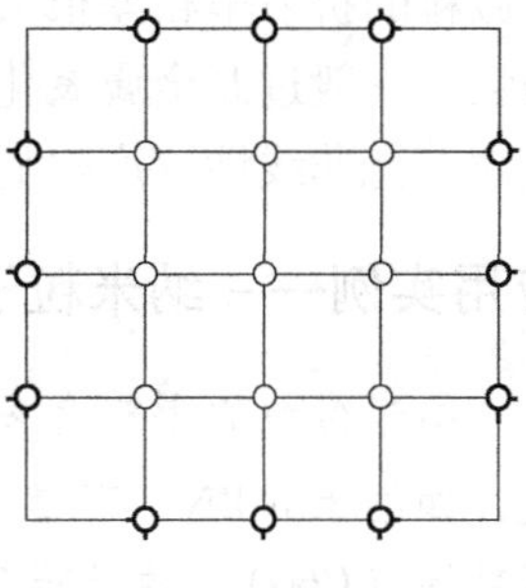
图3-50 表面原子与内部原子示意图

纳米微粒电子能级的不续性：由近代观测物理可知，颗粒能带中的能级数等于颗粒中的原子数。对于一般物质，颗粒中的原子数是极其庞大的，如表3-13所示，假设原子直径1nm，那么直径1mm的颗粒中就含有10^{18}个原子（即能级），因而可以认为能带中的能级是准连续的；当颗粒直径小到纳米级时，颗粒所含有的原子急剧减少，能级的数目也急剧减少（当颗粒直径为2nm时，只含有8个原子，即8个能级），这时，能级不再是准连续的，而具有了不连续性，这就是纳米微粒电子能级的不连续性。

表3-13 微粒直径、体积与原子个数关系（假设原子直径1nm）

直径	体积	原子个数
1mm	$1mm^3$	10^{18}
10nm	10^3nm^3	1000
2nm	$8nm^3$	8

1）量子尺寸效应：是指纳米粒子尺寸小到一定值时，金属费米能级附近的电子能级由连续变为离散的现象。由于纳米粒子出现能级分裂，当能级间距离大于热能、磁能、光子能量或超导态的凝聚能时，就会因为量子尺寸效应而发生特异的光、热、磁、声、电等现象。例如，当粒径 $d<20nm$，若温度趋近于0K，纳米Ag微粒将变为绝缘体。

2）小尺寸效应：当微粒尺寸小到与光波波长或德布罗意波长（λ）相当或更小时，晶体周期性的边界条件将被破坏，形成非晶态纳米粒子表面层、原子密度减小，从而导致声、光、电、磁等性能出现新的小尺寸效应。

3）量子隧道效应：微粒子（电子、原子、分子）具有贯穿势垒的能力称为隧道效应。纳米微粒的一些宏观量（如磁化强度 B 和磁通量 H）也具有隧道效应的现象称为宏观量子隧道效应。例如：当电路尺寸接近于电子波长时，电子就会通过隧道效应溢出器件，使器件无法工作。在制备半导体集成电路时，发展微电子器件，特别是进一步微细化时，必须考虑量子隧道效应。另外，扫描隧道显微镜（STM），也是利用了量子隧道效应的原理。

4）库仑阻塞效应：当粒子尺寸小至纳米级，粒子的电荷将是"量子化"的，即充放电过程是不连续的。若充入一个电子所需能量 $E_C=e^2/2C$，其中 C 为粒子电容，e 为电子电荷。显然，粒子电容 C 越小，充电所需能量 E_C 越大，即充入一个电子所需能量越大，这就是库仑阻塞能，即为前一个电子对后一个电子的库仑排斥能。

5）介电限域效应：纳米粒子分散在介质中，由于界面引起体系介电强度增强的效应。介电强度增强来源于纳米粒子表面和内部局域场的增强，当电介质的折射率和纳米微粒的折射率相差很大时，产生折射边界，导致微粒表面和内部场强比入射场明显增强。一般过渡金属氧化物和半导体微粒均可以产生介电限域效应，它对光吸收、光化学、光非线性等产生显著影响。

应用实例——纳米粒子的结构与物理特性

纳米微粒的形貌有多种，通常为球形或类球形，如纳米 Al_2O_3、TiO_2 等；针状或片状，如纳米h-BN、石墨烯等；纤维状，如纳米SiC、Si_3N_4 等；空心管状或空心球，如富勒烯（C60）、纳米碳管等。

纳米微粒的结构特点一般与大尺寸颗粒结构相同；粒子的表面能和表面张力随粒

径减小而上升；由于表面积大，表面原子配位不足，导致表层晶格畸变大；X射线分析表明，随粒径减小，原子间距下降。

纳米微粒的主要物理特性包括热学、磁学、光学及光催化性能。

纳米微粒的熔融温度、烧结温度、晶化温度均远低于常规粉体。例如常规Al_2O_3粉的烧结温度为1800~1900℃，而纳米Al_2O_3粉的烧结温度为1150~1500℃，烧结温度低了500~600℃，其致密度可达99.7%；又如常规Si_3N_4的烧结温度大于1800℃，纳米Si_3N_4的烧结温度可降低600~700℃；再如常规TiO_2的烧结温度比纳米TiO_2高约800℃。

纳米材料具有超顺磁性，在临界小尺寸下，当各向异性能减小到与热运动能相比拟时，磁化方向就不再固定在一个易磁化方向，易磁化方向作无规律变化的结果，导致超顺磁性的出现。例如，Fe_3O_4和α-Fe_2O_3的粒径分别为16nm和20nm时，变成超顺磁体。纳米微粒尺寸大于超顺磁临界尺寸时，通常出现高矫顽力（H_c）。这是由于当粒子小到某一尺寸时（如Fe_2O_3单畴临界尺寸为40nm），每个粒子均是一单磁畴，每一个单畴相当于一个小永久磁铁，要使这个磁体去掉磁性必须使每一个粒子的磁矩均反转，这需要很高的反向磁场能，也即具有高的H_c，同时由于小尺寸效应和表面效应使居里点（T_c）温度下降。

纳米粒子具有宽频带强吸收特性。对于大块金属具有的光泽，是由于对可见光不同波长范围的吸收与反射能力不同，从而产生颜色；而纳米颗粒，由于比表面积大、不饱和键或悬键多，导致宽频带强吸收，对可见光反射率极低，几乎全呈黑色，如纳米Si_3N_4、SiC、AlN及Al_2O_3对红外线有宽频带的强吸收谱。纳米粒子的光吸收带，普遍存在“蓝移”现象，即吸收带向短波方向移动。这一现象可广泛应用于传感器。

纳米粒子具有光催化性能。当半导体氧化物（TiO_2）纳米粒子受到大于禁带宽度能量的光子照射后，电子从价带跃进到导带产生了电子-空穴对。电子具有还原性（$Fe^+ + e \rightarrow Fe$），而空穴具有氧化性（$Fe + \oplus \rightarrow Fe^+$），空穴$\oplus$与$TiO_2$纳米粒子表面的$OH^-$反应（$OH^- + \oplus \rightarrow OH$）生成OH自由基，具有很强的氧化性。活泼的OH自由基，可以把许多难解体的有机物氧化降解为CO_2、水和无机物等。

3. 纳米电介质的应用

已有的研究表明：微量纳米粒子掺杂能有效地降低材料的介电常数和电导率，提高材料的短时击穿性能，提高基体材料的抗电蚀性能。尽管传统的电介质理论计算不适合纳米复合电介质体系，但纳米电介质表现出的优良性质，在提高电力设备效能、缩小部件尺寸、节约能源和材料等方面具有显著效果。对于一些特定的领域，如特高压输电、高性能电机中的主绝缘材料；超级电容器中的储能材料等，必须利用纳米电介质才能达到所需的性能指标。以采用纳米电介质为主绝缘的高性能变频电机为例，与传统电机相比其节电率为30%，即比传统电机减少约三分之一的能耗，如果广泛应用，年节电量可达20GW，比一个三峡电站的发电量还多。

通过前面的论述可知，纳米材料具有许多优异特性，在电气工程领域，最常见的是用纳米无机粉体或金属粉体对电介质材料进行改性。纳米粉体的加入有时存在一个最佳量，少量的纳米粉体就可以使性能发生显著改善；而加入量过大，反而会使性能劣化。如在直流电缆绝缘基料中加入1%左右的少量纳米粒子，可以大幅改善介质抑制空间电荷的性能，从而提高电压使用等级。

3.4.4 光电信息电介质材料

光电信息材料是一类新型电介质材料，其传输、存储和运算信息的速度远大于电子信息材料，在信息技术的发展中起重要作用。

应用实例——新型光信息材料

A. 光显示用材料

光电子显示材料主要应用于计算机终端显示器，以及固体平面电视上，需要大面积高分辨率的多色显示材料。当前主要应用的电致发光材料，大都使用稀土掺杂（Tb^{3+}，Sn^{3+}，Eu^{3+}等）和过渡元素掺杂（Mn^{2+}）的硫化物（ZnS，CdS 等）和氧化物（Y_2O_3，$YAlO_3$），要求具有高电光转换效率和高发光亮度，采用离子束敏化的方法增强能量转换效率。

B. 光通信材料

光纤通信具有信息容量大、重量轻、占用空间小、抗电磁干扰、串话小和保密性强的特点。基本原理是把声音变为电信号，由发光元件（如 GaP 等）变为光信号，由光导纤维传向接收方，再由接收元件（如 GdS、ZnSe 等）恢复成电信号。光导纤维是指导光的纤维，通常由折射率高的纤芯及折射率低的包层组成，这两部分对传输的光具有极高的透过率。光线进入光纤在纤芯与包层的界面发生多次全反射，将载带的信息从一端传到另一端，从而实现光纤通信。从材质上光导纤维可分为石英光纤、多组分玻璃光纤、全塑料光纤和塑料包层光纤、红外光纤五类。

石英光纤主要由 SiO_2 构成；多组分玻璃光纤的主要成分为 SiO_2，还含有多种氧化物改性剂制成的玻纤材料，其特点是熔点低、损耗小、强度低、易生产；全塑料光纤主要由高透明有机玻璃、聚苯乙烯等塑料制成，其特点是柔韧、芯径和数值孔径大、加工方便；塑料包层光纤是以石英作纤芯，塑料作包层的阶跃型多模光纤，其芯径和数值孔径大，适于短距离小容量通信系统应用。

3.4.5 环境友好绝缘材料

环境友好电介质绝缘材料是指在设计、生产、运输、使用和废弃过程中，不对环境和人类造成有害影响的绝缘材料。在电工、电子领域中使用的绝缘材料种类繁多，很多绝缘材料是经由化学方法合成的，在其生产过程中会污染周围环境，在使用过程中也有污染周围环境的可能；通常使用寿命长的绝缘材料，往往具有优异的化学稳定性，废弃后难以自然降解，从而对环境造成有害影响。例如：电工领域中广泛使用的 SF_6 气体，如泄漏到大气环境中，会产生温室效应，其温室效应是 CO_2 气体的 22800 倍；SF_6 在使用过程中如受到高温电弧的作用，会分解出有毒气体 S_2F_{10} 等。2005 年 2 月 16 日生效的《联合国气候变化框架公约-京都议定书》列出了要求减排的 6 种温室气体，其中包含电工领域中广泛使用的 SF_6 气体。

近年来，人们对一些含有 F 原子的其他电负性气体进行了研究，其电负性与 SF_6

相近，但一些气体如八氟环丁烷（C_4F_8）、全氟丙烷（C_3F_8）、全氟乙烷（C_2F_6）等的温室效应比 SF_6 要小得多。

在绝缘油中，植物绝缘油的生物降解率大于97%，是一种“环境友好”型液体绝缘介质。植物油来源于天然的油料作物，其主要成分是甘油三脂肪酸酯，此外还含有少量但种类繁多的能溶于油脂的类脂物。精炼后，植物绝缘油的闪点和燃点都显著高于矿物绝缘油，也高于大多数合成绝缘油。植物绝缘油具有良好的电气性能，其工频击穿场强明显高于其他绝缘油。植物绝缘油的缺点是凝点较高（一般在-25～-15℃范围），低温黏度大，易氧化等。因此，需要加强这些方面的研究。

热固性塑料不易回收利用，而热塑性塑料因可以充分地被二次利用，视为“环境友好”的材料。因此在选择材料时，若两种塑料的功能性和价格相差不多，则应首选环境较友好的热塑性塑料。普通热塑性塑料的缺点是耐热性较差，尺寸不够稳定。但是某些热塑性塑料，例如聚苯醚（PPO）、聚甲醛（POM）、聚砜（PSU）等，却具有耐热性高、尺寸稳定的优点。

无机粉体改性固态有机绝缘材料是一种典型的“环境友好”材料，具有经济性、适用性和环境协调性等基本特性，这种材料的“环境友好”性主要表现在：减少了合成树脂的使用量；无机粉体促进固态有机绝缘材料与土壤同化；无机粉体有利于固态有机绝缘材料的焚烧；并且无机粉体大部分是无毒的。

绝缘材料产品的“环境友好”设计是在保证产品的使用性能及经济性的前提下，在产品设计中考虑环境因素，从定量和定性两个角度出发对环境因素进行研究。在电气电子领域，基于材料的生命周期评价（Life Circle Assessment，LCA）方法，已经开发出一些环境评估软件和数据库。

思考题

3-1 按分子中正负电荷的分布情况不同，电介质可以分成哪几类？试述各类的基本特性。

3-2 什么是电介质的极化？试说明电介质极化的种类及其机理。

3-3 试述弹性模量的物理意义。

3-4 试述热导率的物理意义。

3-5 绝缘材料的耐热等级（温度指数）是什么含义？对电力设备的材料选择有什么意义？

3-6 绝缘材料老化的含义是什么？

3-7 六氟化硫气体为什么具有高的耐电强度？

3-8 矿物绝缘油和植物绝缘油的主要成分分别是什么？

3-9 聚乙烯交联后，其化学结构和物理性能发生哪些变化？

3-10 请写出以下常用高分子绝缘材料的化学结构式：聚丙烯、聚四氟乙烯、天然橡胶、甲基硅橡胶。

3-11 为什么玻璃表面的电导比体内大？有什么办法可以降低表面电导？其作用机理如何？

3-12 玻璃中共存在哪几种类型的极化与损耗？试从质点运动方式、消耗能量、与频率和温度的关系等方面，对各种类型的极化与损耗加以比较。

3-13 功能陶瓷的分类、性能和应用有哪些？

3-14 什么是纳米电介质材料？纳米电介质材料的特殊效应有哪些？

3-15 什么是环境友好型电介质材料？

第4章 半导体材料

根据能带理论，固体可以分为金属导体、绝缘体和半导体，半导体是导电能力介于金属导体和绝缘体之间的固体材料。在室温下，半导体的电阻率数值范围为10^{-6}~$10^{8}\Omega\cdot m$，且电阻率值强烈的受到材料的结构和掺杂状况以及周围环境，如温度、电场、磁场、光照、压强、核辐射等的影响。从20世纪40年代开始，人们通过拉制晶体和外延生长及扩散等方法，获得了提高半导体纯度的制造技术与掺杂控制技术，使得半导体得以广泛地应用。

4.1 半导体基本特征

从能带结构看，半导体与绝缘体相似，所有的价电子数正好填满价带，其价带与导带间的禁带宽度较绝缘体要窄得多，一般在2~3eV以下；但对于宽禁带半导体，其禁带宽度可达3eV以上。

半导体电导的特点之一是电导率随温度的上升而呈指数式增大，即半导体的电阻率随温度的上升而迅速减小，具有负的温度系数，这和金属导体的情况相反。

半导体的电阻率受杂质影响显著，当改变杂质的种类和数量时，其电导特性也会有很大的变化。例如高纯锗，室温下电阻率为$0.43\Omega\cdot m$，若每2×10^{6}个锗原子中掺入一个杂质原子锑，则在室温下电阻率降为$0.9\times10^{-3}\Omega\cdot m$，减小约470倍；又如在硅晶体中，每$10^{5}$个硅原子中掺入一个杂质原子硼，则比纯硅在室温下的电导率增加10^{3}倍。当有外部光或者热的作用时，半导体的电阻率也会发生显著变化。

半导体中载流子有两种：电子和空穴。电子带负电荷，空穴带正电荷，电量均为$1.6\times10^{-19}C$。而在金属中，只有电子一种载流子。在不含杂质和缺陷的纯净理想半导体中，参与导电的电子是价电子脱离原子束缚后形成的自由电子，对应于占据导带的电子，仅在导带内运动。空穴是价电子脱离原子束缚后形成的电子空位，对应于价带中的电子跃入导带后留下的带正电的“空状态”，仅在价带内运动。

半导体的发现可以追溯到19世纪，1833年英国物理学家迈克尔·法拉第发现硫化银的电导随温度的升高而增加，这是对半导体特性的第一次描述。随后，在1839年，法国的贝克莱尔发现某种材料和电解质接触后，在光照下会产生一定电压，即光生伏特效应，这是被发现的半导体的第二个特征。1873年英国的威勒毕·史密斯发现了硒晶体材料在光照下电导增加的光电导效应。1874年德国的布劳恩观察到某些硫化物的电导与所加电场的方向有关，这就是半导体的整流效应。上述四种现象被称为半导体的四大特征。然而，由于在很长时间内材料的纯度问题不能解决，导致很多科学家认为半导体不过是在绝缘体中掺杂了一些导体杂质而已。随着材料制备技术和固体能带理论的完善，直到1911年才由考尼白格和维斯首次使用了半导体这个词汇。1947年，美国贝尔实验室发明了第一个晶体管，开启了半导体材料及应用的新纪元。

除了四大特征，半导体还具有比金属大得多的温差电效应、霍耳效应、磁阻效应、热磁效应、光磁电效应、压阻效应等物理效应。半导体的各种物理效应是实现各种半导体器件功能及应用的基础。

4.2 本征半导体和掺杂半导体

4.2.1 半导体中的载流子

1. 本征半导体中的电子和空穴

本征半导体是指没有杂质原子和缺陷的纯净半导体。本征半导体中由外场激发所产生的电子和空穴称为本征载流子。当价带中的电子受热激发跃迁入导带成为电子载流子后，就会在价带中留下一个带正电的“空状态”，即空穴载流子，这种激发过程就是本征激发。因此本征半导体中的电子和空穴是成对产生的，电子和空穴的浓度始终相等。空穴的行为类似于带正电荷的粒子，价带中空穴的运动与导带中电子的运动可以认为是等价的。

本征半导体的禁带中没有载流子可占据的能级状态，由于电子和空穴浓度相等，费米能级可以近似认为在禁带中央。本征半导体不宜用于制作半导体器件，因为制成的器件性能很不稳定。

2. 掺杂半导体中的电子和空穴

通过控制加入到半导体中的特定杂质原子及掺杂原子的数量，可改变半导体的电学特性。这种掺入一定量杂质的半导体称为掺杂半导体或非本征半导体，绝大多数半导体器件的制作都采用了掺杂半导体。掺杂原子的类型决定了主要载流子电荷是导带电子还是价带空穴，而且掺杂原子的引入改变了电子在有效能量状态上的分布，因此费米能级是杂质原子类型和浓度的函数。

如果半导体内掺入的杂质能够提供电子，这种杂质就称为施主（Doner）杂质。施主杂质向半导体的导带提供电子后成为带正电荷的原子。图 4-1 以半导体单晶 Si 中掺杂 As 原子为例，说明了施主杂质向导带提供电子的过程，以及这个过程中半导体能带结构的变化。当 Si 原子的位置被 5 价的 As 杂质占据时，由于第Ⅴ主族元素有 5 个价电子，其中 4 个与 Si 原子形成共价键，剩下的第 5 个电子则松散的束缚于 As 原子上，称为施主电子。在极低的温度下，施主电子被束缚在 As 原子上，一旦施主电子获得了少量热能就可以产生电离，脱离 As 原子的束缚，成为自由电子，并形成一个带正电的 As^+离子，As^+离子是固定不能移动的。可见 As 原子向 Si 的导带提供了电子，故称为施主杂质原子。

一般来说，施主电子仅需要很小的能量，就能摆脱原子束缚成为自由电子，而那些被共价键束缚的电子要成为自由电子，显然需要大得多的能量。图 4-1 中掺杂后半导体的禁带中出现了一个能级 E_d，被称为施主能级，它表示了施主电子的能量状态。可以看出，施主能级靠近半导体的导带底，因此施主电子电离进入导带成为载流子所需能量远远小于半导体价带中电子跃迁入导带所需的能量，也就是说远远小于本征激发

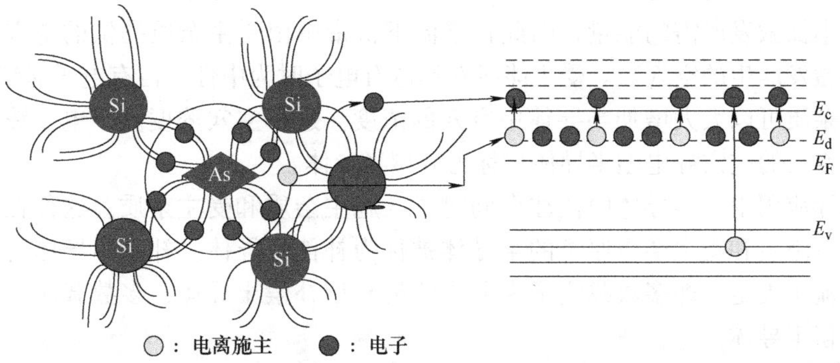

电子从施主和价带跃迁到导带。E_F处于E_d和E_c之间。

图 4-1 掺杂 As 后 Si 晶体的二维模型及其能带图

所需的能量，因此在常温下导带中由施主杂质提供的电子数要远远大于本征激发产生的电子数。施主能级在占有电子时为中性，不占有电子时带正电。

施主杂质可以大大增加半导体中电子的浓度。这种电子浓度高于空穴浓度，主要载流子为电子的电子导电型半导体被称为 n 型半导体。

如果半导体中掺入的杂质能提供空穴，这种杂质就称为受主（Acceptor）杂质。受主杂质接受电子向半导体的价带提供空穴后成为带负电荷的原子。图 4-2 以 Si 中掺杂 B 原子为例，说明了受主杂质向价带提供空穴的过程以及半导体能带结构的变化。Si 中掺入第Ⅲ主族的 B 元素时，因第Ⅲ主族元素有三个价电子，且与 Si 结合形成了共价键，那么有一个共价键的位置是悬空的。在一定温度下，相邻原子上的价电子获得能量摆脱原子束缚后可以被该悬空键位捕获，从而产生一个新的价电子的空位，即空穴。B 原子则成为带负的不能移动的 B^- 离子。可见 B 原子向 Si 的价带提供了空穴，或者说从价带中获得电子，故称为受主杂质原子。

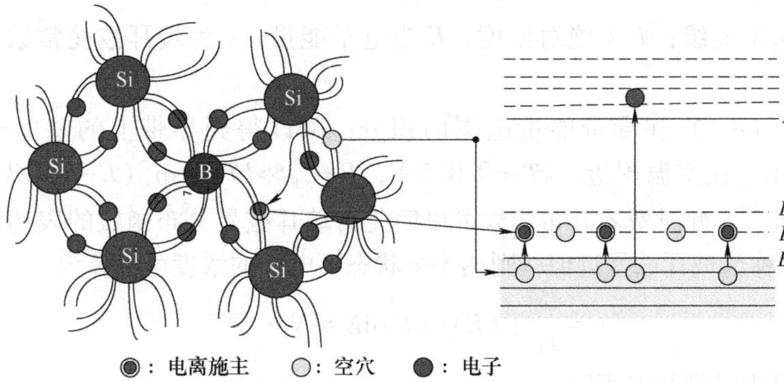

大部分空穴是由受主提供的

图 4-2 掺杂 B 后 Si 晶体的二维模型及其能带图

从图 4-2 中可以看出，掺杂受主杂质后半导体的禁带中出现了一个能级 E_a，被称为受主能级。受主能级靠近半导体的价带顶，因此价带中电子跃迁到受主能级。在价带中形成空穴所需能量远远小于半导体价带中电子跃迁入导带所需的能量，也就是说远远小于本征激发所需的能量，因此在常温下价带中由受主杂质提供的空穴数要远远大于本征激发产生的空穴数。受主能级在不占有电子时为中性，占有电子时带负电。

受主杂质可以大大增加半导体中空穴的浓度。这种空穴浓度高于电子浓度，主要载流子为空穴的空穴导电型半导体被称为 p 型半导体。

在实际应用中，半导体中往往会同时掺入施主杂质和受主杂质。这种在同一区域中同时含有施主和受主杂质原子的半导体被称为补偿半导体。补偿半导体的导电类型由多数载流子决定，即多数载流子为电子的是 n 型补偿半导体，多数载流子为空穴的是 p 型补偿半导体。

4.2.2 载流子浓度的状态分布

1. 导带中的电子浓度和价带中的空穴浓度分布

载流子的浓度指的是单位体积半导体中载流子的数目，它与状态密度函数和费米分布函数有关，是半导体的一个重要表征参数。热平衡状态下载流子的浓度为一给定值。导带中单位能级范围 $E\sim E+\mathrm{d}E$ 内电子浓度可表示为

$$\mathrm{d}n=g_{\mathrm{c}}(E)f_{\mathrm{F}}(E)\mathrm{d}E \tag{4-1}$$

式中，$g_{\mathrm{c}}(E)$ 为单位体积半导体的导带中的状态密度函数，可以认为是导带中能量 E 附近每单位能量间隔内的可以被电子占据的量子态的数目。此时导带中 $E\sim E+\mathrm{d}E$ 范围内电子状态密度为

$$g_{\mathrm{c}}(E)\mathrm{d}E=4\pi\left(\frac{2m_{\mathrm{n}}}{h^2}\right)^{3/2}(E-E_{\mathrm{c}})^{1/2}\mathrm{d}E \tag{4-2}$$

式中，m_{n} 为电子有效质量；h 为普朗克常数，$h=6.626\times10^{-34}\ \mathrm{J\cdot s}$；$E_{\mathrm{c}}$ 为导带底能量。$f_{\mathrm{F}}(E)$ 为费米-狄拉克概率分布函数表示电子占据能量为 E 的量子态的概率，电子是费米子，因此满足费米分布函数。费米-狄拉克概率分布函数可表示为

$$f_{\mathrm{F}}(E)=1/[1+\mathrm{e}^{(E-E_{\mathrm{F}})/kT}] \tag{4-3}$$

式中，E_{F} 为费米能级；T 为绝对温度；E 为电子能量，k 为玻耳兹曼常数，$k=1.38\times10^{-23}\mathrm{J/K}$。

如果将式（4-1）在导带能量范围内积分，可以得到导带上的总电子浓度，如式（4-4）所示。在室温附近，$kT\approx0.025\mathrm{eV}$，$E-E_{\mathrm{F}}\gg kT$，$\exp[(E-E_{\mathrm{F}})/kT]\gg1$，则 $f_{\mathrm{F}}(E)\approx\mathrm{e}^{-(E-E_{\mathrm{F}})/kT}$。此时费米分布函数可以简化为玻耳兹曼分布函数的表达形式，因此这种近似也被称为玻耳兹曼近似，则热平衡状态下电子的浓度可计算为

$$n=\int_{E_{\mathrm{c}}}^{\infty}g_{\mathrm{c}}(E)f_{\mathrm{F}}(E)\mathrm{d}E=N_{\mathrm{c}}\mathrm{e}^{-\frac{E_{\mathrm{c}}-E_{\mathrm{F}}}{kT}} \tag{4-4}$$

其中，N_{c} 定义为导带状态密度：

$$N_{\mathrm{c}}=2\left(\frac{2\pi m_{\mathrm{n}}kT}{h^2}\right)^{3/2} \tag{4-5}$$

可以用同样的方式计算出价带中空穴的浓度：

$$p=\int_{-\infty}^{E_{\mathrm{v}}}g_{\mathrm{v}}(E)(1-f_{\mathrm{F}}(E))\mathrm{d}E=N_{\mathrm{v}}\mathrm{e}^{-\frac{E_{\mathrm{F}}-E_{\mathrm{v}}}{kT}} \tag{4-6}$$

其中，N_v 定义为价带状态密度：

$$N_v = 2\left(\frac{2\pi m_p kT}{h^2}\right)^{3/2} \tag{4-7}$$

式中，$g_v(E)$ 是价带中的状态密度函数，E_v 是价带顶能量，m_p 为空穴有效质量。

从式（4-4）和式（4-6）可以看出，要求出热平衡状态下电子与空穴的浓度，需要确定 E_F 的位置，但将式（4-4）和式（4-6）相乘，可以得到载流子浓度乘积：

$$n_0 p_0 = N_c N_v e^{-(E_c - E_v)/kT} = 4\left(\frac{2\pi kT}{h^2}\right)^3 (m_n m_p)^{3/2} e^{-E_g/kT} \tag{4-8}$$

式中，n_0 和 p_0 分别表示热平衡状态下半导体中电子浓度和空穴浓度，E_g 是半导体的禁带宽度。可以看出，电子浓度和空穴浓度的乘积和费米能级 E_F 无关，对于给定的半导体材料，也就是说禁带宽度一定时，只与温度 T 有关，而与是否掺杂无关。不论是本征半导体还是掺杂半导体，只要是热平衡状态并满足玻耳兹曼近似，式（4-8）都可以普遍适用，也是讨论半导体实际问题时常用的关系式。

2. 本征半导体载流子浓度分布

热平衡条件下，本征半导体中导带电子的浓度和价带空穴的浓度相等，本征电子浓度和本征空穴浓度分别表示为 n_i 和 p_i，则 $n_i = p_i$，因此可简单地用 n_i 表示本征载流子浓度，则有

$$n_0 = n_i = N_c e^{\frac{-(E_c - E_{Fi})}{kT}} \tag{4-9}$$

$$p_0 = n_i = N_v e^{\frac{-(E_{Fi} - E_v)}{kT}} \tag{4-10}$$

由于 $n_0 = p_0$，则可以求解出本征费米能级的位置为

$$E_{Fi} = \frac{1}{2}(E_c + E_v) + \frac{1}{2}kT\ln\frac{N_v}{N_c} = \frac{1}{2}(E_c + E_v) + \frac{3}{4}kT\ln\frac{m_p}{m_n} \tag{4-11}$$

如果 $m_p = m_n$，则 E_{Fi} 位于禁带中央；如果 $m_p > m_n$，则稍高于禁带中央；如果 $m_p < m_n$，则稍低于禁带中央。本征费米能级 E_{Fi} 将随状态密度和有效质量的增大而移动，以保持电子和空穴的浓度相等。通常，式（4-11）右边第二项很小可忽略。则可以近似认为本征半导体的费米能级位于禁带中央。

同样，将式（4-9）的电子浓度和式（4-10）的空穴浓度相乘，可以得到本征半导体载流子浓度：

$$n_0 p_0 = N_c N_v e^{\frac{-E_g}{kT}} = n_i^2 \tag{4-12}$$

$$n_0 = p_0 = n_i = \sqrt{N_c N_v}\, e^{\frac{-E_g}{2kT}} = 2\left(\frac{2\pi kT}{h^2}\right)^{\frac{3}{2}} (m_n m_p)^{\frac{3}{4}} e^{\frac{-E_g}{2kT}} \tag{4-13}$$

从式（4-13）可以看出，对于给定的半导体材料，当温度恒定时，n_i 为定值；当温度变化时，本征载流子浓度随温度的升高而迅速增大。由于 $(kT)^{3/2}$ 项变化相对于 $e^{-E_g/2kT}$ 的变化较小，可以认为本征载流子浓度 n_i 随着温度的上升呈指数关系增加。对于不同的半导体材料，当温度一定时，禁带宽度 E_g 越大，则本征载流子浓度 n_i 就越小。

对比式（4-12）和式（4-8），同样可以说明在一定温度下，满足玻耳兹曼近似的热平衡状态下电子和空穴浓度的乘积等于该温度时本征载流子浓度的二次方。

3. 掺杂半导体中的电子和空穴浓度分布

热平衡状态下，电子浓度 n_0 和空穴浓度 p_0 的一般表达式为

$$n_0 = N_c e^{\frac{-(E_c - E_F)}{kT}} \tag{4-14}$$

$$p_0 = N_v e^{\frac{-(E_F - E_v)}{kT}} \tag{4-15}$$

由于本征载流子浓度 n_i 可表示为

$$n_i = N_c e^{\frac{-(E_c - E_{Fi})}{kT}} \tag{4-16}$$

因此

$$n_0 = n_i e^{\frac{E_F - E_{Fi}}{kT}} \tag{4-17}$$

$$p_0 = n_i e^{\frac{-(E_F - E_{Fi})}{kT}} \tag{4-18}$$

从式（4-17）和式（4-18）可以看出，温度一定时，费米能级的位置决定了掺杂半导体中电子和空穴的浓度。施主或受主杂质原子会改变半导体中电子或空穴的分布状态。由于费米能级与该分布函数相关，故掺杂也会引起费米能级的变化。如费米能级 $E_F > E_{Fi}$，则 $n_0 > n_i$，$p_0 < n_i$，$n_0 > p_0$，电子浓度大于空穴浓度，半导体为 n 型，为施主掺杂；如 $E_F < E_{Fi}$，则 $p_0 > n_i$，$n_0 < n_i$，即 $p_0 > n_0$，空穴浓度高于电子浓度，半导体为 p 型，为受主掺杂。n 型半导体中，电子为多数载流子，空穴为少数载流子；p 型半导体中，空穴为多数载流子，电子为少数载流子。

同样，掺杂半导体中电子浓度和空穴浓度的乘积同式（4-12）一样，可表示为

$$n_0 p_0 = N_c N_v e^{\frac{-E_g}{kT}} = n_i^2 \tag{4-19}$$

式（4-19）表明，在满足玻耳兹曼近似的条件下，在一定温度的热平衡条件下，n_0 和 p_0 的乘积为一常数，且与是本征半导体还是掺杂半导体无关。这是热平衡条件下半导体的一个基本公式。

4. 电中性条件下的载流子浓度计算

对于杂质完全电离的补偿半导体，其在完全电离条件下，补偿半导体的电中性条件为

$$n_0 + N_a = p_0 + N_d \tag{4-20}$$

代入 $p_0 = \dfrac{n_i^2}{n_0}$，可以得到

$$n_0 = \frac{N_d - N_a}{2} + \sqrt{\left(\frac{N_d - N_a}{2}\right)^2 + n_i^2} \tag{4-21}$$

式中，N_a 表示受主原子的浓度，N_d 表示施主原子的浓度。对于本征半导体，$N_d = N_a = 0$，$n_0 = n_i$；对于补偿半导体，当 $N_d > N_a$，即为 n 型补偿半导体；当 $N_d < N_a$，则为 p 型补偿半导体；当 $N_d = N_a$ 时，为完全补偿半导体，与本征半导体类似。通常情况下，掺杂原子的浓度都远远大于本征载流子浓度，因此在常温附近可以近似认为半导体中多子浓度为 $n_0 \approx N_d - N_a$；$p_0 = N_a - N_d$。

随着施主杂质原子的增加，导带中电子的浓度增加并大于本征载流子浓度，导带中电子和价带中本征空穴的复合概率上升，导致少数载流子空穴浓度大大降低。从

式（4-21）也可以看出，此时导带中电子浓度并不等于施主浓度与本征电子浓度之和。

此外，由于本征载流子浓度 n_i 强烈依赖于温度，故当温度升高时，式（4-17）中的 n_i^2 项开始占据主导地位，半导体的本征特性增加而非削弱。图 4-3 以施主掺杂浓度为 $5\times10^{14}cm^{-3}$ 的 Si 半导体为例，给出了电子浓度与温度的关系。

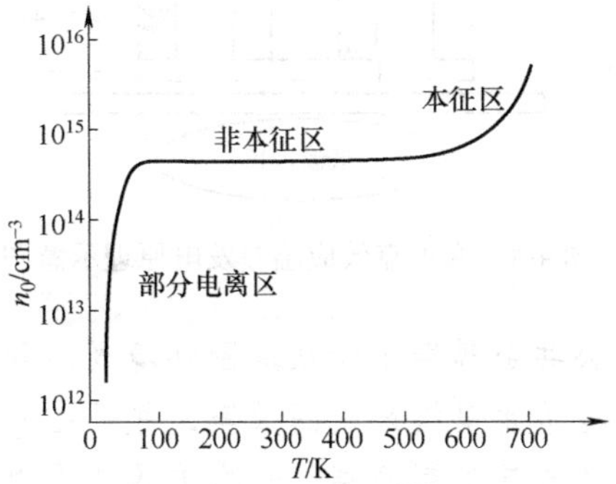

图 4-3　施主掺杂 Si 中，电子浓度与温度 T 的关系

应用实例——半导体的热电效应

当受热物体中的电子或空穴随着温度梯度由高温区往低温区移动时，会产生电流或电荷积聚的现象，称为热电效应。尽管金属导体和半导体都具有热电效应，但和金属导体不同，半导体热电效应产生的其中一个很重要的原因就是半导体材料中载流子浓度会随着温度的升高而增加，从而产生浓度扩散现象。塞贝克（Seebeck）效应和佩尔捷（Peltier）效应是两种典型的半导体热电效应。

塞贝克效应是指当两个不同的导体两端相连，形成闭合电路时，如果两个接点分别保持不同的温度，两个接点间会产生电动势从而线路中会有电流流过的现象。这种电动势称为温差电动势，也被称为塞贝克电动势。作为热电偶，这是早已熟知的现象。如果将两种不同的导体换成两种不同的半导体，例如不同掺杂浓度或类型的半导体，也同样存在塞贝克效应。如果半导体两端的温度差为 ΔT，塞贝克系数为 α，则产生的电压 V 可用下式表示：

$$V=\alpha\Delta T \tag{4-22}$$

p 型半导体和 n 型半导体的塞贝克电动势方向相反。半导体材料的塞贝克系数一般远远大于导体，可到几百 μV/K，例如 Bi_2Te_3 的塞贝克系数约为 200μV/K，因此可以作为发电元件应用，如图 4-4 所示。

佩尔捷效应是把两种不同的导体连接起来并流过电流时，在连接点处产生热量吸收或释放的现象。同样，把两种不同的半导体连接起来，也会有大的热量发生或热量吸收。假定发生热量为 Q，电流为 I，那么 Q 可表示如下：

$$Q=\Pi\cdot I \tag{4-23}$$

式中，Π 为佩尔捷系数，并且有 $\Pi=\alpha T$。显然，佩尔捷效应可以看作塞贝克效应的逆过程。佩尔捷效应可以用来制造制冷器。同样可以参考图 4-4，从 n 型半导体外接电源到公共金属电极，流动的电流引起金属接触端热吸收，同样的电流进入 p 型半导体也

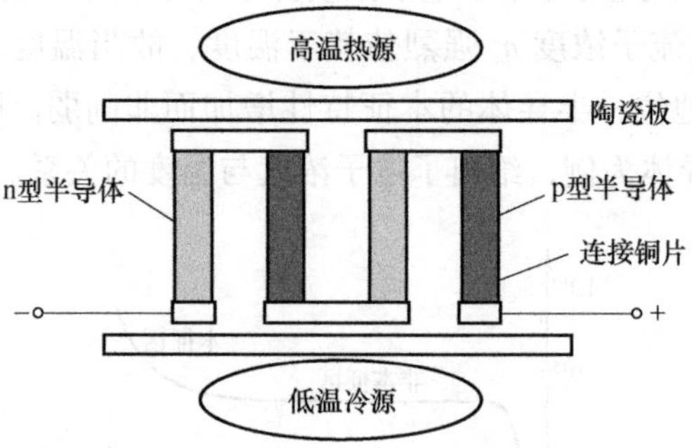

图 4-4　塞贝克效应温差发电原理示意图

引起这个接触端吸收热，公共金属端不断从周围环境吸热导致温度降低。实际的半导体制冷器通常采用上述制冷单元串接来提高效率，并且在两块半导体的另一端连接散热器，阻止热量通过半导体传导到制冷端，制冷端通常采用导热的绝缘陶瓷薄板与被冷却物体连接。

从发电和制冷器件工作原理可以看出，为了提高效率，除了半导体材料的 α 值要大，其导热系数 χ 与电阻率 ρ 要小，可以降低高低温端之间的热传导和电阻损耗。

5. 费米能级随掺杂浓度和温度的变化

在满足玻耳兹曼近似和热平衡状态的条件下，电子浓度满足式（4-14），则费米能级在禁带中的位置可以确定。

$$E_c - E_F = kT\ln\left(\frac{N_c}{n_0}\right) \tag{4-24}$$

对于 n 型半导体，假设 $N_d \gg n_i$，则 $n_0 \approx N_d$，则式（4-24）变为

$$E_c - E_F = kT\ln\left(\frac{N_c}{N_d}\right) \tag{4-25}$$

可见，随着施主杂质浓度的增加，费米能级向导带移动，导带与费米能级之间的距离减小。对于杂质补偿半导体，式（4-25）中的 N_d 由净有效施主浓度 $N_d - N_a$ 代替。

另外，根据式（4-17），对于 n 型半导体有

$$E_F - E_{Fi} = kT\ln\left(\frac{n_0}{n_i}\right) \tag{4-26}$$

根据式（4-26）可得费米能级与本征费米能级之差与施主浓度的函数关系。如果 $n_0 = n_i$，则 $E_F = E_{Fi}$，即完全补偿的杂质半导体与本征半导体的费米能级一致。对于 p 型半导体也可以推导出类似的表达式。

随着掺杂水平的提高，n 型半导体的 E_F 向导带靠近，而 p 型半导体的 E_F 向价带靠近，如图 4-5 所示。

随着温度的升高，n_i 增加，E_F 趋近于 E_{Fi}。高温下，半导体的非本征特性向本征特性转变。在极低的温度下，玻耳兹曼假设不再有效，上述公式不再适应，此时 n 型半导体的 E_F 位于 E_d 之上，p 型半导体的 E_F 位于 E_a 之下。在 0K 时，E_F 之下的所有能级都被电子填满，而 E_F 之上的全部能级均为空。

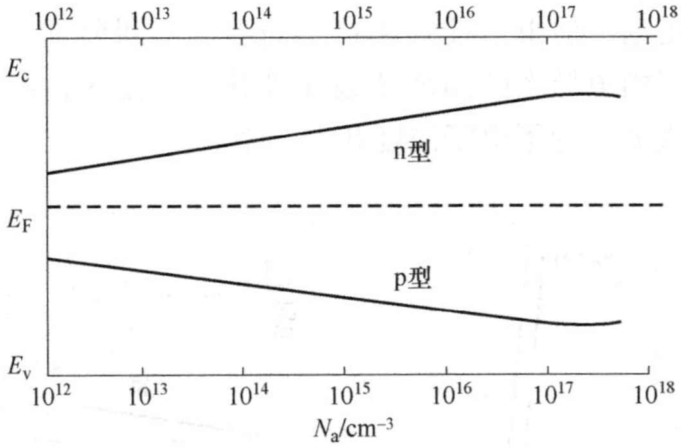

图 4-5 E_F 与掺杂浓度的关系曲线

4.3 半导体电导特性

4.3.1 载流子的迁移

半导体中的电子和空穴在外加电场力的作用下产生位移而形成电流，这种电流被称为漂移电流，其电流密度可写成

$$J=e(\mu_n n+\mu_p p)E=\sigma E \tag{4-27}$$

式中，σ 为电导率，单位是 $S \cdot m^{-1}$。σ 是载流子浓度和迁移率的函数。n 和 p 分别表示电子和空穴的浓度。μ_n 和 μ_p 分别表示电子和空穴的迁移率。

迁移率的定义为：$\mu=v/E$，表示载流子在单位电场强度作用下的迁移速率，它是半导体中的一个重要表征参数，描述了粒子在电场作用下的运动情况。

半导体中影响载流子迁移率的微观机制主要为晶格散射和电离杂质散射。晶体的理想周期性势场可允许电子在其中自由运动而不受散射。但在 $T>0K$ 时，原子在其晶格位置上作无规则的热运动，破坏了理想的势函数，使得载流子与振动的晶格原子发生相互作用，这种晶格散射也称声子散射。

定义 μ_L 为只有晶格散射时的迁移率，它是温度的函数，存在以下近似关系：

$$\mu_L \propto T^{-3/2} \tag{4-28}$$

当 T 下降时，晶格振动减弱，μ_L 将增大。

室温下，电子或空穴与电离杂质之间存在相互的库仑力作用，库仑势场会导致载流子运动方向的改变，称为电离杂质散射。定义 μ_I 为只有电离杂质散射时的迁移率，则近似有

$$\mu_I \propto \frac{T^{3/2}}{N_I} \tag{4-29}$$

其中 $N_I=N_d^+ + N_a^-$，表示电离杂质的总浓度。T 增加时，载流子热运动增强，可以较快地掠过电离杂质，受散射中心影响小，μ_I 增大。另外，N_I 越大，散射的概率就越大，μ_I 越小。

对特定掺杂浓度的半导体，可得到其载流子浓度和电导率与温度 T 的关系曲线，

如图 4-6 所示。低温区，电子浓度和电导率随 T 的下降而降低；中温区，杂质全部电离，电子浓度为一恒定值，但由于迁移率在不同温度区间分别受控于晶格散射和电离杂质散射，故在中温区内电导率随温度 T 发生变化；高温区，本征载流子浓度随着温度 T 的增大而迅速增大并主导了电子浓度和电导率。

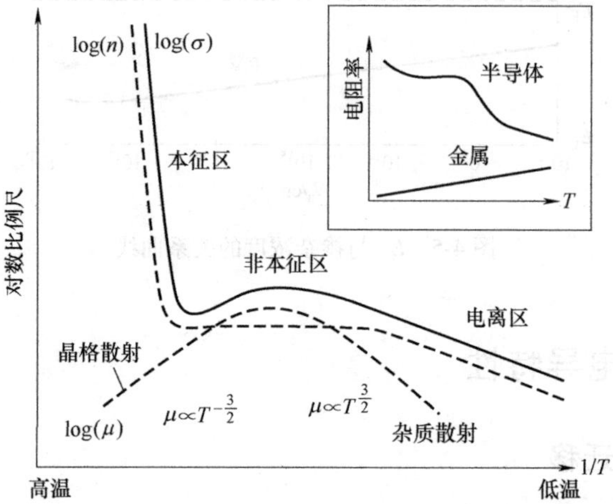

图 4-6　Si 中电子浓度和电导率随温度变化的关系曲线

除了载流子在外电场作用下的漂移运动之外，载流子还存在从高浓度区流向低浓度区的运动过程，称为扩散运动。载流子的漂移运动和扩散运动都能产生电流。因此，半导体中的总电流密度可表示为电子的漂移电流和扩散电流以及空穴的漂移电流和扩散电流之和：

$$J=en\mu_n E_x+ep\mu_p E_x+eD_n\frac{dn}{dx}-eD_p\frac{dp}{dx} \tag{4-30}$$

式中，D_n 为电子扩散系数，D_p 为空穴扩散系数，单位都为 cm^2/s。μ_n 和 μ_p 分别是电子和空穴的迁移率。

电子的迁移率描述了电子在电场作用下的运动，而扩散系数描述了电子在浓度梯度下的运动，且电子的迁移率和扩散系数是通过爱因斯坦关系相互关联：

$$\frac{D_n}{\mu_n}=\frac{D_p}{\mu_p}=\frac{kT}{e} \tag{4-31}$$

4.3.2　霍尔效应

霍尔效应（Hall effect）是美国物理学家霍尔于 1879 年在研究金属的导电机制时发现的。它是指电场和磁场对半导体中运动电荷施加力的作用而产生的效应。当电流垂直于外磁场通过半导体时，载流子发生偏转，垂直于电流和磁场的方向会产生一附加电场，从而在半导体的两端产生电势差。霍尔效应可用于判断半导体的类型，计算载流子的浓度和迁移率。

图 4-7 为霍尔效应的测量原理图。半导体中的电流为 I_x，磁场方向与电流方向垂直，沿 z 方向。半导体中的电子和空穴受到力的作用，均为 $-y$ 轴方向。对于 n 型半导

体，负电荷积累在 $y=0$ 的表面，并在 y 方向产生感应电场。达到稳定状态时，磁场力与感生电场力平衡，有

$$\begin{cases} qE_y = qv_x B_z \\ V_H = E_H W \end{cases} \tag{4-32}$$

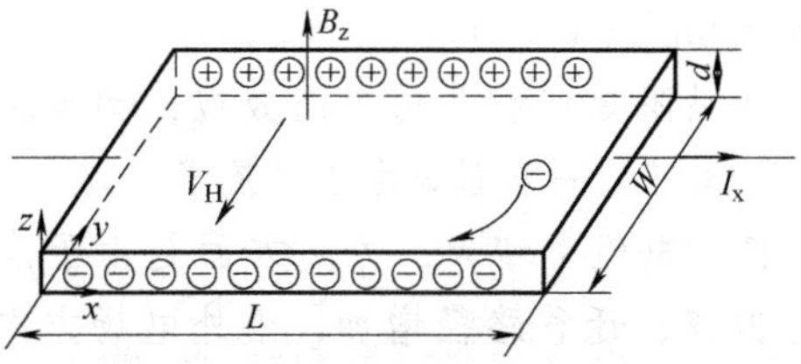

图 4-7 霍尔效应测量原理图

y 方向的感生电场即为霍尔电场，$E_y=E_H$，其在半导体内产生的电压为霍尔电压 V_H。n 型半导体的霍尔电压为负，p 型半导体的霍尔电压为正。可以从霍尔电压的正负来判断非本征半导体的导电类型是 n 型还是 p 型。

p 型半导体中的空穴迁移速度为

$$v_{dx} = \frac{J_x}{ep} = \frac{I_x}{(ep)(Wd)} \tag{4-33}$$

结合上述四式，可求得空穴的浓度为

$$p = \frac{I_x B_z}{edV_H} \tag{4-34}$$

由于 p 型半导体中，$J_x = ep\mu_p E_x$，$E_x = V_x/L$，E_x 和 V_x 是半导体两端电场强度和电压。结合上述四式，可得到空穴的迁移率为

$$\mu_p = \frac{I_x L}{epV_x Wd} \tag{4-35}$$

同理，对于 n 型半导体，其电子浓度为

$$n = -\frac{I_x B_z}{edV_H} \tag{4-36}$$

迁移率为

$$\mu_n = \frac{I_x L}{enV_x Wd} \tag{4-37}$$

应用实例——半导体的电磁效应

半导体的电磁效应包括霍尔效应和磁阻效应，两者的物理过程是互相关联的。这里的磁阻效应是指在电流垂直方向加磁场后，沿外电场方向的电流密度降低，电阻增大的现象。霍尔效应和磁阻效应都可以用来测量磁场，因此可以用于磁通计、位移计、功率计、乘法器等的用途上。霍尔元件还可用于测量电流强度，而磁流体发电机是基于等离子体的霍尔效应。

参考式（4-36），霍尔器件的输出可以表示为

$$V_H = -\frac{I_x B_z}{nqd} \tag{4-38}$$

为了提高灵敏度，应减少载流子浓度 n 和样品磁场方向厚度 d，加大 I_x，所以最好选择载流子浓度小和迁移率大的材料。常用的霍尔器件半导体材料有碲化铟、砷化铟等，前者电子迁移率可到 $7.8\mathrm{m^2/(V \cdot s)}$。

磁阻效应可以分为物理磁阻效应和几何磁阻效应，都表现为材料的电阻率随磁场增大而上升。对于物理磁阻效应，一方面是由于载流子运动中受到洛伦兹力干扰，因此散射概率增大，迁移率降低，电阻率增大；另一方面是由于洛伦兹力作用，载流子运动方向和外电场方向发生偏移，迁移路径增加，沿外电场方向载流子数目减少，从而电阻率增大。如果有磁场时的电阻率为 ρ，没有磁场时为 ρ_0，迁移率为 μ，磁感应强度为 B，那么，当磁感应强度较低时 ρ 可用下式表示：

$$\rho = \rho_0 (1 + \mu^2 B^2) \tag{4-39}$$

为了提高磁阻效应灵敏度，希望使用迁移率大的材料。

几何磁阻效应同半导体样品的形状相关。不同几何形状的样品，在相同磁场下电阻不同，这个效应就是几何磁阻效应。一个著名的几何磁阻效应就是柯宾诺（Corbino）圆盘，如图 4-8a 所示。在盘形元件的外圆周边和中心处装上电极形成辐射状电场时，磁场作用下，任何地方都不积累电荷，不产生霍尔电场，从圆盘中心流出的电流在达到周围的电极以前以螺旋状路径流通，路径大大加长，电极间的电阻大幅度增大。另一种典型几何磁阻效应如图 4-8b 所示。对于长宽比 $l/b \ll 1$ 的扁条形半导体样品，电流方向发生严重偏转，霍尔效应降低，电流路径增大，电阻也明显上升。

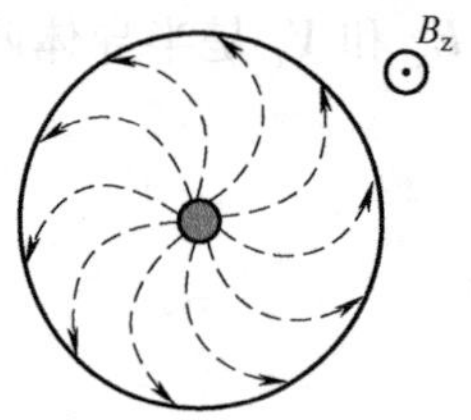

a) 柯宾诺圆盘结构

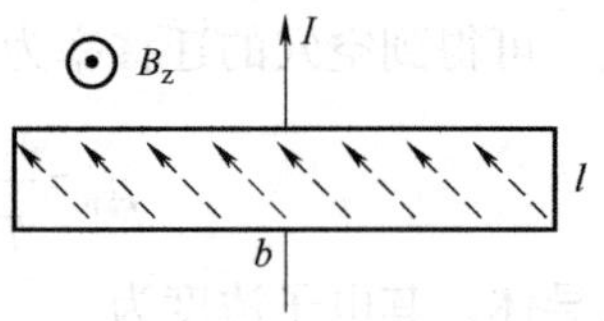

b) 长方形样品 $l/b \ll 1$

图 4-8　几何磁阻效应示意图

利用半导体磁阻效应，可以制备磁敏电阻，相比霍尔器件，结构更简单，灵敏度更高。

4.3.3　非平衡过剩载流子运动

如果半导体受到外部的激励，则在热平衡浓度之外，还会在导带和价带中分别产生过剩的电子和空穴，称为非平衡过剩载流子。任何热平衡状态的偏离，都可能导致非平衡载流子的产生。

1. 过剩载流子的产生与复合

热平衡状态下，电子不断受到热激发从价带跃入导带，产生电子-空穴对。同时，

导带中的电子靠近空穴时，也可能落入空穴，导致电子-空穴的复合。由于热平衡条件下的净载流子浓度与时间无关，故电子和空穴的产生率等于其复合率。

非平衡条件下，导带中的电子浓度和价带中的空穴浓度将高于热平衡时的值。可以写为

$$n=n_0+\delta n \tag{4-40}$$

$$p=p_0+\delta p \tag{4-41}$$

式中，n_0 和 p_0 分别为热平衡条件下电子和空穴的浓度，δn 和 δp 为过剩电子和过剩空穴浓度。显然：$np\neq n_0p_0=n_i^2$。

过剩载流子产生的同时也会导致复合。由于过剩电子和空穴是成对产生与复合的，因此有 $\delta n(t)=\delta p(t)$。当过剩载流子的浓度远小于热平衡多数载流子的浓度时，过剩少数载流子将随时间而衰减，有

$$\delta n(t)=\delta n(0)\mathrm{e}^{-t/\tau_{n0}} \tag{4-42}$$

式中，τ_{n0}代表复合发生前的平均时间，称为过剩少数载流子的寿命。

2. 过剩载流子的寿命

对于理想半导体，禁带中不存在电子能态。但在实际的半导体材料中，晶体存在缺陷而破坏了完整的周期性势函数。在缺陷密度不太大的条件下，就会在禁带中产生分立的电子能态。

假设在禁带中存在一个独立的复合中心（陷阱），它俘获电子和空穴的概率相同，该单一的陷阱可能存在四个基本过程：①电子的俘获，即导带中的电子被一个陷阱俘获；②电子的发射，陷阱能级中心电子被发射回导带；③空穴的俘获，价带中的空穴被包含电子的陷阱俘获或陷阱中心电子发射到价带；④空穴的发射，中性陷阱将空穴发射到价带中，或陷阱从价带中俘获电子。如图 4-9 所示。

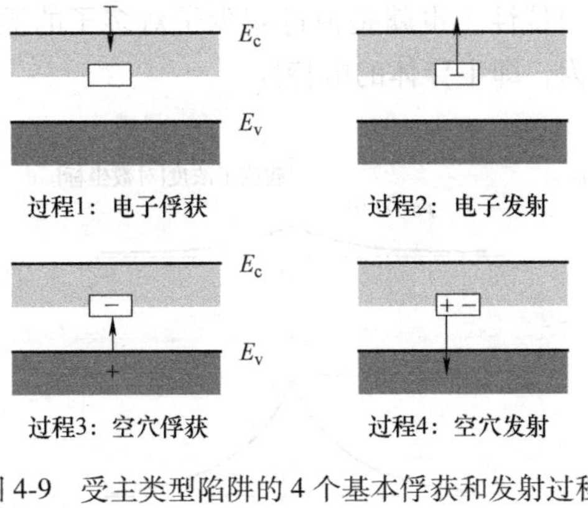

图 4-9　受主类型陷阱的 4 个基本俘获和发射过程

热平衡条件下，导带中的电子被陷阱俘获的概率与导带中的电子浓度和空陷阱的浓度分别成比例，且与电子被发射回导带的概率相等。一般而言，非本征半导体材料小注入时（$\delta p\ll n_0$，或 $\delta n\ll p_0$），过剩载流子寿命可归纳为少子的寿命。若陷阱浓度增加，则过剩载流子的复合概率增加，少子寿命降低。当材料由非本征变为本征时，与过剩少子复合的有效多子的数量减少，少子寿命增加。

3. 过剩载流子的输运

过剩载流子的输运包括在电场作用下的漂移运动和热导致的扩散运动，同时由于材料内部或表面存在杂质、陷阱等原因会发生过剩载流子的复合。在热平衡条件下，半导体的电中性条件是过剩少子浓度等于过剩多子浓度。在半导体中，过剩电子与空穴并不是相互独立运动的，它们具有相同的迁移率、扩散系数和寿命。这种过剩电子和过剩空穴以同一个等效的迁移率或扩散系数共同漂移或扩散的现象称为双极输运过程。

过剩载流子的运动规律可由电流连续性方程来描述。当漂移和扩散同时存在时，在一维情况下过剩电子和空穴的连续性方程可表示为

$$\frac{\partial n}{\partial t}=\mu_{e}E\frac{\partial n}{\partial x}+\mu_{e}n\frac{\partial E}{\partial x}+D_{e}\frac{\partial^{2}n}{\partial x^{2}}+g_{e}-\frac{n-n_{0}}{\tau_{e}} \tag{4-43}$$

$$\frac{\partial p}{\partial t}=-\mu_{h}E\frac{\partial p}{\partial x}-\mu_{h}p\frac{\partial E}{\partial x}+D_{h}\frac{\partial^{2}p}{\partial x^{2}}+g_{h}-\frac{p-p_{0}}{\tau_{h}} \tag{4-44}$$

式中，E 是电场强度，τ_e 和 τ_h 是过剩电子和空穴的寿命，g_e 和 g_h 是单位时间单位体积内产生的电子和空穴。等式右边前两项是由漂移运动产生的单位时间单位体积电子或空穴的积累，第三项是由于扩散运动产生的单位时间单位体积电子或空穴的积累，第五项是小注入时单位时间单位体积中复合消失的电子或空穴。

通过求解连续性方程，可以得到过剩电子和空穴浓度。如图 4-10 所示，在一块均匀的 p 型半导体中，在 $x=0$ 处给一个脉冲激励（例如光照等）产生非平衡过剩电子和空穴，设 $\delta n(0) \ll p_0$。激励消失后，在无电场的情况下，可以通过求解连续性方程得到稳定状态时过剩电子和空穴的浓度分布。稳态时过剩多子和过剩少子的浓度都呈指数衰减，且具有相同的扩散长度。可以看出，小注入时，其中多子空穴的总浓度几乎没有改变，但少子浓度将有几个数量级的变化。此时，过剩电子和空穴的共同迁移与扩散运动主要取决于少子的特性，也就是说过剩少子对多子的漂移具有牵引作用，过剩少子参数决定了多子行为，即半导体的电特性。

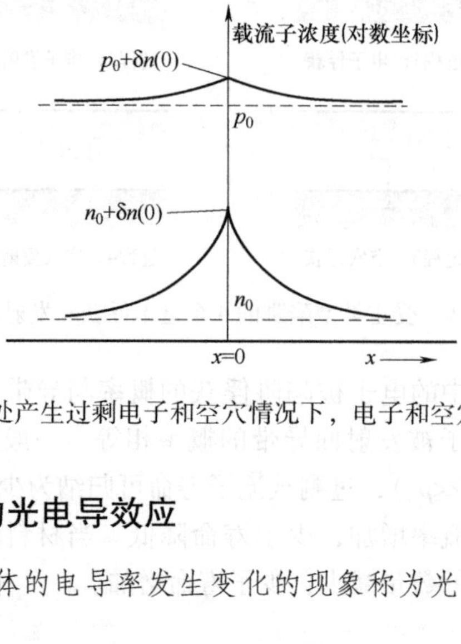

图 4-10 在 $x=0$ 处产生过剩电子和空穴情况下，电子和空穴的稳态浓度分布

应用实例——半导体的光电导效应

光照在物体上，使物体的电导率发生变化的现象称为光电导效应。本征半导体和

掺杂半导体都可以产生光电导效应，称为本征光电导和杂质光电导，如图 4-11 所示。光电导效应应用于光敏电阻的制造，而光敏电阻常用于光控电路的设计，例如可根据环境光线变化实现对照明光亮度的控制；也可用于光控开关，如暗激发继电器开关电路。

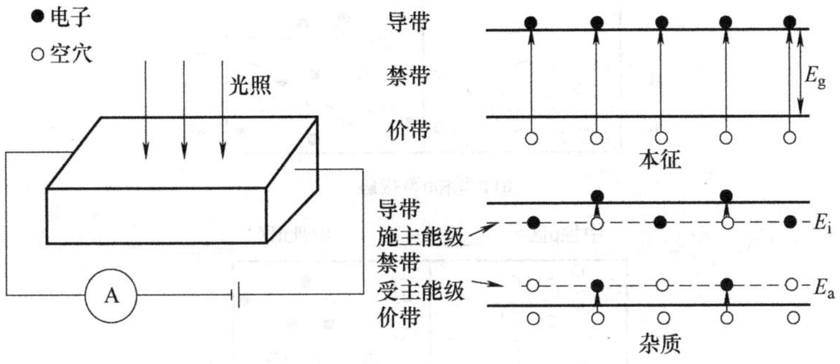

a) 实验原理　　b) 能带模型

图 4-11　光电导效应

在光电导效应下，如果没有光照射时半导体的电导率 σ 为

$$\sigma=q(n\mu_n+p\mu_p) \tag{4-45}$$

如果由于光照射，电子和空穴分别产生 Δn 和 Δp，那么电导率 σ_{ph} 为

$$\sigma_{ph}=q[(n+\Delta n)\mu_n+(p+\Delta p)\mu_p] \tag{4-46}$$

假定 $n\leqslant\Delta n$，$p\leqslant\Delta n$，把光照射到加电压的半导体上，就会产生与照射光强成比例的电流，从而就能检测光强。

4.4 p-n 结和金属-半导体接触

4.4.1 p-n 结

近 20 年里光电子和光电子器件得到巨大的发展，产生了半导体激光器、光探测器、太阳能电池等新型器件，这些器件都是基于 p-n 结原理。因此了解 p-n 结的基本原理对于理解相关器件的工作原理十分重要。

1. 无偏压开路状态

当半导体一边 n 型掺杂，另一边为 p 型掺杂时，在 n 区与 p 区间形成一个不连续的突变，称为冶金结 M。如图 4-12 所示，当 As 掺杂（浓度 N_d）的 n 型 Si 和 B 掺杂（浓度 N_a）的 p 型 Si 接触时，由于从 p 到 n 存在空穴（h^+）的浓度梯度，空穴向右扩散与 n 区电子复合；同理，电子 e^- 向左扩散，与 p 区的空穴复合。因此在结附近的 n 区一侧，电子离开后留下带正电的施主离子（As^+），形成一个正的空间电荷区；而 p 区一侧，空穴离开后留下带负电的受主离子（B^-），形成一个负的空间电荷区，并同时产生一个从 n 区指向 p 区的内建电场。内建电场引起了载流子的漂移，电子和空穴的漂移方向同它们各自的扩散方向相反，内建电场阻碍了电子和空穴的继续扩散。内建电场随空间电荷区的扩展逐渐增大，在无外加电压的情况下，载流子的扩散和漂移最终将达到动态平衡。此时，电子和空穴的扩散电流和各自的漂移电流方向相反，大小相等而互相抵消，正、负空间电荷数量一定，空间电荷区不再扩展，就形成了热平衡状态下的 p-n 结（冶金结）。p-n 结的空间电荷区也被称为耗尽区。

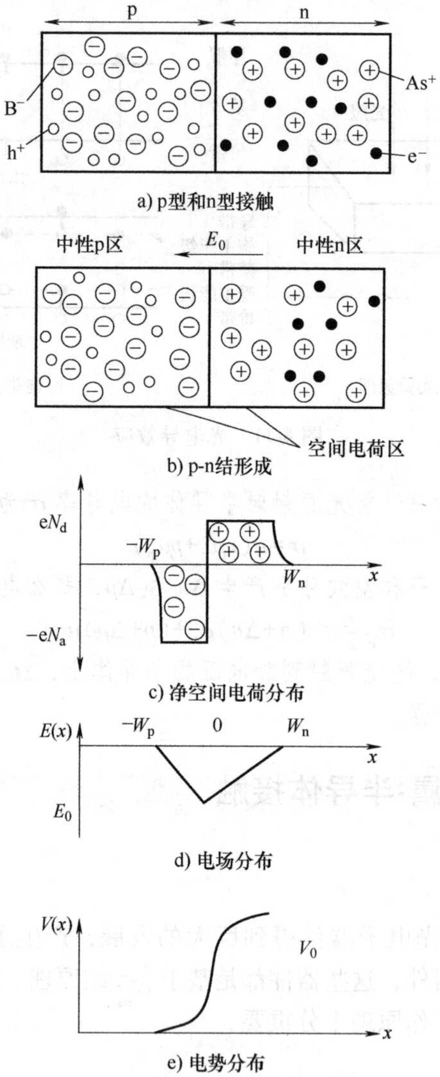

图 4-12　p-n 结的性质

图 4-12c 表示了 p-n 结形成后空间电荷区内的净空间电荷分布。由于半导体为电中性，则有

$$N_a W_p = N_d W_n \tag{4-47}$$

如果 $N_d<N_a$，则有 $W_p<W_n$，即轻掺杂半导体一侧的空间电荷区宽度更大。空间电荷区的电场强度可以根据电荷密度求得

$$E_x = \frac{1}{\varepsilon}\int_{-W_p}^{x} \rho_{net}(x)\,dx \tag{4-48}$$

图 4-12d 表示了 p-n 结形成后空间电荷区内的内建电场强度分布，电场强度是空间位置 x 的线性函数，在 p、n 突变处最大。根据电场强度分布，可以求得 p-n 结空间电荷区的电势分布，如图 4-12e 所示。p-n 结两端的电势差，即内建电势差 V_0 可表示为

$$V_0=\frac{kT}{e}\ln\frac{N_aN_d}{n_i^2} \tag{4-49}$$

则耗尽区宽度为

$$W_0=\left[\frac{2\varepsilon(N_a+N_d)V_0}{eN_aN_d}\right]^{1/2} \tag{4-50}$$

可见：$W_0\propto V_0^{1/2}$，说明耗尽区宽度将依赖于电压。

平衡 p-n 结的情况也可以用能带图表示。图 4-13 给出了开路时 p-n 结能带图。热平衡时，E_F 必须是连续的，p-n 结区没有净电荷流过，因此 n 区、p 区和 p-n 结（M）的 E_F 必须一致，即 $E_{Fn}=E_{Fp}$。因此 E_{Fn} 随着 n 区能带下移，E_{Fp} 随着 p 区能带上移，且 E_c-E_v 保持不变，在 p-n 结中导致了 E_c 和 E_v 的弯曲，直到费米能级统一。此时导带上 n 区的电子须越过 eV_0 的势垒才能到达 p 区，V_0 为内建电势。因此 p-n 结空间电荷区也称为势垒区。

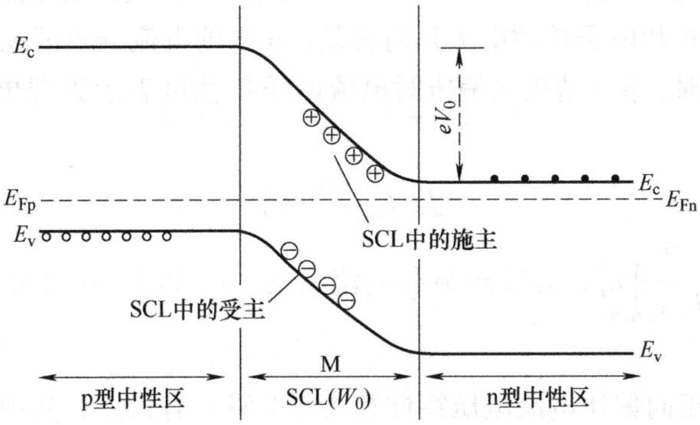

图 4-13　开路时的 p-n 结能带

2. 正向偏压电流

如图 4-14a 所示，当外施一个电压 V，正极与 p 区相连，负极与 n 区相连时，外施电压与内建电势方向相反，有效地减少了内建电势，因而更多的空穴可以扩散越过耗尽区进入 n 区，而过剩的电子也可更多的扩散进入 p 区，这导致了非平衡过剩少数载流子的注入。电压和注入到 n 区的过剩空穴数目间关系可以通过下式表达：

$$p_n(0)=p_{n0}e^{\frac{eV}{kT}} \tag{4-51}$$

式（4-51）称为结定律。显然 $V=0$ 时，$p_n(0)=p_{n0}$。图 4-14a 显示了正向偏压条件下的载流子浓度分布曲线。注入到 n 区的空穴边扩散边和 n 区的电子复合，注入到 p 区的电子边扩散边与 p 区的空穴复合，而 n 区的电子和 p 区的空穴可通过电源来补充，使得扩散电流得以维持。

图 4-14b 是理想情况下 p-n 结正向偏压时少子电流和多子电流的分布，流过 p-n 结任何截面的电流都是相同的，为少子电流 J_e 和多子电流 J_h 之和，是一个定值。在 p

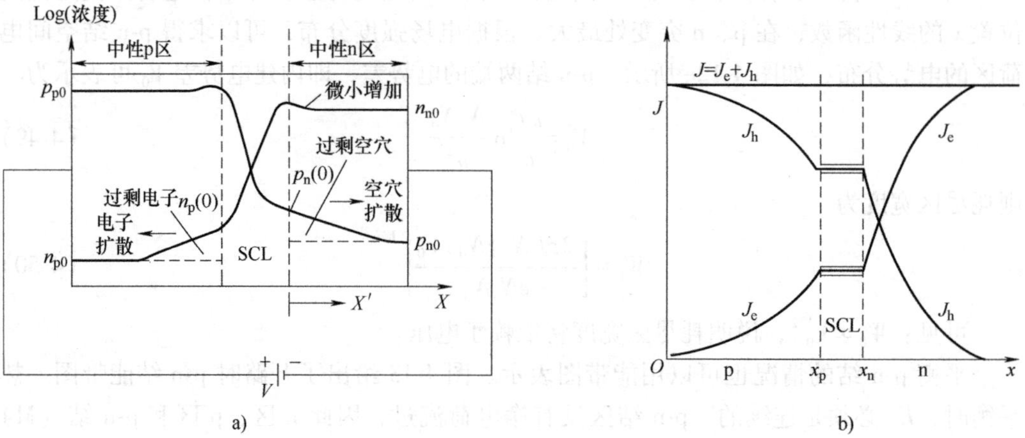

图 4-14　p-n 结器件在正向偏压条件下的载流子浓度曲线

区，J_e 是从 n 区注入的少子空穴引起的扩散电流，J_h 是由从 p 区内部向耗尽层边缘 x_p 漂移的多子空穴引起的电流，其中一部分空穴漂移到耗尽层后作为少子注入到 n 区，另一部分空穴和从耗尽层边缘注入的电子不断复合，直到注入的电子完全消耗，因此这部分空穴电流分布和电子扩散电流是对称的。n 区的电流分布情况也是如此。不考虑耗尽区载流子复合时，p-n 结正向偏压时电流电压特性可表示为理想二极管（肖克利）公式：

$$J=J_{s0}\left[\mathrm{e}^{\frac{eV}{kT}}-1\right] \tag{4-52}$$

其中，$J_{s0}=\left(\dfrac{eD_h}{L_hN_d}+\dfrac{eD_e}{L_eN_a}\right)n_i^2$，为反向饱和电流密度。$L_h$ 和 L_e 分别为空穴和电子的扩散长度。

实际的 p-n 结正向偏压电流电压特性和式（4-54）有偏差，其中一个重要原因是通过耗尽区注入的电子和空穴在耗尽区会发生复合，产生一个正向电流，被称为势垒区复合电流。因此总电流在 $V>kT/e$ 的条件下，可表示为

$$J=J_{s0}\mathrm{e}^{\frac{eV}{kT}}+J_{r0}\mathrm{e}^{\frac{eV}{2kT}}\approx J_0\mathrm{e}^{\frac{eV}{\eta kT}} \tag{4-53}$$

式中，η 被称为二极管理想因子，通常在 1~2 之间。

正向偏压时 p-n 结能带如图 4-15 所示。由于耗尽层内载流子浓度很小电阻大，因此外加电压主要降落在耗尽层，产生的电场和内建电场方向相反，势垒区电场强度降低，宽度减少，势垒高度从 eV_0 下降到 $e(V_0-V)$。此时，p 型半导体和 n 型半导体的费米能级不再统一，电子的准费米能级 E_{Fn} 大于空穴的准费米能级 E_{Fp}。

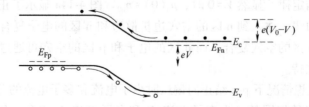

图 4-15　p-n 结正向偏压时的能带图

3. 反向偏压电流

如图 4-16 所示，施加反向偏压 V_r 时，外加电压产生的电场和内建电场方向一致，势垒区宽度增加，内建电势增大。此时虽然 p 区耗尽层边缘的电子被耗尽层的电场驱向 n 区，和 p 区内部的电子产生浓度梯度从而产生电子扩散电流，但 p 区电子为少子，浓度非常低，即使反向偏压足够大，p 区耗尽层边缘的电子浓度降到零，形成的少子浓度梯度仍然很小，且不再随电压的增加而变化，此时少子扩散电流趋于饱和。n 区的空穴扩散电流也是如此。因此在反向偏压下，p-n 结的电流非常小而且随电压增大而趋于饱和。此时的反向偏压的电流电压特性可以用式（4-54）描述，当 eV_r 远大于 k_BT 时，反向电流就等于反向饱和电流，它和材料的性能参数有关，并强烈地依赖于温度，但同外加电压无关。

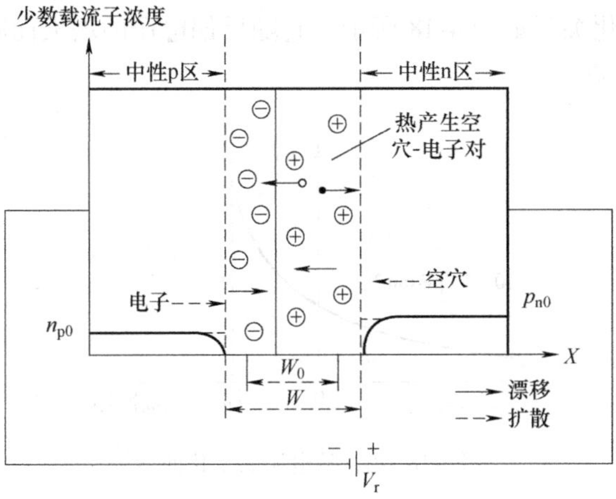

图 4-16　少数载流子分布和反向电流起源

除了少子扩散电流，势垒区的热生电子-空穴对的分离也会产生电流。如图 4-16 所示，由于反向偏压耗尽层有很高的电场强度，在耗尽层中由于热激发产生的电子-空穴对来不及复合就被强电场分离成为载流子，从而形成一个反向电流。这种势垒区热生电子-空穴对电流对 p-n 结反偏电流电压特性的影响也可以用公式（4-55）来描述。

反向偏压时 p-n 结能带如图 4-17 所示。反偏电压产生的电场和内建电场方向相同，势垒区电场强度增大，宽度增加，势垒高度从 eV_0 上升到 $e(V_0+V)$。此时，p 型半导体和 n 型半导体的费米能级也不再统一，电子的准费米能级 E_{Fn} 小于空穴的准费米能级 E_{Fp}。

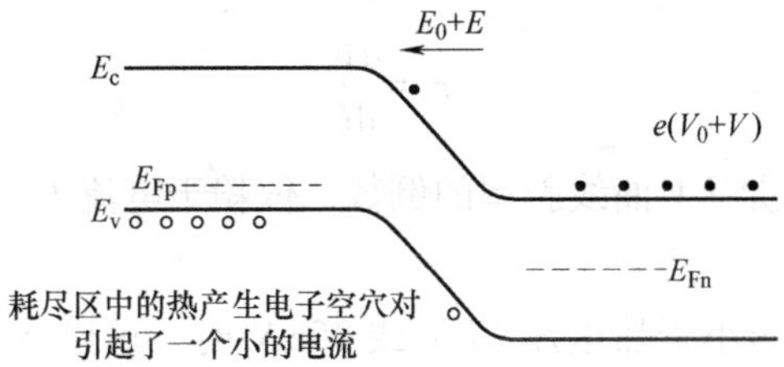

图 4-17　反向偏压时 p-n 结能带

4. 耗尽层电容、扩散电容和动态电阻

(1) 耗尽层电容

p-n 结的耗尽层宽度表示为

$$W=\left[\frac{2\varepsilon(N_a+N_d)(V_0-V)}{eN_aN_d}\right]^{1/2} \tag{4-54}$$

当外加电压 V 变化到 $V+dV$ 时，W 也变化，耗尽区的电荷变为 $Q+dQ$。耗尽层电容定义为：$C_{dep}=\left|\frac{dQ}{dV}\right|$，由于 $|Q|=eN_dW_nA=eN_aW_pA$，且 $W=W_n+W_p$，得到耗尽层电容的表达式为

$$C_{dep}=\frac{\varepsilon A}{W}=\frac{A}{(V_0-V)^{1/2}}\left[\frac{e\varepsilon N_aN_d}{2(N_a+N_d)}\right]^{1/2} \tag{4-55}$$

C_{dep} 随电压的变化关系如图 4-18 所示，它随反偏电压的增大而减小，而且在反偏压和正偏压条件下都存在。

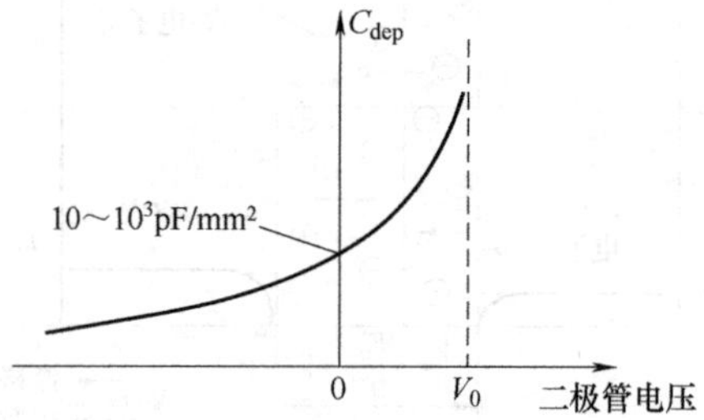

图 4-18　C_{dep} 随电压的变化曲线

(2) 扩散电容

只在正偏的条件下产生。当 p-n 结正向偏置时，n 区会通过少子的注入和扩散存储正电荷，如图 4-19 所示。当 V 的微小增量 dV 引起附加的少子电荷 dQ 注入 n 区，则扩散电容为

$$C_{diff}=\frac{dQ}{dV}\approx\frac{\tau_h I}{25} \tag{4-56}$$

式中，τ_h 为少子空穴的寿命，I 为二极管的电流。一般扩散电容值在 nF 范围，远大于耗尽层的电容。

(3) 动态电阻

动态电阻的定义为

$$r_d=\frac{dV}{dI} \tag{4-57}$$

如图 4-20 所示，r_d 是 I-V 曲线斜率的倒数，依赖于电流 I，它将二极管电流和电压变化关联起来。

当室温下正向偏电压小于热电压 kT/e 或 25mV 时，可以认为 r_d 和 C_{diff} 决定了正偏条件下对交流小信号的响应，可简单认为一个正偏二极管是 r_d 和 C_{diff} 的并联。

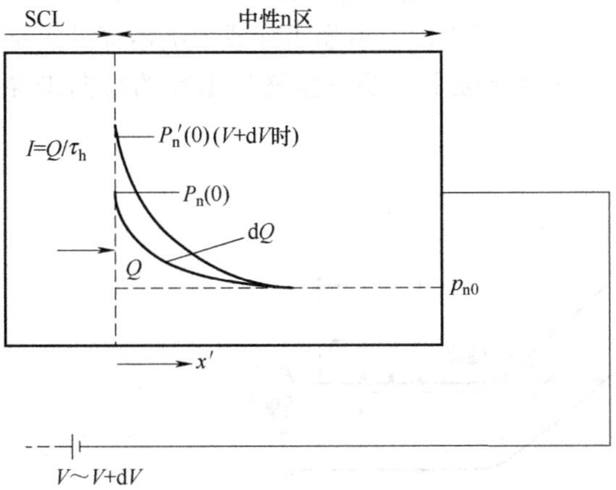

图 4-19 正向偏压条件下的扩散电容

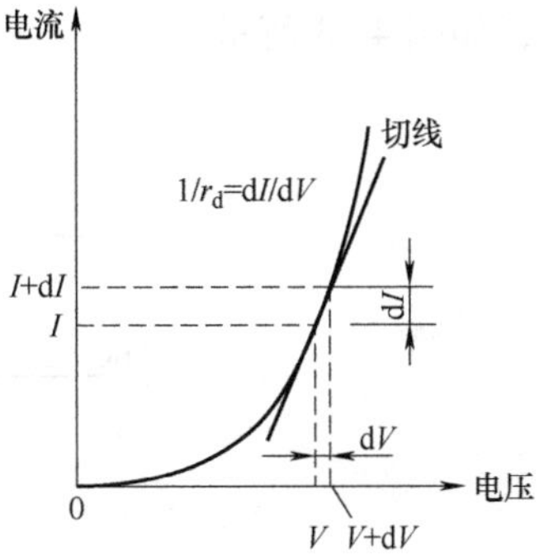

图 4-20 动态电阻的定义

5. 反向击穿

随着反向电压的增加，p-n 结最终会以雪崩机制或齐纳机制发生击穿，在 $V=V_{br}$ 附近导致很大的反向电流。

（1）雪崩击穿

反向电压的升高使得耗尽区中的电场大幅增加，在耗尽区中的漂移电子可从电场获得足够的能量，并轰击其他原子使其发生电离的现象称为碰撞电离。加速的电子必须至少得到一个等于禁带宽度 E_g 的能量，通过碰撞电离产生额外的电子-空穴对。碰撞电离产生的电子空穴对自身也可能被电场加速并连续发生碰撞电离。如此产生雪崩效应，如图 4-21 所示。

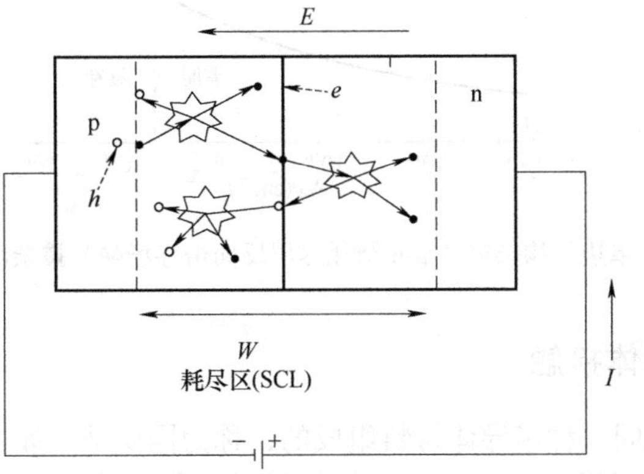

图 4-21 碰撞电离引起的雪崩击穿

（2）齐纳击穿

重掺杂的 p-n 结耗尽层较窄，因此耗尽区电场强度较大。如图 4-22 所示，一定的反偏电压下，n 区的导带底 E_c 可能会低于 p 区的价带顶 E_v，则 p 区价带顶的电子与 n 区导带在一个相同的能级上。如果价带和导带间隔 a（$a<W$）很窄，则电子容易从 p 区

的价带通过隧道效应到达 n 区，同时产生大的电流，这个过程称为“齐纳效应”。在一个单边重掺杂（p^+n 或 pn^+）的突变结中，耗尽层内发生雪崩击穿或齐纳击穿的击穿电场 E_{br} 依赖于轻掺杂一边的杂质浓度 N_d。在高场强下主要发生隧道击穿的反向击穿方式，如图 4-23 所示。

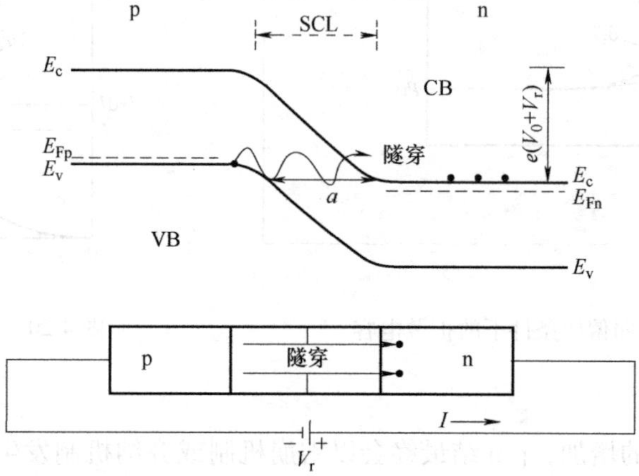

图 4-22　反偏 p-n 结齐纳击穿物理机理

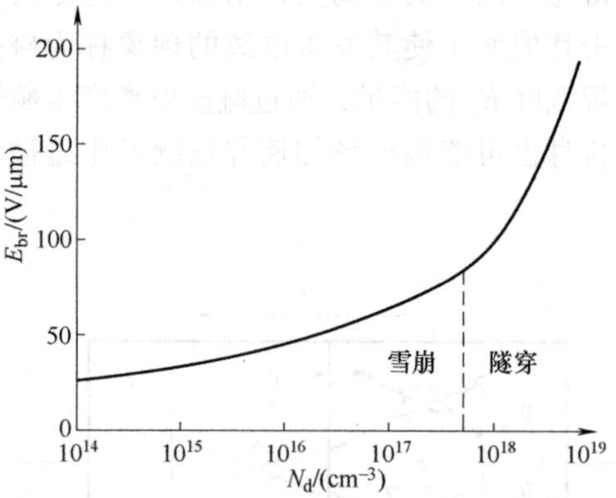

图 4-23　单边轻掺杂突变 p-n 结耗尽层反向击穿场强与掺杂浓度的关系

4.4.2　金属-半导体接触

前述 p-n 结是由同一种半导体材料组成的，称为同质结。如果二极管的结是由不同材料组成的，则称为异质结。金属-半导体接触是一种异质结，也可形成具有整流效应的二极管。

金属和 n 型半导体接触前的理想能带如图 4-24a 所示，其中真空能级作为参考能级，Φ_m 和 Φ_s 分别为金属和半导体的功函数，$\Phi_m>\Phi_s$，χ 为电子亲和势。接触前，半导体的费米能级高于金属的费米能级，接触后半导体的电子流向金属，直到两边的费米能级一致，半导体中形成带正电的空间电荷区，也就是耗尽层，如图 4-24b 示。图中 $\Phi_{B0}=\Phi_m-\chi$ 是金属中电子向半导体中移动所需要克服的势垒，即肖特基势垒。$V_{bi}=\Phi_{B0}-\Phi_n$

为内建电势，是半导体导带中的电子移动到金属中所需要克服的势垒。

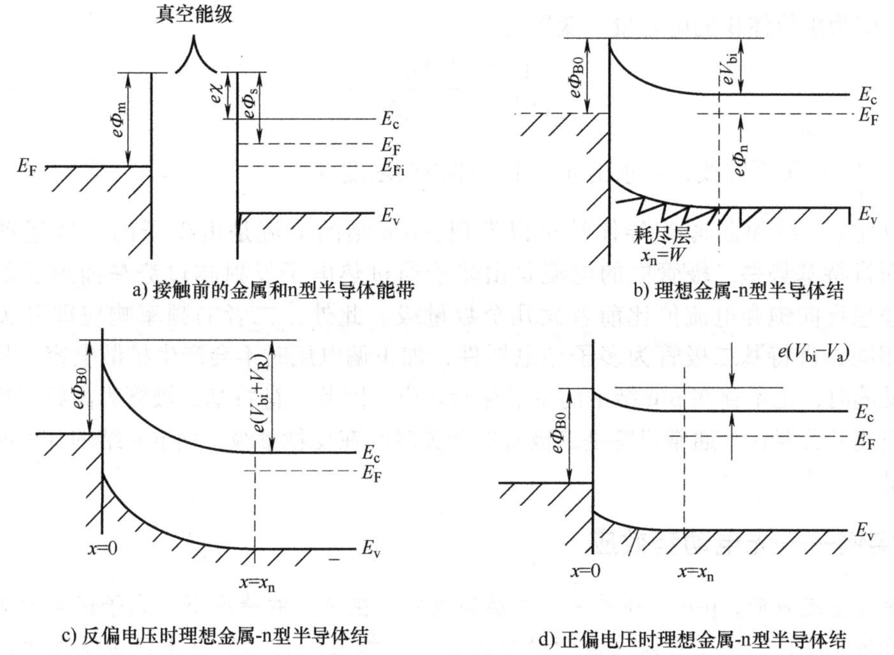

a) 接触前的金属和n型半导体能带　b) 理想金属-n型半导体结

c) 反偏电压时理想金属-n型半导体结　d) 正偏电压时理想金属-n型半导体结

图 4-24　金属-半导体接触能带图

施加一个直流偏压，如果半导体为正极，则形成反偏，半导体-金属势垒变大，Φ_{B0}不变。如金属为正电极，则势垒高度减小，Φ_{B0}依然不变，形成正偏，此时由于内建电势差减小，电子从半导体流向金属。反偏和正偏的能带图如图 4-24c、d 所示。

从图 4-24 可以看出，p-n 结中电流取决于少子，而金属-半导体中的电流取决于多子，其基本过程为电子运动通过势垒，可用热电子发射理论解释，电流密度可表示为

$$J=J_{sT}\left[e^{\frac{eV_a}{kT}}-1\right] \tag{4-58}$$

J_{sT}为反向饱和电流密度：

$$J_{sT}=A^*T^2e^{\frac{-e\phi_{Bn}}{kT}}=A^*T^2e^{\frac{-e\phi_{B0}}{kT}}e^{\frac{e\Delta\phi}{kT}} \tag{4-59}$$

这里 $\Phi_{Bn}=\Phi_{B0}-\Delta\Phi$，在电场作用下产生了肖特基效应，肖特基势垒 Φ_{B0}受到镜像力的影响降低了 $\Delta\phi=\sqrt{eE/4\pi\varepsilon_s}$。同时势垒高度还受到表面态的影响。从式（4-55）可以看出，同 p-n 结类似，金属-半导体结也具有单向导电性，正偏时电流是正偏电压 V_a 的指数函数。

采用与 p-n 结类似的方法可求得半导体中耗尽层宽度为

$$W=x_n=\left[\frac{2\varepsilon_s(V_{bi}+V_R)}{eN_d}\right]^{1/2} \tag{4-60}$$

结电容为

$$C' = eN_d \frac{dx_n}{dV_R} = \left[\frac{e\varepsilon_s N_d}{2(V_{bi}+V_R)} \right]^{1/2} \tag{4-61}$$

其中，C'为单位体积的电容量，变形为

$$\left(\frac{1}{C'}\right)^2 = \frac{2(V_{bi}+V_R)}{e\varepsilon_s N_d} \tag{4-62}$$

通过$\left(\frac{1}{C'}\right)^2$-$V_R$关系曲线，可求出 n 型半导体掺杂浓度 N_d。

对比 p-n 结和金属-半导体结可以发现，p-n 结的电流是由少子的扩散运动决定的，而肖特基势垒二极管中的电流是由多子通过热电子发射越过势垒而形成的。后者的理想反向饱和电流值比前者大几个数量级。此外，二者的频率响应即开关特性也不相同，肖特基二极管为多子导电器件，加正偏电压时不会产生扩散电容，从正偏转向反偏时，也不存在 p-n 结中的少子存储效应。因此，肖特基二极管为高频器件，可用于快速开关器件。通常肖特基二极管的开关时间在皮秒量级，而 p-n 结的开关时间在纳秒量级。

应用实例——光电动势效应

除了整流效应，p-n 结还具有光电动势效应。在光照的情况下，光子能量大于半导体的禁带宽度，则电子可以从价带激发到导带。如果用具有能量比禁带宽度大的光照射半导体 p-n 结或肖特基结，则光生电子和空穴因为结处电场作用而分开在结两端产生电压。这种由光照射而产生电动势的现象称作光电动势效应（Photoelectromotive force effect）。

在有光照时，无外加偏压时的理想状态下的二极管电流与电压特性可用下式表示：

$$I_{\text{理想}} = I_d - I_{ph} = I_0(e^{\frac{qV}{nkT}} - 1) - I_{ph} \tag{4-63}$$

式中，I_{ph}为光生电流，I_d 是由于半导体两端产生的光生电压 V 而导致的二极管电流，光生电压 V 的极性同 p-n 结内电场相反，相当于给了一个正向偏压，n 是二极管理想因子，一般在1~2 之间。

图 4-25 给出了光照射时和无光照射时二极管的电流与电压特性。可以看出，利用光电动势效应的太阳能电池，工作在第四象限。以检测光为目的的光电二极管，因为是使用反向偏压，所以在同图的第三象限内进行工作。而理想状态的太阳能电池可以看作是一个电流源和二极管的并联。半导体及 p-n 结吸收光子后产生电子-空穴对；p-n 结内部和边缘的电子和空穴在内建电场作用下向相反的方向漂移从而互相分离，p 区和 n 区产生的电子和空穴也不断扩散到 p-n 结边缘并被分离；分离的电子和空穴分别聚集在电池两端产生电势；电池两端通过负载连接，输出电能。

图 4-26 给出了太阳能电池的输出伏安特性曲线，其中，V_{oc}和 I_{sc}分别为开路电压和短路电流，V_{mp}和 I_{mp}分别为最大输出功率时的电压和电流。太阳能电池的光电转换效率 η 代表了入射的太阳光能量有多少能转换为有效的电能，表示为最大输出功率和入射的太阳光功率的百分比：

$$\eta = \frac{V_{mp} I_{mp}}{P_{in} S} = \frac{V_{oc} I_{sc} F}{P_{in} S} \tag{4-64}$$

式中，P_{in}是入射光的能量密度，S是太阳能电池的面积，F为太阳能电池的填充因子。

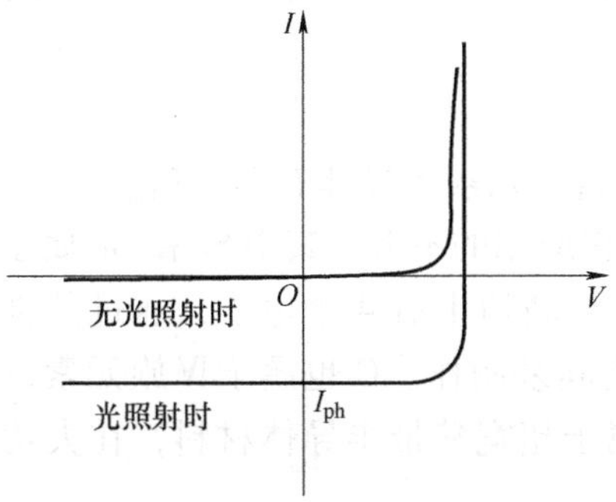

图 4-25　光照射时和无光照射时二极管的电流与电压特性

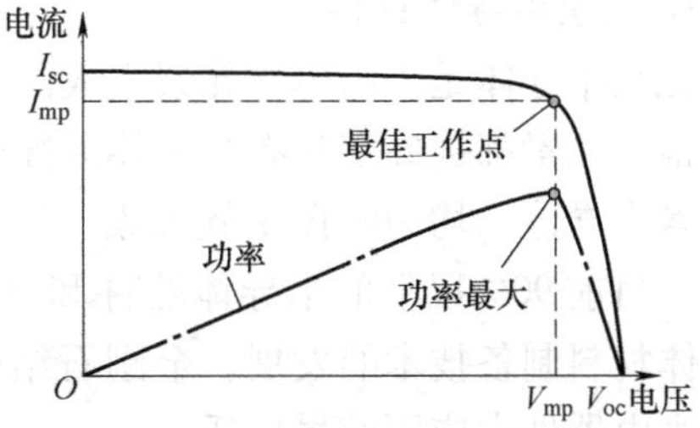

图 4-26　太阳能电池的输出伏安特性曲线

太阳能电池的效率受到许多因素的制约。首先其理论效率存在极限值，这个由半导体材料本身决定。由于只有能量高于半导体带隙的光子才能对太阳能电池做出贡献，而且不论能量多高，每一个光子只能产生一对电子和空穴，这就导致太阳能的损失。其次，导体材料的禁带宽度对开路电压和短路电流的作用趋势相反，也影响到太阳能电池的极限效率。例如，单晶硅作为太阳能电池材料时其理论上的极限效率低于30%。

对于实际的太阳能电池，其效率还受到光生载流子复合过程、各种寄生电阻等问题的严重影响。载流子的体复合和表面复合会严重降低太阳能电池的开路电压和短路电流，串联和并联寄生电阻会导致额外的能量消耗，严重影响电池的最大输出功率。另外，入射光能由于电池表面电极遮挡、反射等原因损失也是导致效率下降的主要原因之一。图 4-27 给出了典型晶体硅太阳能电池的结构示意图。为了提高电池效率，除了尽可能提高硅材料纯度和降低电极接触电阻外，从电池结构可以看出，还采用了前后表面钝化层来降低表面载流子复合速率，以及在太阳能电池光入射表面形成陷光绒面和减反射膜的方式减少表面光反射等措施。

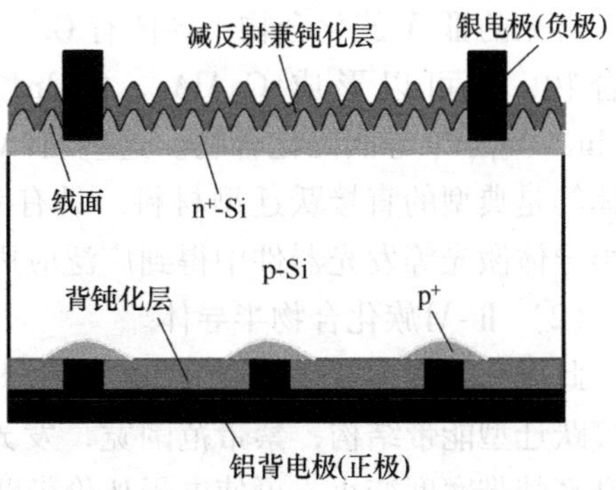

图 4-27　典型晶体硅太阳能电池结构示意图

4.5 半导体材料应用

4.5.1 半导体材料分类

已发现属于半导体的材料约有一千多种，可分为有机半导体（如萘、蒽、酞青等）

和无机半导体（硅、锗、砷化镓等）。无机半导体从材料组成可分为元素和化合物型；从晶态可分为多晶、单晶和非晶半导体等。在工业生产和科学研究中使用的半导体材料，绝大部分是单晶材料，但也有少数应用和研究中使用多晶或非晶态半导体材料，如多晶硅太阳能电池和非晶硅薄膜太阳能电池等。

1. 元素半导体材料

元素半导体是指由单一元素组成的半导体材料。元素半导体有硅、锗、硒、碲等，虽然很多元素都被确定具有半导体的性质，但获得应用的不多，其中Si和Ge属于典型的元素半导体，均为第Ⅳ主族元素，原子的最外层轨道上有4个电子，通过共价键相结合。目前90%以上的半导体器件和电路都是用硅来制作。C也属于Ⅳ族元素，由于半导体材料制备技术的发展，金刚石结构的C属于超宽禁带半导体材料，在大功率器件、光电器件中应用前景广泛。

2. 化合物半导体材料

化合物半导体是指由两种及以上元素组成的半导体材料。化合物半导体材料的种类繁多、性能各异，有由两种元素组成的二元化合物半导体，以及由三种元素或更多种元素组成的多元化合物半导体。其中以共价键结合为主的Ⅲ-Ⅴ族、Ⅱ-Ⅵ族、Ⅳ-Ⅳ族和氧化物半导体材料的发展最为迅速。

（1）Ⅲ-Ⅴ族化合物半导体

由Ⅲ族和Ⅴ族元素形成的金属间化合物半导体，大部分属于闪锌矿结构。其禁带宽度比硅大，具有优异的高温动作性能、热稳定性和耐辐射性。大多数Ⅲ-Ⅴ族化合物的电子迁移率比硅大，适用于高频、高速开关。同时，各种Ⅲ-Ⅴ族化合物间可形成固溶体，可制成禁带宽度、点阵常数和迁移率等连续变化的半导体材料。

常见的Ⅲ-Ⅴ族化合物半导体有GaAs、GaSb、GaP、InP、InSb、GaN、AlSb等二元化合物，也可以形成GaAlAs、$Ga_xIn_{1-x}As$等三元化合物以及InGaAsP、InGaAlP、$Ga_xIn_{1-x}As_{1-y}P_y$等四元化合物。这些Ⅲ-Ⅴ族二元化合物以及由它们组成的三、四元固溶体等是典型的直接跃迁型材料，具有明显的光电效应，在太阳能电池、光探测器以及半导体激光等发光器件中得到广泛应用。

（2）Ⅱ-Ⅵ族化合物半导体

此类化合物由Ⅱ族元素（Zn、Cd、Hg）和Ⅵ族元素（O、S、Se、Te）组成。具有直接跃迁型能带结构，禁带范围宽，发光色彩较为丰富。其电导率变化范围广，随温度升高禁带宽度变小，可使电子从价带跃迁到导带。常见的有ZnO、ZnS、ZnTe、CdS、CdTe等二元化合物，也可以形成HgCdTe等三元化合物。这类化合物在激光器、发光二极管、荧光管和场致发光器件等方面有广阔的应用前景。

（3）Ⅳ-Ⅳ族化合物半导体

由不同的Ⅳ族元素构成的半导体，最常见的有Ge-Si合金和SiC。Si和Ge可形成连续的系列固溶体，晶格常数随组分的变化符合一定的规律，禁带宽度也随组分而变化，可用于特殊要求的探测器等方面。另外，由于SiGe中的电子迁移率比硅快，因此常用于高速高频的半导体器件中。SiC是一种很重要的宽带半导体，其晶体结构复杂，通常以α-SiC（六方结构）和β-SiC（立方结构）为主，而且根据原子堆垛方式的不同呈现出多种晶型，其中β-SiC（3C-SiC）和α-SiC（2H-SiC、4H-SiC、6H-SiC、15R-SiC）比较具有代表性。不同的晶体结构有不同的禁带宽度，例如3C-SiC的禁带宽度为2.4eV，4H-SiC的禁带宽度达到了3.2eV。目前，应用较多的是4H-SiC材料，因其具有高临界击穿电场、高热导率、高电子迁移率的优势，是制造高压、高温、大功率、抗辐照功率半导体器件的优良半导体材料。

3. 非晶态半导体材料

非晶态是指原子排列上的长程无序短程有序的一种状态，也被称为无定型态。非晶态半导体原子在结构上有长程无序、短程有序的特点。非晶态半导体多种多样，常见的有四面体结构的α-Si、α-SiC、α-GaAs等，硫系的α-Te、α-As_2Se_3、α-Sb_2S_3等，以及氧化物α-TiO_2、α-SnO_2、α-BaO等。非晶态与晶态半导体具有类似的基本能带结构，但非晶半导体由于结构的无序性引入了很多缺陷能级，例如在它的导带尾、价带顶和带隙中部都可能存在定域化能级，也被称为定域态。因此除了导带中的电子或价带中的空穴，定域态的电子或空穴也会参与导电过程。另外，非晶态半导体也可进行掺杂，例如在非晶硅中掺杂硼可形成p型半导体，掺杂磷形成n型半导体，但是非晶态半导体对杂质的掺入不敏感，杂质电离产生的电子或空穴需要填充带隙中的各种定域态，因此即使掺入了较高浓度的杂质也往往不能有效的改变费米能级。虽然非晶态半导体材料存在稳定性较差、载流子迁移率较低等缺点，但正是由于非晶态薄膜半导体与晶态半导体材料结构和形式上的差异，使其在电导率、温差电动势、霍尔效应、光学性质和内部能量存储等方面表现出突出的特性。非晶态半导体在应用中基本都是薄膜材料，例如非晶硅薄膜（α-Si:H）太阳能电池已经成功商品化，α-Si:H薄膜场效应管也在液晶显示器中得到应用。

4. 氧化物及其他半导体

氧化物半导体是具有半导体特性的一类氧化物，主要包括金属氧化物、过渡金属氧化物、稀土金属氧化物等。氧化物半导体有许多特点，例如SnO_2、ZnO、Fe_2O_3、Cr_2O_3等氧化物可用于制造半导体气敏传感器，Ga_2O_3、SnO_2、TiO_2等宽禁带半导体材料可用于紫外探测，Cu_2O、Ag_2O等过渡金属氧化物可用于光催化领域等，应用范围非常广泛。

其他典型的化合物半导体还有Ⅰ(B)-Ⅶ族的AgCl、AgI等二元材料，常用于光催化领域；Ⅰ(B)-Ⅲ-Ⅵ族多元半导体材料，例如$CuAlS_2$、$CuInSe_2$、Cu(In,Ga)Se_2、$AgGaS_2$等具有优秀的光电特性，可用于太阳能电池、量子点（阱）器件等领域中。

在半导体材料应用中，半导体薄膜占据了非常重要的位置。随着成膜技术的飞速发展，单晶、多晶和非晶态半导体都可以薄膜化，在能量变换、传感器和光学等器件中得到大量应用。薄膜的组成、微观结构是影响半导体薄膜材料性能的关键，例如半导体超晶格材料就是由两种不同掺杂或不同成分的半导体薄膜交替生长而形成的周期性多层结构材料，是一种人造晶格。与传统半导体材料相比，半导体超晶格中的电子（或空穴）能量将出现新的量子化现象，以致产生许多新的物理性质，具有更广的带隙、更高的载流子迁移率和更好的光电性能，在电子器件、光电器件、太阳能电池等领域具有广泛的应用前景。

表4-1给出了一些常用半导体的特征参数及其应用。

表 4-1　各种半导体的特征

半导体	禁带宽度/eV（300K）	迁移率/$m^2\cdot(V\cdot s)^{-1}$（室温）		用途，特征
		电子	空穴	
Si	1.14	0.15	0.05	晶体管，二极管，IC，光电池，功率MOSFET，IGBT，晶闸管，太阳电池
Ge	0.67	0.45	0.19	晶体管
GaAs	1.52	0.97	0.07	微波器件，FET，二极管，霍尔器件，发光二极管，半导体激光器，太阳电池
InSb	0.23	7.7	0.075	霍尔器件
InAs	0.36	3.3	0.046	霍尔器件
InP	1.35	0.46	0.065	
C（金刚石）	5.5	0.18	0.12	大功率器件，高输出高频 FET，紫外光发光器件，紫外光探测器
PbS	0.34~0.37	0.055	0.06	
PbTe	0.30	0.16	0.075	热电冷却
$FeSi_2$	0.85	0.05	0.05	热电材料，发光二极管，太阳电池
AgCl	3.2	0.005	—	
ZnSe	2.69	0.02	0.0015	可见发光二极管
ZnO	3.2	0.018	—	传感器，变阻器
SiC	3.2	0.09	—	大功率器件（可高温使用），MOSFET
SiGe	取决于 Si 和 Ge 的比例			超高频晶体管

4.5.2　半导体材料在电气工程中的应用

半导体材料除了大量用于二极管、晶体管、大规模集成电路以及各类传感器等电子元器件领域，还可用于高压电机、电缆、避雷器、电力电子器件等电力设备上。下面简单介绍其相关应用。

1. 电压电阻效应及其应用

由于电压引起电阻变化的现象称为电压电阻（压阻）效应（Varistor effect）。电压敏电阻是表现出非线性特性的元件，如图 4-28 所示。根据电压与电流特性，有对两电极表现出对称的对称形压敏电阻和对两电极表现出非对称的非对称形压敏电阻，前者是使用 ZnO、SiC 等材料制成的，后者有 Si 二极管等。

压敏电阻的电压与电流特性可表示为

$$I=AV^n \tag{4-65}$$

式中，A、n 均是常数。n 一般为 2~6，而且它越大非线性也越大。

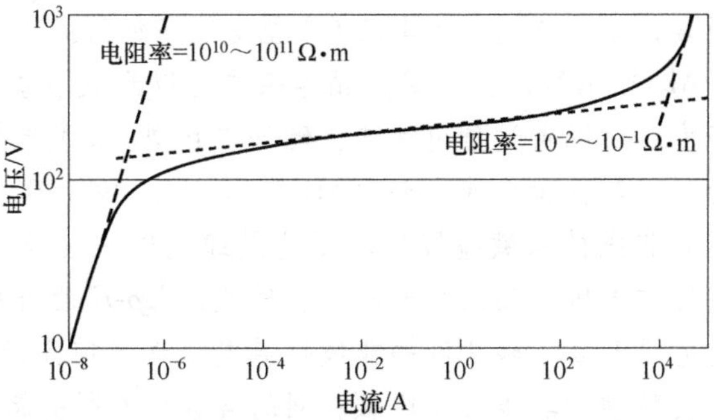

图 4-28 ZnO 压敏电阻的电压与电流的特性

对于 SiC 和 ZnO 等烧结体压敏电阻，其表现出非线性的原因是结晶粒界存在由高电阻层形成的势垒，它是在某一电压下，由于电子隧道效应和电子雪崩而引起电流急剧增加所致。随着组成和制备方法的不同，压敏电阻对应电流突然上升的电压，可在几伏~几千伏间变动。

应用实例 1——SiC 在高压电机防晕中的应用

SiC 是一种优良的半导体材料，被人们称为继硅和砷化镓之后的“第三代半导体”。SiC 具有很多同质多型体，有 200 多种结晶类型，各种碳化硅晶体的单位晶胞均由相同硅碳四面体构成，但构成每个单位晶胞的固体的层数及各层的相对位置不同，就形成了不同类型的碳化硅。其中研究得最多的是 3C-SiC、4H-SiC 和 6H-SiC。SiC 材料的各种多型体都具有良好的性能，如抗腐蚀、高硬度、高的弹性模量，常温下热导率高于 Cu，其中一些多型（尤其是 4H-SiC 和 6H-SiC）还具有很高的临界电场。这些优良的力学和电学性能，使得 SiC 基电子器件和传感器在高温、极端环境下有着广阔的应用前景。

碳化硅具有良好的非线性导电特性，其电阻可以随电场的增加而自动降低，这一特性使得碳化硅可以实现电场强度的自动调节，在防电晕等方面有重要应用。图 4-29 为 SiC 的非线性特性。其电阻率和场强关系符合如下规律：

$$\rho=\rho_0 e^{-\beta E} \tag{4-66}$$

式中，E 为电场强度，ρ_0 是未加电场时的电阻率，β 为碳化硅的非线性系数，表征碳化硅的电阻随场强提高而下降的能力。对于碳化硅防晕材料，β 及 ρ_0 是两个十分重要的参数。

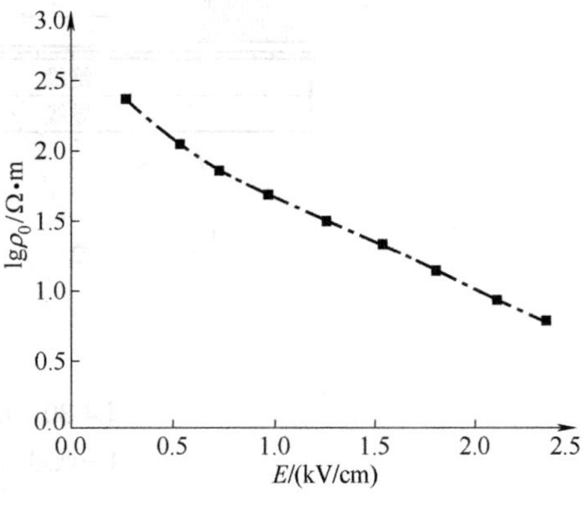

图 4-29 SiC 微粉的非线性特性

碳化硅中包含 N、P、As、Sb 等五价杂质时可形成 n 型半导体。而当硅过量时，由于硅有部分放出电子的能力，也使碳化硅变成 n 型半导体。n 型碳化硅具有较高的电阻率和较大的电阻温度系数。如果掺杂浓度较大，会导致电阻率下降，非线性变得很差。就不同变体碳化硅而言，碳化硅的电阻率随6H型变体增加而提高。电工碳化硅在配料时引入了2%~3%的Al_2O_3杂质，由于铝、硼等杂质可以形成p型SiC，因为碳原子具有部分接受电子的能力，所以碳过量也使碳化硅形成p型。p型碳化硅一般呈黑色，并随杂质浓度增加而变深。黑色碳化硅主要由4H变体组成，黑色碳化硅的电阻率随杂质含量增加而降低，同时非线性系数也降低。不论是绿色碳化硅还是黑色碳化硅，随着杂质浓度的减小，特性向电压较高的区域移动。反映到$\lg\rho$-E曲线关系中，随杂质浓度减小，出现非线性的电压升高。碳化硅的非线性导电机理目前还没有一个统一的看法，一般认为碳化硅的伏安特性的非线性是由颗粒间的接触现象所引起的。

定子线棒是大型高压发电机最重要的部件之一，是机械能和电磁能转换的场所，其端部的电场十分集中。随着电机容量和电压等级的提高势必引起定子线棒负载电压的升高，使电场更为集中，从而发生局部放电或电晕。电晕会导致线棒局部温度急剧升高、带电粒子的高速碰撞和化学损伤，会缩短定子线棒的使用寿命甚至破坏线棒，给发电机向大容量发展带来障碍。所以，研究如何提高线棒的起晕电压及防电晕机理，对于发电机的发展是一个关键。

发电机定子线棒端部电晕的根源在于槽口电场集中。因此要有效地抑制电晕的产生，必须使电场均匀化。目前采用的办法，一种是采用中间电极（内屏蔽）分压法，另一种是采用电阻调节法。电阻调节法是通过降低线棒表面电阻的办法来达到降低槽口附近电压降的目的，这是采用半导电层解决线棒端部电晕问题的根据。因而，对于线棒端部防晕，人们希望得到这样一种材料：其电阻随电场强度的增加而自动降低，从而达到自动调节场强的目的。它的作用好比相互配合得很好的无限多极半导电层，从而使表面场强的分布从锯齿状曲线变成了比较平滑的分布。图4-30所示为电机端部的防晕结构。

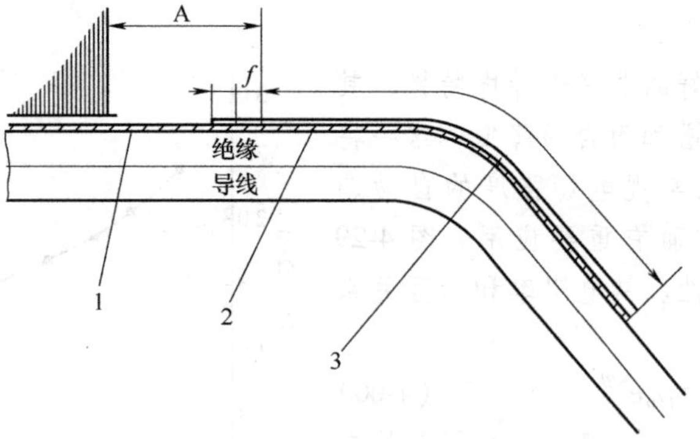

图4-30　电机端部防晕结构

1—低阻　2—中阻　3—高阻

应用实例2——ZnO压敏陶瓷在金属氧化物避雷器中的应用

避雷器（Surge Arrester）是能释放雷电或兼能释放电力系统操作过电压能量，保护电工设备免受瞬时过电压危害，又能截断续流，不致引起系统接地短路的电器装置。

避雷器通常接于带电导线与地之间，与被保护设备并联。当过电压值达到规定的动作电压时，避雷器立即动作，流过电荷，限制过电压幅值，保护设备绝缘；电压值正常后，避雷器又迅速恢复原状，以保证系统正常供电。图 4-31a 所示为典型的避雷器照片。

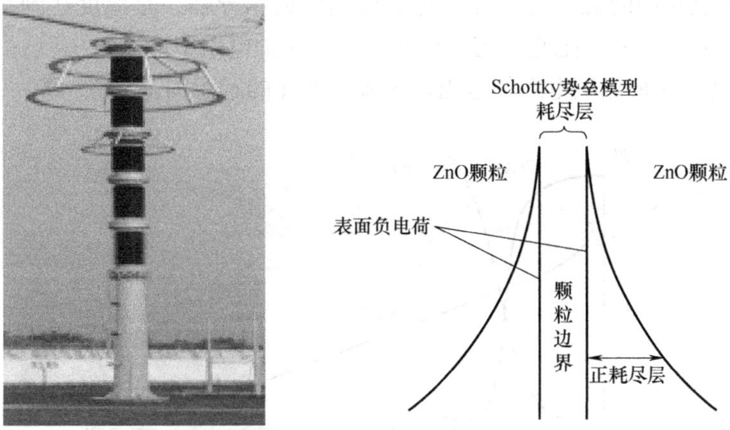

a) 1000kV ZnO避雷器　　b) 晶界势垒模型

图 4-31　ZnO 避雷器及势垒模型

ZnO 是一种重要的Ⅱ-Ⅵ族直接带隙、宽禁带半导体材料。室温下其禁带宽度为 3.37eV，激子束缚能高达 60mV，能于室温及更高温度下有效工作，且光增益系数高于 GaN，这使得它迅速成为继 GaN 后短波半导体发光器件材料研究的热点。ZnO 具有非常优秀的压敏电阻特性，是金属氧化物避雷器（MOA）阀片的主要材料。现广泛使用的 MOA 阀片是以 ZnO 为主要成分，加入少量添加剂后，经过煅烧、混料、造粒、成型、烧结等制成的。其典型的显微结构是由半导电的 ZnO 晶粒和高阻的晶界及少量晶间相组成的。

MOA 的性能取决于 ZnO 压敏陶瓷阀片，而 ZnO 压敏陶瓷的高非线性来自于晶界处形成的肖特基势垒。图 4-31b 所示为晶界势垒的模型图。

2. 热电阻效应及其应用

半导体的电阻，一般来说对温度是敏感的。随温度变化电阻发生很大变化的现象称为热电阻（简称热阻）效应，把表现出热阻效应的半导体材料称为热敏电阻。

NTC（Negative Temperature Coefficient）热敏电阻表现出负电阻温度系数，有由 Fe、Ni、Mn 等过渡性氧化物和其他金属氧化物混合经烧结制成陶瓷体或熔融制成玻璃体两种。它被用作温度敏感传感器和红外线辐射测温仪上。而红外线测温仪可以在安全距离测量电力设备等物体的表面温度，通过检查发热点，在出现导致设备故障的问题之前，进行定期维修或者更换。

PTC（Positive Temperature Coefficient）热敏电阻表现出正电阻温度系数，分为陶瓷 PTC 和有机高分子 PTC，前者一般是为了提高所含钛酸钡的导电性，在其中添加微量的稀土类元素再进行烧结而制成的 n 型半导体；后者由经过特殊处理的聚合树脂和分布在其内的导电粒子组成。PTC 热敏电阻在居里点附近电阻会急剧增大，表现出正的温度系数。一般把它作为自控温元件而应用。传统的 PTC 热敏电阻主要应用于高精度温度传感器，应用于限流保护及液晶显示器等智能化仪器仪表。

CTR（Critical Temperature Resistor）热敏电阻在某一温度下，电阻值随温度的增加急剧减小，具有很大的负温度系数，即具有负电阻突变特性，其构成一般是钒、钡、锶、磷等元素氧化物的混合烧结体，是半玻璃状的半导体，是温度达到某一值时电阻就急剧下降的元件。一般把它作为温度开关，在保护电路中应用。

图 4-32 是这 3 种热敏电阻的电阻值随温度变化的示意图。

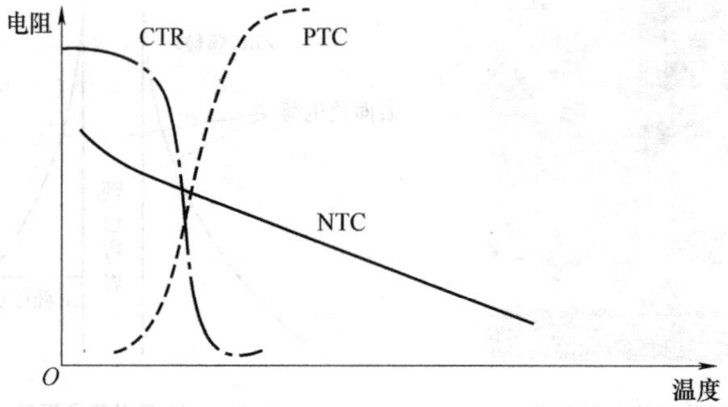

图 4-32 热敏电阻随温度变化示意图

3. 硅半导体在电力电子器件中的应用

在开关电源中，以单晶硅为基础的电力电子器件是完成电能转换与控制的关键元件。为降低器件的功率损耗，提高效率，电力电子器件通常工作于开关状态，因此又常称为开关器件。电力电子器件种类很多，按照器件可被控制的程度，可以将电力电子器件分为：不可控器件，即二极管；半控型器件，有晶闸管（SCR）及其派生器件；全控型器件，包括绝缘栅双极型晶体管（IGBT）、电力晶体管（GTR）、电力场效应晶体管（电力 MOSFET）等。半控型及全控型器件按照驱动方式又可以分为电压驱动型、电流驱动型两类。电力电子器件的分类如图 4-33 所示。

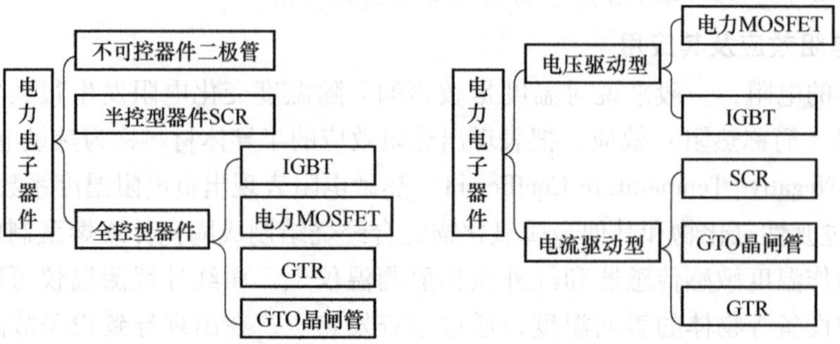

图 4-33 电力电子器件的分类

在开关电源中应用的电力电子器件主要为二极管、IGBT 和 MOSFET。SCR 在开关电源的输入整流电路及其软起动中有少量应用，GTR 由于驱动较为困难、开关频率低，也逐渐被 IGBT 和 MOSFET 所取代。

应用实例3——电力MOSFET

电力MOSFET是近年来发展最快的全控型电力电子器件之一，其显著的特点是用栅极电压来控制漏极电流，驱动功率小，驱动电路简单。由于是靠多数载流子导电，没有少数载流子导电所需的存储时间，是目前开关速度最高的电力电子器件，在小功率电力电子装置中应用广泛。

电力MOSFET的结构与电子电路中的MOSFET类似，按导电沟道可分为P沟道型和N沟道型，在电力MOSFET中应用最多的是绝缘栅N沟道增强型。电力MOSFET在导通时只有一种极性的载流子（多子）参与导电，属单极型晶体管。与小功率MOS管不同的是，电力MOSFET的结构大都采用垂直导电结构，以提高器件的耐压和耐电流能力。现在应用最多的是具有垂直导电双扩散MOS结构的VDMOSFET，如图4-34所示。

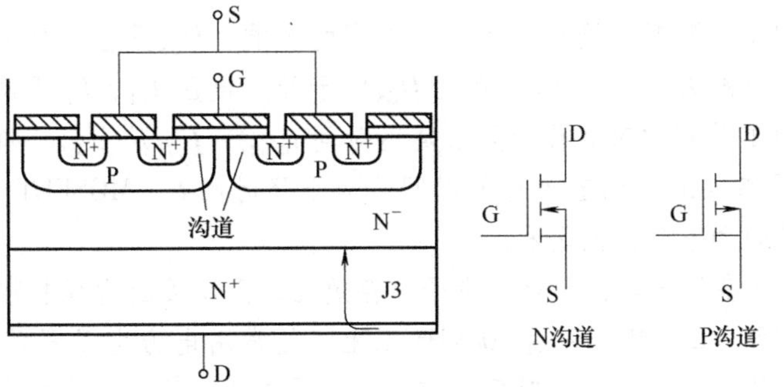

a) 内部结构　　b) 电气符号

图4-34　电力VDMOSFET示意图

由图4-34可以看出，对于N沟道增强型VDMOS，当漏极接电源正极，源极接电源负极，栅极间电压为零时，由于P体区与N^-漂移区形成的p-n结为反向偏置，故漏源之间不导电。

如果施加正向电压U_{GS}于栅源之间，由于栅极是绝缘的，没有栅极电流流过。但栅极的正向电压会将P区中的少子——电子吸引到栅极下面的P区表面。当U_{GS}大于开启电压U_T时，栅极下P区表面的电子浓度将超过空穴浓度，从而使P区反型成N型，形成反型层，该反型层形成N沟道使p-n结消失，漏极和源极之间形成导电通路。栅源电压U_{GS}越高，反型层越厚，导电沟道越宽，则漏极电流越大。漏极电流I_D不仅受到栅源电压U_{GS}的控制，而且与漏极电压U_{DS}也密切相关。以栅源电压U_{GS}为参变量反映漏极电流I_D与漏极电压U_{DS}间的关系曲线称为MOSFET的输出特性，漏极电流I_D和栅源电压U_{GS}的关系反映了输入控制电压与输出电流的关系，称为MOSFET的转移特性，如图4-35所示。

电力MOSFET在开通过程中，由于输入电容的影响，栅极电压U_{GS}呈指数规律上升，当U_{GS}上升到开启电压U_T时，MOSFET开始导通，漏极电流I_D随着U_{GS}的上升而增加。当U_{GS}达到使MOSFET进入非饱和区的栅极电压U_{GSP}后，MOSFET进入非饱和区，此时虽然U_{GS}继续升高，但I_D已不再变化。从U_{GS}开始上升至MOSFET导通的时间称为开通延迟时间$t_{d(on)}$，U_{GS}从U_T上升到U_{GSP}的时间称为上升时间t_r，MOSFET的开通时间定义为开通延迟时间与上升时间之和。

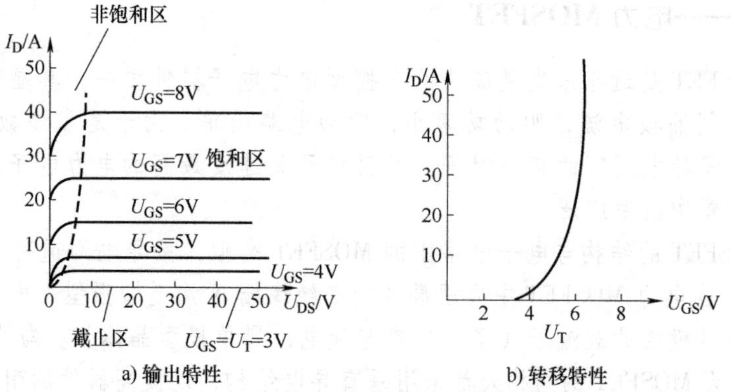

图 4-35 电力 MOSFET 的输出特性和转移特性

电力 MOSFET 关断时，同样由于输入电容的影响，U_{GS}呈指数规律下降，当 U_{GS}低于 U_{GSP}时，漏极电流 I_D 开始下降，直至 U_{GS}低于开启电压 U_T，I_D 下降到零。从 U_{GS}开始下降至 MOSFET 关断的时间称为关断延迟时间 $t_{d(off)}$。U_{GS}从 U_{GSP}下降到 $U_{GS}<U_T$ 时沟道消失，I_D 从通态电流降到零为止的时间称为下降时间 t_f。MOSFET 的关断时间 t_{off}定义为关断延迟时间和下降时间之和。

MOSFET 只靠多子导电，不存在少子储存效应，因而关断过程非常迅速，开关时间在 10~100ns 之间，工作频率可达 100kHz 以上，是常用电力电子器件中最高的，但导通后呈现电阻性质，在电流较大时压降较高，容量较小，适应于小功率装置。

应用实例 4——绝缘栅双极型晶体管（IGBT）

20 世纪 80 年代出现的绝缘栅双极型晶体管（IGBT），既具有 MOSFET 电压型驱动、驱动功率小的特点，又具有 GTR 饱和压降低和可耐高电压和大电流等优点，开关频率低于 MOSFET，高于 GTR。目前 IGBT 已成为工业领域应用最广泛的电力电子器件。

IGBT 的结构和等效电路如图 4-36 所示。当器件承受正向电压，且栅极驱动电压小于阈值电压时，N^-层与 P^-层间 p-n 结 J2 反偏，IGBT 处于关断状态。当驱动电压升高至阈值电压时，由于电场的作用，在栅极下 P^- 区出现一条导电通道，使 IGBT 开始导通，此时 J3 处于正偏状态。因而有大量空穴从 P^+区注入到 N^-区域，使 N^-区域的载流子浓度大大增加，产生电导调制效应，降低了 IGBT 的正向压降。当撤去栅极电压后，栅极下的导电沟道消失，停止了从 N^+区经导电沟道向 N^-区的电子注入，IGBT 开始进入关断过程。由于在正向导通时 N^-区（基区）含有大量载流子，因而它并不能立刻关断，直到 N^-区中的剩余载流子消失，IGBT 才进入阻断状态，这样 IGBT 的关断延迟时间 $t_{d(off)}$ 比 MOSFET 要长一些。

与 MOSFET 类似，IGBT 以栅极-发射极电压 U_{GE}为参变量时，集电极电流 I_C 和集电极-发射极电压 U_{CE}之间的关系为输出特性；集电极电流与栅射电压 U_{GE}间的关系称为转移特性，见图 4-37。从图中可以看出，当栅射电压高于开启电压 $U_{GE(th)}$ 时，IGBT 开始导通，$U_{GE(th)}$ 的值一般为 2~6V。

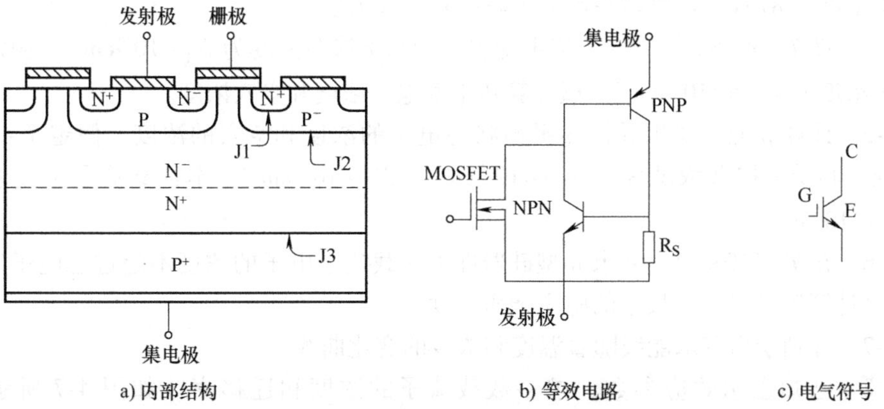

图 4-36 IGBT 的结构和等效电路

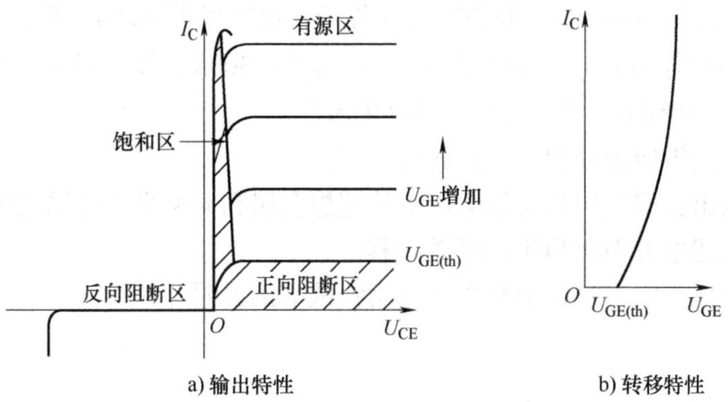

图 4-37 IGBT 的输出特性和转移特性

随着半导体材料及技术的发展，传统电力电子器件的性能也不断提高，新型电力电子器件不断推出，如集成门极换流晶闸管 IGCT，用于高电压和大电流的场合。同传统 Si 材料相比，宽禁带半导体材料，例如 SiC 具有更高的工作温度、击穿场强和热导率等特性，在高压大功率应用场合被寄予厚望。了解和掌握电力电子器件的特性和使用方法是正确设计开关电源的基础。

思考题

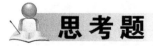

4-1 设费米能级处于价带能级上方 0.27eV 处。$T=300$K 时，硅中的价带状态密度函数 $N_v=1.04\times10^{19}\mathrm{cm}^{-3}$。试求 $T=400$K 时硅的热平衡空穴浓度。

4-2 $T=300$K 时，砷化镓中导带和价带状态密度函数分别为 $N_c=4.7\times10^{17}\mathrm{cm}^{-3}$，$N_v=7.0\times10^{18}\mathrm{cm}^{-3}$，它们均与 $T^{3/2}$ 成正比。砷化镓的禁带宽度取 1.42eV，且在此温度范围内不随温度变化。分别计算 $T=300$K 及 $T=450$K 时的砷化镓中的本征载流子浓度。并比较在这两个温度下，载流子浓度的变化规律。

4-3 设 $T=300$K 时，硅的导带和价带状态密度函数参数为 $N_c=2.8\times10^{19}\mathrm{cm}^{-3}$，$N_v=1.04\times10^{19}\mathrm{cm}^{-3}$。若费米能级比导带低 0.25eV，硅的禁带宽度为 1.12eV，则费米能

级比价带高 0.87eV。计算热平衡电子浓度和空穴浓度。

4-4 设 $T=300\text{K}$，n 型硅的施主受主掺杂原子掺杂浓度为 $N_d=10^{16}\text{cm}^{-3}$。假定本征载流子浓度 $n_i=1.5\times10^{10}\text{cm}^{-3}$。试计算热平衡电子浓度和空穴浓度。

4-5 计算 p 型补偿半导体热平衡状态电子的浓度和空穴的浓度。假定 $T=300\text{K}$，硅的施主和受主掺杂浓度为 $N_d=3\times10^{15}\text{cm}^{-3}$，$N_a=10^{16}\text{cm}^{-3}$。本征载流子浓度假定为 $n_i=1.5\times10^{10}\text{cm}^{-3}$。

4-6 在 $T=550\text{K}$ 时，要求 n 型硅器件本征载流子电子的浓度不超过总电子浓度的 5%。试计算满足要求的最小的施主杂质浓度。

4-7 分别绘出费米能级随着温度和浓度的变化曲线。

4-8 已知霍尔效应参数，求多数载流子的浓度和迁移率。如图 4-7 所示，取 $L=10^{-1}\text{cm}$，$W=10^{-2}\text{cm}$，$d=10^{-3}\text{cm}$。设 $I_x=1.0\text{mA}$，$V_x=12.5\text{V}$，$V_H=-6.25\text{mV}$，$B_z=500\text{Gs}=5\times10^{-2}\text{T}$。

4-9 试推导式（4-51）V_0 的表达式（提示：可以根据图 4-13 推导）。

4-10 硅半导体 p-n 结所处的环境温度为 $T=300\text{K}$，掺杂浓度为 $N_a=10^{16}\text{cm}^{-3}$，$N_d=10^{15}\text{cm}^{-3}$，试计算 p-n 结中空间电荷区的宽度。

4-11 试叙述雪崩击穿和齐纳击穿的原理。

4-12 试画出正偏电压和反偏电压下的理想金属和 n 型半导体结的能带图。

4-13 试叙述电力 MOSFET 的开关过程。

4-14 半导体在电力设备中有哪些应用？试举例说明。

第5章 导电材料

导电材料是指在电场作用下能传导电流的材料，包括良导体、不良导体及超导体三类。良导体的电阻率小于$10^{-8}\Omega\cdot m$，否则为不良导体。良导体的主要功能是用于传输电能及电信号，要求在传输过程中能量损失尽可能少。以导电性能优劣为序，良导体包括银、铜、铝和金。其中金和银是贵金属，只用于特殊场合，如用于高频的镀银铜线、镀金的印制电路板等。大量应用的是铜和铝，铜的导电性能和机械加工性能都优于铝，但它在自然界的蕴藏量远少于铝，因此在一般应用中有以铝代铜的趋势。

从传输损失来考虑，不良导体不应用于电能传输，其用途可分为以下几种：与良导体组成复合材料，如铝包钢、不锈钢包铜等；用于增加强度、耐腐蚀、耐高温以及降低价格等；用于能量转换，例如，作为电热丝用的镍铬合金主要用于把电能转换成热能，而制造白炽灯的钨丝、钼丝用于把电能转换成光能；用于信号转换，例如制造热电偶及各种传感器；用于和导电无直接相关的其他目的，如用作磁性材料、导热材料及结构材料等。

5.1 导电材料基本性能

下面将介绍导电材料的电学、热学和力学等一些基本特性及其表征参数。

5.1.1 导电特性

1. 体积电阻率

导体的体积电阻R与导体的长度l成正比，与导体的截面积A成反比，可表示为

$$R=\rho_v\frac{l}{A} \tag{5-1}$$

式中，比例系数ρ_v称为体积电阻率（简称电阻率），用以表征材料的导电特性。如果电阻的单位用欧姆（Ω），长度单位用米（m），则电阻率的单位就是Ω·m。

体积电阻率是微观水平上阻碍电流流动的度量。电阻是材料形状、尺寸的函数，而电阻率（ρ_v）同密度一样，是材料的固有性质，只与材料的组成结构有关，与材料的尺寸无关。电阻率在金属中依赖于自由电子的运动，在半导体中取决于载流子的行为，而在离子晶体材料中依赖于离子的运动。微观结构对电阻率有很大影响。以金属为例，无论是空穴、位错，还是晶粒的界面，都会阻碍电子的运动而使其电阻率升高。

图5-1a、b分别为金属和半导体的体积电阻率随温度的变化曲线。温度升高使金属原子振动能增加，给电子的通过增加了困难，即使电子的平均自由行程变短。电子自由行程是指电子在晶体结构中运动不与正离子碰撞或不互相发生碰撞的平均距离。温度越高，平均自由行程越短，电子运动越困难，电阻率越高，因而金属呈现电阻正温

度效应。而在半导体材料中，温度升高使材料内载流子的数目增加，所以电阻率会随之降低，呈现电阻负温度效应。如，石墨与碳化硅导电材料的电阻率随温度的升高而降低。对于金属导体，合金元素及杂质会引起金属晶格畸变，造成电子散射，导致电阻上升；此外，对金属导体材料的冷变形与热处理，均会引起金属晶格的变形，也会对电阻率产生一定的影响，因此在产品的加工设计中，应充分注意。

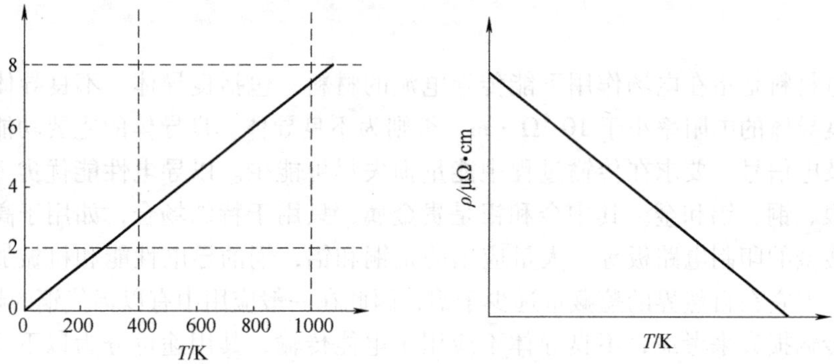

a) 金属　　b) 半导体

图 5-1　体积电阻率与温度的关系

2. 电导率

电导率是电阻率的倒数，表征电流通过材料的容易程度，可用符号 σ 表示。电导率的定义是单位时间内通过单位立方体积的电量。普通金属的电导率一般在 $1\sim55\times10^{6}\mathrm{S\cdot m^{-1}}$。电导率依赖于以下三个因素：单位体积材料中的载流子数目（n）；每个载流子的电荷量（q，库仑/载流子）和每个载流子的迁移率（μ）。

$$\mu=\frac{\text{载流子的速度(m/s)}}{\text{电位梯度(V/m)}} \tag{5-2}$$

上述三个因素的乘积就是电导率。即：$\sigma=nq\mu$，乘积单位为 $\mathrm{S\cdot m^{-1}}$，即电阻率的倒数。

离子晶体的电导要依赖离子的运动，所以离子晶体基本上都是绝缘体。离子晶体中，带电载流子（离子）的迁移满足下式：

$$\mu=\frac{ZqD}{kT} \tag{5-3}$$

式中，D 为扩散系数；k 为玻耳兹曼常数；T 为绝对温度；q 为电量；Z 为离子的价位。其运动性比电子要低若干个数量级，因此其电导率极小。杂质与空穴可提高电导率。空穴是取代型晶体结构中扩散所必须的，杂质也能扩散并协助传导电流。提高温度可增加电导率，就是因为增加了扩散速率。

在聚合物中共价键束缚了电子，电导率更低。所以聚合物一般用作电的绝缘体。但太低的电导率也带来不少问题。例如，静电会积聚在电子设备的外壳上，使聚合物对电磁辐射成为透明体，这样会损害内部的元件。飞机机翼是用聚合物基复合材料制造的，如果闪电击中机翼，就会造成巨大损害。有两条路线解决这一问题，一是使用添加剂提高其电导率，二是制备高电导率的聚合物。

加入离子型化合物就能降低聚合物的电阻。离子会迁移到聚合物表面以吸收潮气，潮气能够分散静电。导电填料如炭黑也能传走静电。含有碳纤维的聚合物基复合材料既有很高的刚性，又有一定的电导率。由含有金属纤维、碳纤维、玻璃纤维及芳香尼龙纤维的混杂复合材料制造的机翼具有很高的闪电安全性。如果在尼龙基体中保证碳纤维之间的接触，就能够将尼龙的电阻率降低 13 个数量级。导电填料或纤维还能够赋予聚合物电磁屏蔽的功能。

某些聚合物进行掺杂后可具有导电功能。例如聚甲醛用五氟化砷掺杂后，电子或空穴能够沿着主链自由跳跃，电导率接近金属。聚酞花青一类聚合物用特殊试剂交联后电导率可达 10^4s/m。典型材料的电导率如表 5-1 所示。

表 5-1　典型材料的电导率

导电类型	材料类型	电导率/S·m^{-1}
离子导电	离子晶体	10^{-16}~10^{-2}
	快离子导体	10^{-1}~10^{3}
	强（液）电解质	10^{-1}~10^{3}
电子导电	金属	10^{3}~10^{7}
	半导体	10^{-3}~10^{4}
	绝缘体	<10^{-10}

5.1.2　导热特性

1. 热导率

导电材料的热导率，对于电机、电缆及一些电工设备的热性能计算十分重要。如电缆同样截面的金属芯线，热导率大的载流量也大。

热导率（κ，也称为导热系数）是热能在材料内部流动能力的度量。材料内的热能流（q）用单位时间（t）流过的热能（Q）表示：$q=Q/t$。单位面积（A）的热能流与温度梯度成比例。温度梯度指单位距离的温度差：$\Delta T/\Delta d$。热导率（导热系数）就是热能流与温度梯度之间的比例系数：

$$\frac{q}{A}=\kappa\frac{\Delta T}{\Delta d} \tag{5-4}$$

从式（5-4）中解出 κ：

$$\kappa=(q/A)/(\Delta T/\Delta d) \tag{5-5}$$

故热导率的单位为 W/(m·K)。

非金属材料的导热取决于声子的运动。声子在材料中的作用类似于气体原子，将固体晶格的振动以波的形式从高能（高温）区向低能区传递。声子以一定速度在材料内部运动，温度越高，相互碰撞越剧烈，所以导热系数随温度升高而增大。

在金属材料中，除声子之外，自由电子也是热能的载体。金属中的杂原子、空穴、晶格缺陷都会使导热率降低。聚合物材料中既无晶格，又无自由电子，导热性能很差，这一特征使聚合物成为热绝缘体。不同材料的导热系数数量级［W/(m·K)］：银：4.1，钢：0.5，玻璃：0.01，聚乙烯：0.004。

2. 接触电位差和热电势

接触电位差是指在没有电流的情况下，两种不同物质接触面两侧的电位差，即两种不同的金属互相接触时所产生的电位差。两物体紧密接触，其间距小于 2.5×10^{-7}cm 时，就出现双电层和接触电位差。其数值与两种金属的性质及接触面的温度有关，与接触面的大小和接触时间的长短无关。在两金属相接触后，由于电子浓度不同，逸出功也不同，逸出功较小的金属由于失去电子而增高电势，逸出功较大的金属由于获得电子而降低电势，两者之间就呈现出电位差。在 A、B 两种金属之间的接触电位差 U_{AB} 为

$$U_{AB}=U_B-U_A+\frac{kT}{e}\ln\frac{N_{OA}}{N_{OB}} \tag{5-6}$$

式中，U_A、U_B 为金属 A、B 的接触电位；e 为电子电荷；k 为玻耳兹曼常数；T 为热力学温度；N_{OA}、N_{OB} 为金属 A、B 的单位体积的自由电子数。

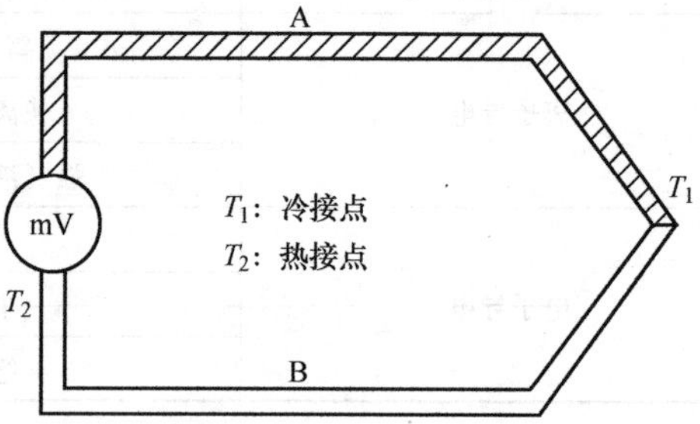

图 5-2 热电偶构造图

两种金属的接触电位差一般很小（0.1~几伏）。如果接触点温度相同，则闭合回路电位差总和为 0；如果接触点温度不同，如图 5-2 所示，则所产生的电位差为

$$\begin{aligned}U&=U_{AB}+U_{BA}=U_B-U_A+\frac{kT_1}{e}\ln\frac{N_{OA}}{N_{OB}}+U_A-U_B+\frac{kT_2}{e}\ln\frac{N_{OB}}{N_{OA}}\\&=\frac{k(T_1-T_2)}{e}\ln\frac{N_{OA}}{N_{OB}}\end{aligned} \tag{5-7}$$

所产生的电位差是温度的函数，即所谓的热电势。热电偶就是利用热电势来进行测温的。

常用的导电金属元素及其主要特性见表 5-2。

表 5-2 常用的导电金属元素及其主要特性

金属	电阻率/(Ω·m×10⁻⁸) 20℃	电阻温度系数/(×10⁻³) 0~100℃	线膨胀系数/(×10⁻⁶) 0~100℃
Ag	1.59	4.3	19.2
Al	2.65	4.3	23.2
Au	2.40	4.02	14.1
Co	6.64	6.04	13.7
Cr	13.7	3.01	6.5
Cu	1.72	4.33	16.8
Fe	9.71	6.51	11.7
Mo	5.69	4.73	5.0
Na	4.20	5.46	71

（续）

金属	电阻率/(Ω·m×10⁻⁸) 20℃	电阻温度系数/(×10⁻³) 0~100℃	线膨胀系数/(×10⁻⁶) 0~100℃
Ni	6.84	6.92	12.7
Pb	20.6	4.28	28.9
Pt	10.6	3.96	8.9
Sn	12.0	4.47	30.9*
W	5.45	5.1	4.5
Zn	5.92	4.17	63.1*

*指平行于晶轴的方向。

5.1.3 力学性能

导电材料除了电导率和热导率外，力学性能也十分重要，它是构成材料和设备力学结构的基础，往往与电学性能和热学性能同样重要。材料的力学性能大部分可以用应力-应变曲线来描述，以及拉伸强度、伸长率和弹性模量等参量表征（请参见本书第2章2.5节）。

5.1.4 导电材料分类

固体材料按电导率的大小，可以分为导电材料、半导体材料和绝缘材料，其物理本质是由于材料中的电子能带结构的差异所造成的。由图2-36可见，导体、半导体和绝缘体具有不同的能带间隙，绝缘体的满带与空带之间有一个较宽的禁带（E_g 约3~6eV），电子很难从低能级（满带）跃迁到高能级（空带）上去形成共有化运动；半导体的满带与空带之间也存在禁带，但是禁带很窄（E_g 约0.1~2eV）；而对于导体，价电子所在能带为半满带，相邻能级间隔小，在外电场作用下，电子很容易从较低能级跃迁到高能级，大量的电子很易获得能量进行共有化运动，并集体定向迁移形成电流。

固体的导电是指固体中的载流子（电子或离子）在电场作用下贯穿电极间的远程迁移，通常以一种类型的电荷载体为主，因此导电材料按导电机理（载流子类型）可分为电子导电材料和离子导电材料两大类。电子导电是以电子载流子为主体的导电；离子导电是以离子载流子为主体的导电；此外还有混合型导体，其载流子电子和离子兼而有之。

导体材料按照化学成分主要有以下四类：

1）金属材料：这是主要的导体材料，电导率在 10^7 ~ 10^8S/m 之间，常用的有银、铜和铝等。

2）合金材料：电导率在 10^5 ~ 10^7S/m 之间，如黄铜（铜锌）、镍铬合金等。

3）无机非金属材料：电导率在 10^5 ~ 10^8S/m 之间，如石墨在基晶方向（晶体层平行）为 2.5×10^6S/m。

4）高分子导电材料：导电高分子是指其本身或经过“掺杂”后具有导电性的一类高分子材料。

典型材料电导率范围如图5-3所示。

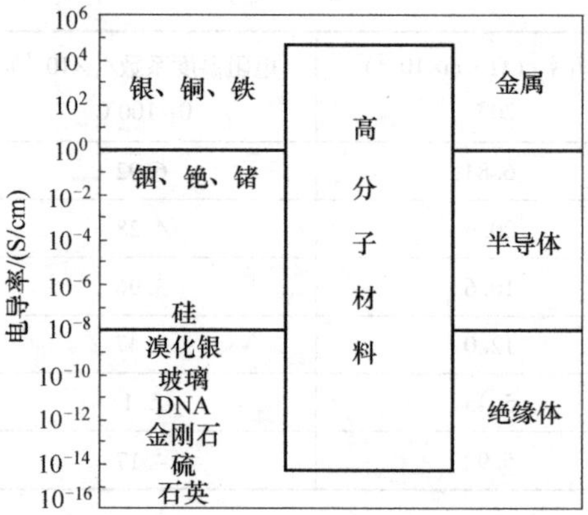

图 5-3　典型材料电导率范围示意图

5.2　常用导电材料

在电工中应用的导电材料主要有铜、铜合金、铝、铝合金、铁及铁合金。银虽然电导率最高，但价格昂贵，在工业中应用受到一定限制。

5.2.1　铜及铜合金

1. 铜

从历史角度看，铜是最早工程化的金属材料。铜与其他金属不同，铜在自然界既以矿石的形式存在，也同时以纯金属的形式存在。铜的应用以纯铜为主，约 80%的铜以纯铜状态用于导电材料和建筑材料，只有 20%的铜用于合金形式。铜还具有多种颜色，纯铜为紫红色，黄铜为黄色，白铜为银色。铜是电与热的良导体，用于导电材料的铜占了全世界铜产量的一半。电气应用的铜中杂质含量应低于 1%，一般都使用纯铜，但添加少量的镉、银或 Al_2O_3 可提高其硬度而且对电导率无显著不利影响。故工业上纯铜的定义是 99.88%，铜中的银也算作铜含量。

铜具有许多优点，除了高的电导率与热导率外，还具有相当高的抗拉强度，焊接性好，压延、拉丝等加工方便，有良好的耐腐蚀性，常温下氧化很缓慢，无低温脆性，矿藏丰富，易提炼，价格低廉等物理特性，故铜成为应用最广的导电材料。铜和铝的基本物理性能见表 5-3。

表 5-3　铜和铝的基本物理性能

物理性能	铜	铝
密度/(g/cm^3)	8.9	2.7
电阻率/($\Omega \cdot mm^2/m$)（20℃）	0.0172	0.02826
导电率/(%IACS)①	100	61
电阻温度系数/K^{-1}(0~100℃)	0.0039	0.004
导热系数/(W/m·K)	400	220
线性膨胀系数/K^{-1}(0~100℃)	1.7×10^{-5}	2.3×10^{-5}

（续）

物理性能	铜	铝
拉应力（退火）/MPa	220/290	70/95
拉应力（硬）/MPa	350/450	150/200
弹性模量/MPa	120000	66000
硬度 HB（退火）/10MPa	50	20
硬度 HB（硬）/10MPa	110	40

① IACS 即指国际退火工业纯铜标准，以20℃时退火工业纯铜的电阻率为0.017241Ω·mm^2/m 为100%IACS 表示。一般其他金属或合金的电导率用标准铜电导率的百分数表示：导电率（%IACS）= 0.017241/ρ×100%。

导电用铜的铜含量要求不小于99.90%，杂质对铜的电导率影响很大。例如：纯度为99.999%的铜，其电导率可达102.32%，有了杂质后将不同程度地降低铜的电导率，其中以P、Fe、Si等影响最大，而Cd、Ag等则影响不大。

杂质对铜的机械强度的影响，要看杂质是否能溶于铜中。溶解于铜的杂质，如银（Ag）、镉（Cd）、锌（Zn）、镍（Ni）、锡（Sn）、锑（Sb）、铝（Al）、砷（As）、铁（Fe）、锰（Mn）、磷（P）等会提高强度和硬度，对塑性影响不大；而Bi（铋）、Pb（铅）等杂质几乎不溶于铜，因而会使铜热脆或冷脆；其他杂质如O_2会使铜的电导率降低、性能变脆；Cu_2S会使铜的塑性降低；H_2在铜中溶解很小，对铜的性能影响不大，但含氧量大于0.03%的铜在氢或含氢的还原气体中加热时，氢会渗入铜中与Cu_2O作用，产生铜和高压水蒸气，在铜中形成微小气泡或显微裂纹，在压力加工时会使铜开裂，被称为“氢病”。所以为防止开裂，一般纯铜应在水蒸气、氮气、二氧化碳中退火或加工。

根据铜的纯度不同，导电用铜可分普通纯铜和无氧铜两类。普通纯铜按其含量大小又可分为：一号铜T1含铜量不小于99.95%；二号铜T2含铜量不小于99.90%。无氧铜可分为：一号无氧铜T01含铜量不小于99.97%，二号无氧铜T02含铜量不小于99.95%。普通纯铜用于电线电缆线芯和一般导电零件；无氧铜主要用于电真空器件、电子管和电子仪器零件、耐高温导体和真空开关触头。

当铜经受冷加工后会引起冷作硬化。当冷变形度达90%以上时，抗拉强度可提高到450MPa，而电导率只降低2%IACS。

2. 铜合金

在某些场合下，为了获得不同要求的性能，除了用纯铜作为导电材料外，还可加入少量的锡（Sn）、硅（Si）、铍（Be）、铬（Cr）、镁（Mg）、镉（Cd）等制成合金来应用。这类合金的力学强度高，电阻率也比纯铜高，例如：镉铜电导率为纯铜的85%IACS，供高强度绝缘线芯、通信线、滑接导线等用；锡磷青铜具有特高的强度，其抗拉强度为700~900MPa，而电导率仅为10%~25%IACS，用于电信设备等的导电弹簧及联接器上；为了获得高的机械强度和良好的导电性，可采用铍铜合金，但价贵，故只限于制作导电弹簧、压紧片、熔断器和导电元件的接线夹等重要零件；在铜中加0.2%的银可显著提高铜的硬度，而电导率却下降很微小。

有些铜合金中含有大量合金元素却仍能保持均相。例如：铜锌合金（黄铜）中锌含量可达40%，构成锌在铜中的固溶体，锌含量越高，强度越高，甚至伸长率也随之提高，如果在锌之外再加入锰，强度能够进一步提高；铜锡合金（青铜）也是均相固溶体，锡含量可达10%，如果青铜中铝含量不超过9%，硅含量不超过3%，都能保持均相。这些合金都具有良好的强度、韧性和加工性能。

很多铜合金可进行时效强化，即指合金元素经固溶处理后，获得过饱和固溶体；在随后的室温放置或低温加热保温时，第二相从过饱和固溶体中析出，形成弥散分布的硬质质点，对位错滑移造成阻力，使强度增加，韧性降低。如锆铜、铬铜、铍铜等。铍铜尤其具有高强度和高模量，且在磨擦碰撞时从不发出火星，可专门在可燃气体附近使用。

铜的密度比铁还高，所以铜合金的比强度低于铝、镁等轻合金。但铜合金的耐疲劳、耐蠕变和耐磨损性能较高，且延展性、耐腐蚀性、电导率和热导率都高于铝、镁等合金。铜可用各种方式强化，典型见表5-4。

表5-4　典型铜合金的性能

合金材料	处理方式	拉伸强度/MPa	屈服强度/MPa	伸长率（%）	强化机理
纯铜	退火	210	35	60	—
工业纯铜	退火至粗晶粒	220	70	55	—
	退火至细晶粒	235	75	55	细晶
	70%冷加工	395	365	4	应变
Cu-35%Zn	退火	325	105	62	固溶
Cu-10%Sn	退火	455	195	68	固溶
Cu-35%Zn	冷加工	675	435	3	固溶+应变
Cu-2%Be	时效强化	1310	1205	4	时效
Cu-Al	淬火—回火	760	415	5	马氏体反应
锰青铜	浇铸	490	195	30	共析反应

固溶强化的合金都是铜的取代固溶体，呈单相的FCC（面心立方）结构，是最常用的铜合金。在铜基合金中，铜-铍体系的强度最高。870℃下铍在铜中的溶解度为2.7%，而在室温下为0.5%。淬冷后可在315℃进行时效强化。冷加工应变强化的铜强度为345MPa，而含2wt%铍的铜铍合金通过Cu-Be沉淀强化可达到966MPa的强度，称为铍铜。其他时效强化的体系包括Cu-Ti、Cu-Si等。

铜的主要合金有以下几种。

1）黄铜：铜与锌的二元合金。铜中含锌后可使机械强度提高，而电导率降低不大，可做各种导电零件。黄铜有两种晶体结构，α黄铜为FCC（面心立方）结构的固溶体，锌含量低于38%的合金均为这种结构，锌含量高于38%后，开始产生BCC（体心立方）的β结构。锌含量为40%时α与β结构共存，锌含量为50%时则全为β结构。两种结构的黄铜性能有很大差异。

2）青铜：按照传统定义，是铜与锡的合金。锡在铜中的溶解度不高，室温下只有1%。当锡含量超过1%时，就会有硬而脆的δ相生成，对铜起到强化作用。硅青铜中的硅含量最高可达4%，但一般工业材料中的硅含量都低于此值。硅的加入会生成复杂结构的化合物，起到强化、硬化与提高耐蚀性的作用。铝青铜中不含锡，正确的名称应为铜—铝—铁合金。铝在铜中的溶解度为8%，在此范围内生成单相固溶体。两相合金中的铝含量一般为8%~12%。加入铁的目的是提高强度与硬度。三元合金可进行淬火—回火热处理。

3）白铜：铜与镍可以任意比例互溶，这是罕见的冶金现象。最重要的白铜是70%铜—30%镍，常用于防腐蚀的场合。白铜延展性很好，一般用冷加工强化。

4）镍银：实际上为铜—镍—锌三元合金。含量范围为45%~75%铜、5%~30%镍、5%~45%锌。镍银可以为柔软的、具有延展性的单相合金，也可以为延展性稍差的、较硬的两相合金。镍银最重要的用途是装饰。调整镍与锌的比例可以得到银子的外观，故名镍银。镀银后可以制造各种仿银器具，因材料颜色与银极为接近，银层磨损不易被发现。

5.2.2 铝及铝合金

1. 铝

铝是自然界蕴藏量最丰富的金属，地壳质量的8%为铝。许多岩石与矿物中都含有大量的铝。铝对我国来说有着丰富的资源，但是炼铝需要耗费大量的电力，在20世纪50年代后期导电用铝在我国才得到了很快的发展。

纯铝的基本物理性能见表5-3。作为一种金属导电材料，铝有三大优点，使得它在有色金属中占据头等重要的地位：①首先是质量轻、比强度高。铝的密度为2.7g/cm^3，除镁和铍以外，它是工程用金属中质量密度最小的，虽然强度比铁合金低得多，但比强度却与之相仿；②具有高的热导率与电导率（20℃时的电阻率为0.02826Ω·mm^2/m），其电导率为铜的60%左右，如果按单位质量计，铝的电导率则超过了铜；③耐腐蚀性。铝可与氧气迅速作用，在表面生成一层极薄的氧化膜，保护内部的材料不受环境侵害。此外，其他优点包括具有高反射率，延展性和可塑性好，可拉成丝或辗成铝箔，易加工成型等。

铝的缺点是疲劳极限不高，会在低应力下疲劳破坏；硬度低，容易磨损；熔点低（640℃），不能在高温下工作。另外，因为表面有Al_2O_3膜，故不易焊接。大约10%的铝用于导电材料；25%的铝用于容器与包装；20%的铝用于建筑材料，如门窗、扶梯、栏杆等；其余部分用于车辆、飞机与消耗品。铝合金与纯铝的性能比较见表5-5。

表5-5 铝合金与纯铝性能比较

材料	拉伸强度/MPa	屈服强度/MPa	伸长率（%）	合金屈服强度/纯铝屈服强度
纯铝（99.999%）	45	17	60	1
工业纯铝（99%）	90	35	45	2.0
固溶强化（1.2%Mn）	110	41	35	2.4
75%冷加工（99%Al）	165	152	15	8.8
分散强化（5%Mg）	290	152	35	8.8
时效强化（5.6%Zn，2.5%Mg）	572	503	11	29.2

2. 铝合金

液态铝可与多种金属混溶，但没有一种元素可与铝在固态完全混溶，固态铝对其他元素的溶解度只有百分之几，易生成中间金属化合物构成合金中的另一相。铝的中间金属化合物一般硬而脆，会对机械性能产生不利影响。铝合金中的其他元素含量一般不超过15%，最重要的合金元素为铜、锰、硅、镁和锌，这些元素与铝在高温下有较高溶解度，而在室温的溶解度非常有限。利用这一性质，可以对铝进行时效强化。许多铝合金是沉淀强化的，如Al-Mg、Al-Zn、Al-Si、Al-Mg-Si、Al-Mn、Al-Li、Al-Ni合金等。Al-Zn体系是铝合金中最强的。最经典的例子是铝—铜合金的时效强化。合金元素还对铝有其他方面的影响，见表5-6。

表5-6　合金元素对铝的影响

合金元素	影响
铜	含量12%以下可提高强度，太高导致变脆。改善高温性能与机加工性
镁	固溶强化。铸造困难
锰	与铁结合提高铸造性能，降低收缩，提高冲击强度与延展性
硅	提高铸造与焊接流动性，降低热开裂，提高耐蚀性。超过3%使合金难加工
锌	与其他元素结合产生极高强度。超过10%产生应力腐蚀开裂。二元合金无意义
铁	矿石中的天然杂质。可提高强度与硬度，降低铸件的热开裂
铬	低含量可降低晶粒尺寸。改善韧性，降低应力腐蚀开裂敏感性
钛	矿石中的天然杂质。可作晶粒细化剂
铅/铋	提高机加工性

铝的弹性模量远低于钢，比铜与钛还低。弹性挠曲为相同尺寸钢材的三倍。合金对模量的影响不大，铝合金的硬度不高，在材料选择时一般不必考虑铝的硬度，因为最硬的铝合金也不如最软的钢。

在铝材料的发展中，有两个倾向最值得关注。一是开发出了铝/锂合金；二是铝基复合材料。锂是最轻的金属，密度为0.534g/cm^3。在铝中加入1%的锂就能降低密度6%，加入2%~3%的锂可以将密度降低10%，这在航空工业中是非常重要的。锂的加入可同时提高合金的耐疲劳性能与耐低温性。铝/锂合金还可以超塑性加工成复杂形状。

铝基复合材料是提高强度与模量最便捷的途径。氧化铝、碳化硅与碳纤维对铝的增强都是非常有效的。加入35vol%的碳化硅后强度可达1723MPa，模量可达214GPa，而密度却没有增加。这意味着比强度与比模量大大提高了。发展铝基复合材料存在的问题与聚合物基复合材料相同，包括：基体与纤维的黏结问题，性能的方向性问题与增强纤维的高价格问题。

5.2.3　铁和钢

铁的电阻率高，约为铜的五倍多；且化学稳定性低，易氧化；在频率较高时集肤效应明显，所以很少用作导电材料。例如在裸的架空线中，由于要求能承受强大的机械应力，而铜及铝线强度不够，因而经常以钢作为其间的芯线制成钢芯铝绞线，这样既有高的机械强度，又有足够的电导率。其他如农村用的布线：广播线，也有将镀锌软钢线裸露使用或外面包以绝缘后应用，这种线价格较低。电工中用的钢线为低碳钢（含碳 0.1%~0.15%）。此外，铝包钢线与铜包钢线也可以用于架空通信与输电线路。

5.2.4 电触头材料

开关电器广泛用于分离/闭合电路中的电压和电流，其可靠性直接影响整个电力系统的可靠运行，电触头是开关电器的重要部件之一。

电触头材料（contact material）是用于开关、继电器、电气连接及电气接插元件等开关电器的核心材料，又称触头材料或电接触材料。有强电和弱电两大类：强电触头主要用于电力系统和电器装置；弱电触头主要用于仪器仪表、电信和电子装置。根据使用对象的不同，对触头材料提出不同的要求，具体参见表 5-7。这些要求与触头的工作条件和在操作过程中产生的各种物理现象有关。

表 5-7 常用电触头材料分类表

用途	类别	材料品种
强电用	复合触头材料	银-氧化镉，银-钨，铜-钨，银-铁，银-镍，铜-石墨，银-碳化钨
	真空开关触头材料	铜铋铈，铜铋银，铜碲硒，钨-铜铋锆，铜铁镍钴铋
弱电用	铂族合金	铂铱，钯银，钯铜，钯铱
	金基合金	金镍，金银，金锆
	银及其合金	银，银铜
	钨及其合金	钨，钨钼

强电触头材料要求为低接触电阻、耐电蚀、耐磨损及具有较高的电气强度、灭弧能力和一定的机械强度等。例如：真空开关触头材料要求抗电弧熔焊、坚硬而致密，常用的材料有 Cu-Bi-Ce、Cu-Fe-Ni-Co-Bi、W-Cu-Bi-Zn 合金等；空气开关触头材料常用 Ag-CdO、Ag-W、Ag-石墨、Cu-W、Cu-石墨等。

弱电触头材料要求具有极好的导电性、极高的化学稳定性、良好的耐磨性及抗电火花烧损性。主要有 Ag 系、Au 系、Pt 系及 Pd 系金属合金四种。

复合触头材料是通过一定加工方式将贵金属接点材料与普通金属基底材料结合一体，制成能直接用于制造接点零件制品的材料。价格便宜，可制造出电接触性能与力学性能优化结合的接点元件。

1. 电接触形式

电接触本身是一个动态过程。从空间上看，两导电组件间可分为“闭合”“断开”两种状态。时间上按“闭合”“断开”发生的概率可分为如下几种形式：

1）固定接触：其结构通常是在修理时才需要断开接触。

2）接插件：实现可拆电气连接。

3）可分合接触：“闭合”“断开”状态。

4）滑动接触：接触件间的平移或旋转运动实现从静止接触件到运动接触件（或相反）的电能转换，是一种特殊的电接触形式，空间上只有“闭合导通”一种状态。

按接触传导时有无电弧产生，又可将电接触分为无弧电接触、有弧电接触及滑动电接触等形式。

2. 电触点操作过程中的物理现象

1）接触电阻：由收缩电阻和表面膜电阻两部分构成。当两个触头相接触时，由于表面不可能非常平整光滑，总会有突出的部分，因而实际上只有这些突出点才是真正的接触点，这样电流线将收缩到有限的几个点上，形成收缩电阻；另一方面在各导体的接触表面由于有尘埃、气体或水分子的吸附，金属表面的氧化或硫化等会形成一层导电性很差的表面薄膜，形成表面膜电阻。

2）机械磨损：触头在开闭过程中会受到机械力的冲击，造成触头变形、裂开或剥落，因而会影响触头的寿命。

3）电弧耐蚀：触头在开闭过程中有电弧产生，电弧会使触头表面金属熔融、飞溅而散失。这种现象称为电弧腐蚀，它决定了触头的使用寿命。

4）触头的发热与熔焊：当触头在闭合状态下，由于通过很大的短路电流或过载电流会使触头发生高热而形成熔焊，触头在闭合过程中由于有一定程度的弹跳而产生的电弧使触头熔焊。这种熔焊非常危险，如焊接强度大于机械分断力，那么触头就不能断开，这将造成严重事故。

5）剩余电流：当触头将一变流大电流断开时，电弧虽在电流自然过零点时熄灭，但在触头间还流着一个暂态微小的剩余电流，它同触头材料的灭弧能力有关。如钨和石墨等在高温下会发射电子，所以剩余电流较大，而铜和银合金的剩余电流较小，故灭弧能力强。

6）电击穿：当触头间的距离小而电场强度较大时，那么触头虽然处在断开状态，但触头表面的一些联系较弱的颗粒可能在强的场强作用下被拉出吸引至对面触头，导致触头间的电击穿。

7）材料转移：在直流情况下触头动作时，会出现触头材料从触头的一方转移到另一方的现象，称为材料转移。当触头间的电压和电流均很小时，不会产生电弧，但是由于触头分离时阳极上的接点温度高，在阳极面上的熔融金属黏附在较冷阴极上，造成材料从阳极向阴极的转移。由于阳极失去部分金属而出现凹坑，而阴极却凸起，破坏电触头表面的平整，影响正常操作。

3. 开关电器对触头材料的要求

触头材料在开关电器中的功能是在电路中接通和断开电流。触头在开闭过程中产生的现象极其复杂，影响因素较多，因此为了满足各类实际应用，开关电器对触头材料的要求，最重要的是以下几方面：

1）良好的导电性和导热性：由于开关电器中触头和支座的热容量不大，并受限于散热所需的面积或体积，因此触头材料应具有良好的导电性和导热性；同时材料能承受较大的接触压力以减小接触电阻，使得温升不会超过规定值。

2）抗熔焊性：触头闭合时，电路事故的大电流会造成静熔焊；触头在闭合前的瞬间或闭合后弹跳时，也会因电弧使材料熔化而造成动熔焊。触头间微弱的熔焊和黏接，是因接触点的温度达到材料软化点而发生；而牢固的熔焊焊接、焊住，则是因为达到了熔化温度而发生。触头间发生熔焊，特别是牢固熔焊时，会因为线路无法开断而导致重大事故。因此，应尽量选用高熔点或高升华、高软化温度、低电阻率的触头材料。有些材料本身的可焊性差，或者表面熔化之后生成脆性的或疏松的膜，即使发生了熔焊，但焊接力很小，同样也可以提高抗熔焊性。电触头制造工艺对其性能影响很大，例如：粉末冶金工艺制造的电触头有较好的抗熔焊性，但耐损蚀性能差；合金内氧化法制造的电触头耐电损性好，但抗寒性略低。

3）耐电弧烧蚀性：这一性能决定了开关电器通断能力和电寿命。在强电情况下，电弧造成的金属汽化是损耗的主要形式，金属因电弧形成等离子体而产生蒸汽，会吹走触头上的金属液滴而造成严重烧蚀。这一性能与触头材料的热导率、熔点、熔化潜热、蒸发潜热、材料中各组分的分解温度和分解热以及材料的组织结构等有着密切的关系。

4）大电流分断时不易发生电弧重燃：在一些灭弧方式简单而又需要分断大电流的开关电器中，会因为灭弧能力不够，分断交流电流时，发生多次电弧重燃的现象，严重时会因持续燃弧而导致电器烧毁。开关电器分断后是否发生电弧重燃，取决于触头间气隙介质的电气强度与系统的恢复电压之差，如果气隙介质电气强度恢复得比系统恢复电压快，电弧无法重燃，开关成功分断了，而介质电气强度恢复得快慢与触头材料的物理性能密切相关。对于触头材料来说，含有热离子发射型元素和低电离电势元素的材料，容易使电弧重燃。还有触头材料的热学性能以及组织结构和表面状态，对电弧的重燃都起着重要作用，良好的热学性能可以帮助冷却电弧，而结构和形貌则影响电弧的运动。此外与材料的显微组织结构、表面状态和制造方法也有关系。

5）低截流水平：对真空开关电器非常重要。在真空开关的分断过程中，触头间隙内介质的介电强度迅速恢复，使电弧很快地熄灭，使电流立刻降至零，也即所谓“截止了电流”，这会在线路中感生出高电压而损伤设备绝缘。在真空开关电器中，介质的介电强度的迅速恢复是因为电流变零时金属蒸汽凝结到电极和屏蔽罩上，导致触头间隙迅速地被抽空。因此，当触头材料中含有蒸汽压高的元素时，可以降低截流水平。

6）低的气体含量：真空开关电器要求触头材料有低的气体含量，因为真空开关的灭弧室内任何时候都要使压力保持在很低的水平，在使用过程中，触头材料内的气体会在电弧作用下释放出来，如材料所含的气体过多，会导致真空破坏，严重时会使开关设备损坏。因此，真空开关的触头材料的含气量应当很低。

7）化学稳定性：触头材料应具有高温化学稳定性，表面不易生成各种化合物。否则，触头表面会生成绝缘膜，从而导致触头的接触电阻变大。

8）抗环境介质污染。

应用实例——常用电触头材料

（1）铜钨系触头材料

铜钨系触头材料是由高导电率导热率的铜和高熔点高硬度的钨形成的合金材料，具有良好的耐电弧侵蚀性、抗熔焊性和高强度等优点，用于油路断路器和六氟化硫断路器及其他惰性气氛的开关断路器，不易氧化，触头损耗也少。在铜钨合金中添加合金镍可使其抗电弧腐蚀性能得到进一步提高。随着技术的发展，现在的铜钨合金已能很好满足火花放电器、激光器及电火花加工用电极材料等的要求，并逐步在上述领域得到应用。

(2) 银钨系触头材料

银钨系触头材料广泛应用于自动开关、大容量断路器、塑壳断路器中，具有良好的热、电传导性，耐电弧腐蚀性，金属迁移的熔焊趋势小等优点。其主要缺点是接触电阻不稳定，是由于在触头开断过程中，表面生成一些非导电性的化合物，以及银钨触头表面的钨逐渐增多等的缘故。有两种解决方案，一方面可以从材料成分上着手，通过在银钨触头材料中添加金属铜、锌、镁、氧化铝及铁族元素来改善；另一方面是从制造工艺着手，银钨组分、钨粉粒度、制造方法等对银钨触头性能都有影响，在高银含量的银钨合金中，钨含量越高，接触电阻越大，钨颗粒越粗，硬度越低，耐电弧腐蚀性越差，但在电弧作用下触头龟裂减少，材料损耗降低。

(3) 铜铬系触头材料

对中压大容量真空开关来说，Cu-Cr 合金触头具有十分突出的优越性。在此合金的组合中，Cu-Cr 合金具有良好的导热、导电性，为触头大的工作电流和开断能力提供了保证。而 Cr 相对较高的熔点和硬度保证了触头有较好的耐压和抗熔焊性能，Cr 难以产生热电子发射保证了灭弧室在运行过程中的真空度。低温下 Cu、Cr 几乎不互溶；高温下 Cr 可少量溶于Cu，这样既保证了高温复合过程中 Cu、Cr 两相的浸润，又保持了低温时两组元之间的独立性，从而保持两组元各自的优异特性，使得 Cu-Cr 合金触头表现出优良的综合性能，如具备较高的耐压水平，击穿强度高达 25kV/mm；低的截流值，平均值为 4~5A；高的开断能力；好的耐电弧腐蚀特性以及很强的吸气能力。

然而，就某一单方面的性能，Cu-Cr 合金触头材料还存在明显不足，如耐压不如 Cu-W，而抗熔焊不及 Cu-Bi，截流值则高于 Ag-W，而且，由于 Cu 与 Cr 的互溶性差，通过烧结收缩致密化有一定困难。但是通过添加第三组元素可以对某些低性能进行改善。

(4) 银镍、银-石墨触头材料

银镍触头材料具有良好的导电、导热性，接触电阻低而稳定，电弧侵蚀小而均匀，在直流下开闭时的材料转移比纯银小。银镍触头材料中一般镍含量为 10%~40%，镍含量不同，使用场合也不同。镍含量低的用于中小电流等级的接触器、继电器、控制开关等；镍含量高的主要用于铁路开关、保护开关、中等容量的空气开关等。但是，这种触头在大电流下抗熔焊性能差，通常和银石墨触头配对使用。为了进一步提高银镍触头的性能，可以改变材料表面形貌，添加难熔物来影响材料熔焊和损蚀特性。

银-石墨触头材料的特点是导电性能好，接触电阻低、抗熔焊性好，即使在短路电流下也不会熔焊，但是电弧侵蚀较高、电磨损大、灭弧能力差。已有研究结果表明，银-石墨类材料的电接触特性与生产过程中石墨颗粒在银基体中的分布形态有很大关系。

(5) 银-氧化锡触头材料

银-氧化锡触头材料具有耐电磨损、抗熔焊、接触电阻低而且稳定的特点，广泛应用于电流从几十安到几千安，电压从几伏到上千伏的多种低压电器中。

表 5-8 列出了家用电器常用的触头材料。表 5-9 列出了常用触头材料及用途。

表 5-8 家用电器常用触头材料

电器	Ag	AgCdO	AgNi	$AgSnO_2$	Ag 箔	镀 Ag	镀 Au	AgPd	Au 系电镀	AgC
电饭锅	○	○	○							
电熨斗	○	○	○							
微波炉	○	○	○							
冰箱	○	○	○							
空调	○	○								
微型断路器		○		○						○
音响					○	○				
电视机							○			
电话机								○	○	
自动门	○	○	○							
电梯				○						○
自动售货机	○	○	○							

表 5-9 常用触头材料及其用途

材料	特性	密度 g/cm^3	硬度 H_V	导电率 %IACS	制备方法	形状	使用例子
纯 Pt	耐腐蚀性强，接触电阻稳定	21.4	65	16	熔炼	复合	通信器材
PdRu（10）	硬度高，耐腐蚀性好	12.0	160	48	熔炼	复合	通信器材、微型电动机
AuPt（6）Ag（25）	化学稳定性好，接触电阻小	17.1	60	11	熔炼	复合	旋转式开关
纯 Ag	导电性最好，接触电阻小	10.5	26	106	熔炼	铆钉，复合	小开关、继电器
AgPd（30）	抗硫化性，直流下材料转移小	10.9	75	32	熔炼	铆钉，复合	电话机、方向指示灯
AgAu（10）	抗硫化性优于银	11.0	29	48	熔炼	铆钉，复合	直流信号继电器，键盘
AgCdO（13）	接触电阻稳定，抗熔焊性好	10.0	58	77	内氧化	铆钉，片状	交流接触器
$AgSnO_2In_2O_3$（11）	耐磨损性及抗熔焊性好	9.9	110	67	内氧化	铆钉，片状	继电器、接触器及断路器
AgNi（10）	直流下材料转移小	10.3	60	87	粉末冶金	铆钉，片状	30A 以下继电器、开关
AgC（5）	抗熔焊性好，接触电阻低	8.6	38	75	粉末冶金	铆钉，片状	断路器，信号开关

（续）

材料	特性	密度 g/cm³	硬度 H_V	导电率 %IACS	制备方法	形状	使用例子
纯 W	耐电弧性好，但易氧化	19.3	290	31	粉末冶金	铆钉，片状	分电盘，点火装置
CuW（65）	耐电弧及抗熔焊性好	14.8	200	55	粉末冶金	片状	空气断路器
CuW（70）	耐电弧及抗熔焊性好，易氧化	14.2	200	33	粉末冶金	片状	少油及油断路器
AgWC（50）	抗氧化性好，接触电阻稳定	13.2	200	36	粉末冶金	片状	断路器

注：括号中数字表示括号前元素或化合物在合金中的质量百分比。

5.2.5 电碳材料

电碳材料是以碳和石墨为基体的电工材料，也是电化学工业中应用最广泛的非金属电极材料。它既可作为阳极及阴极材料，又可作为电催化剂载体、电极导电组分或骨架、集流体。

电碳材料的特点如下：①具有良好的导电能力和各向异性；②较高的热导率（介于铝和软钢之间）；③耐高温，在真空或保护性气氛中，能在 3000℃左右高温下工作（可作为高温发热体）且高温机械强度高，在 2500℃内随温度升高而增大；④密度小（介于铝和镁之间）；⑤与液态金属不浸润；⑥化学稳定性好，仅与强氧化剂作用；⑦具有自润滑性；⑧热发射电流随温度升高而增大。

电碳材料主要用于制造电工设备的固定电接触或转动电接触的零部件等电碳制品，如电机的电刷，电力开关和继电器的石墨触头等。此外，还可用于弧光放电的石墨电极、光谱分析用的碳棒、碳膜及碳电阻、碳和石墨电热元件、干电池碳棒、大型电子管石墨阳极和栅极以及熔融金属用的电极等。

碳和石墨在电化学应用中具有：导电及导热性能好、耐蚀性较好、易加工为各种形态及不同形状的电极、价廉易得等优点；但在较低温度下机械强度较低、易磨损、易氧化。

1. 碳和石墨的结构

碳的典型形态有等轴晶系的金刚石、六方晶形的石墨、非晶体的无定形碳，用于电极的碳一般为六方晶形的石墨、非晶体的无定形碳。石墨的晶体结构如图 5-4 所示，为六方层状结构，同层原子为共价键结合，层间的结合力为范德华力。由于层间结合弱，受力可滑移，因此石墨材料较软，且具有自润滑性。由于层内原子间距为 1.42Å，而层间原子间距为 3.35Å，因而石墨材料具有明显的各向异性。

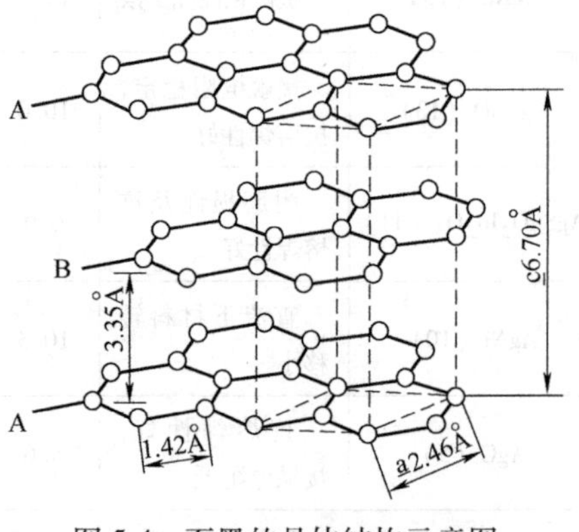

图 5-4　石墨的晶体结构示意图

无定形碳的原子排列是无规则的，其硬度比石墨高 4~5 倍，经高温处理，可转变为石墨。碳和石墨制品在压制、烧结后，内部存在大量微孔，工业上常用孔隙率、假密度、真密度表征这一结构特点。

2. 碳和石墨的理化性质

表 5-10 列出了碳和石墨的机械物理性质。

表 5-10 碳和石墨的机械物理性质

材料	抗压强度/MPa	抗弯强度/MPa	电阻率/$10^{-4}\Omega \cdot cm$
石墨阳极	25~35	18~22	6~9
各种碳块	35~45	—	50~60
预焙阳极	35~45	—	45~50
阳极糊（焙烧后）	25~35	—	50~80

碳材料的化学性质比较稳定，常温下不与各种气体发生化学反应。无定形碳在 350℃以下无明显氧化反应；石墨在 450℃以下无明显氧化反应。反应速度与碳材料的结构、气体压力有关。碳和石墨除与强氧化性酸（如浓硫酸、浓硝酸、王水）及盐作用外，在一般的电解液中都是稳定的。

应用实例——电碳材料的应用

1）电刷：用于电机。要求电刷的机械磨损要小；电功率损耗要小；在电刷下不出现对电机有害的火花；噪声要小；在换向器或集电环表面要能形成适宜的由氧化亚铜、石墨和水分等组成的表面薄膜。此外对电刷材料还有一定的接触特性与摩擦系数的要求。

2）电极：用于有机电合成工业。

① 阳极材料：在以阳极氧化制取产品时，电极的溶解成为严重问题，性能稳定的玻璃碳电极在有机电合成技术中得到成功的应用，可以取代铂电极。

② 阴极材料：由于碳和石墨表面析氢过电位较高，在以阴极还原反应形成产物的电解合成中，是合适的阴极材料，可获得较高的产率及电流效率。

3）水处理：利用碳材料高的比表面、良好的渗透性及价廉易得的优点，可在水处理中作为电解沉积、离子交换及电吸附的电极材料，回收其中的金属离子、除盐及净水。如：采用多孔的碳和石墨电极，以电解方法，可将 Cu^{2+} 从浓度很低（10^{-4}~10^{-2}mol/L）的污水中回收，使其浓度下降为1%或更低。

4）熔盐电解：石墨阳极可用于熔盐电解制取镁、钠、锂等金属；碳阳极可用于电解铝。

5.3 超导电材料

5.3.1 超导基本概念

超导电性是指在一定的温度下一些材料所出现的特有电磁特性。通常导电材料的电阻随着温度的降低而降低，某些材料会出现当温度降低到某一程度时电阻突然消失的现象，称之为超导现象，如图 5-5 所示。人们将这种以零电阻为特征的材料状态称为超导态。超导体从正常状态（电阻态）过渡到超导态（零电阻态）的转变称为正常态-超导态转变，转变时的温度 T_C 为这种超导体的临界温度。零电阻和转变临界温度 T_C 是超导体的第一特征。

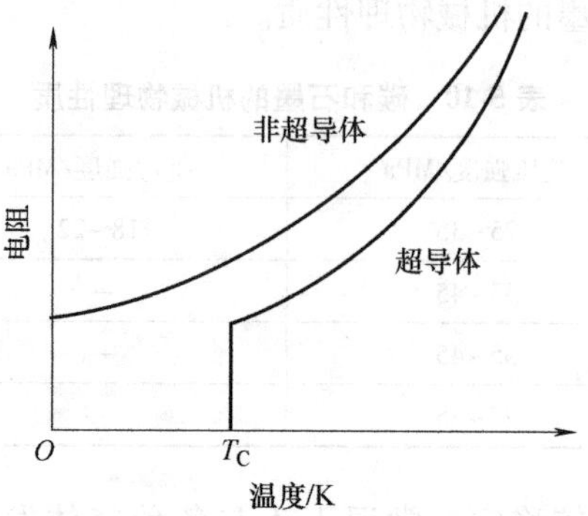

图 5-5　超导体与非超导体电阻与温度关系示意图

将处于超导态的超导体置于一个不太强的磁场中，磁力线无法穿过超导体，超导体内的磁感应强度为零。这种现象称为超导体的完全抗磁性，也是超导体的第二特征。这种抗磁现象最早于 1933 年由 W. Merssner 和 R. Ochenfeld 做实验时发现，因而这种现象又称为迈斯纳效应，如图 5-6 所示。

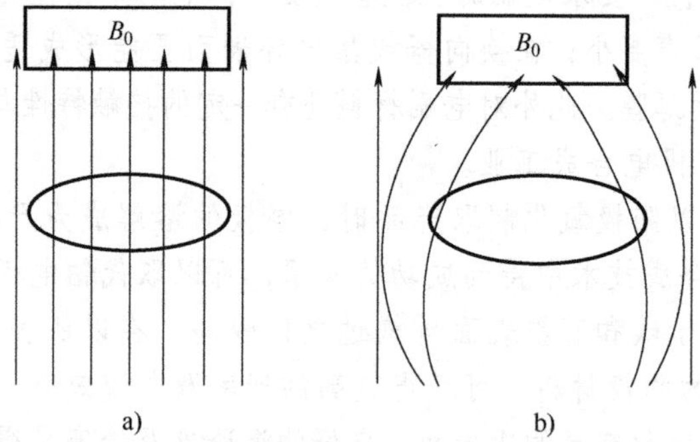

图 5-6　迈斯纳效应示意图

不过，当加大磁场强度时，可以破坏超导态。超导体在保持超导态不致于变为正常态时所能承受外加磁场的最大强度 H_C 称为超导体的临界磁场 $H_C(T)$。临界磁场与温度有关，$H_C(T)$ 和 0K 时的临界磁场 $H_C(0)$ 的关系为

$$H_C(T)=H_C(0)\left[1-\left(\frac{T}{T_C}\right)^2\right] \tag{5-8}$$

在临界温度 T_C 以下，超导态不至于被破坏而容许通过的最大电流称为临界电流 I_C。参数 T_C、H_C、I_C 是评价超导材料性能的三个重要指标，对于理想的超导材料，这些参数越大越好。同时临界温度（T_C）、临界磁场（H_C）、临界电流（I_C）也是约束超导现象的三大临界条件。当温度超过临界温度时，超导态就消失；同时，当超过临界电流或者临界磁场时，超导态也会消失，三者具有明显的相关性。只有当上述三个条

件均满足超导材料本身的临界值时，才能发生超导现象。

综上可知，当材料处于超导状态时，应具有以下三个特性：

1）完全导电性：超导体进入超导态时，其电阻率实际上等于零。例如：室温下将超导体放入磁场中，冷却到低温进入超导状态，去掉外加磁场后，线圈产生感生电流，由于没有电阻，此电流将永不衰减，即超导体的“持久电流”。

2）完全抗磁性：不论开始时有无外磁场，只要 $T<T_C$，超导体变为超导态后，超导体内的磁感应强度恒为零，即超导体能把磁力线全部排斥到体外，这种现象称为迈斯纳效应。

3）临界电流 I_C 和临界磁场 H_C：即使在低于临界温度以下，若进入超导体内的电流强度以及周围磁场的强度超过某一临界值时，超导状态被破坏，而成为普通的常导状态，电流和磁场的这种临界值分别称为临界电流 I_C 和临界磁场 H_C。

5.3.2 超导电性的物理机理

针对金属超导现象，1950 年 H. Frilich 和 J. Bardeen 推断电子和声子相互作用，能够将两个电子耦合在一起，似乎它们之间存在着一种直接吸引作用。1956 年 L. N. Cooper 发表一篇关于 0K 时普通金属中单个电子对形成的论文，证明两个电子之间存在着吸引力。1957 年，Bardeen、Cooper 和 Schrieffer 将 Cooper 方法推广到描述大量界面电子的行为，证明了电声作用形成所谓“库柏电子对”的集合。这就是著名的 BCS 理论。

库柏电子对的形成原理可用图 5-7 来描述：金属晶体中的外层价电子处在带正电性的原子实组成的晶格环境中，带负电的电子吸引原子实向它靠拢，在电子周围形成正电势密集的区域，它又吸引第二个电子，即电子通过格波声子相互作用形成电子对，称为“库柏电子对”。这种库柏电子对具有低于两个单独电子的能量，在晶格中运动没有任何阻力，因而产生超导性。

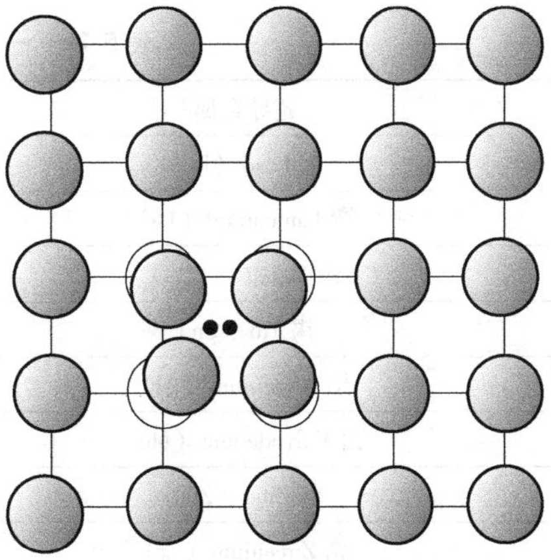

图 5-7 库柏电子对形成示意图

5.3.3 超导体的分类

超导体可以依据它们在磁场中的磁化特性划分为两大类：

1）第一类超导体：只有一个临界磁场 H_C，超导态具有迈斯纳效应，表面层的超导电流维持体内完全抗磁性。除铌（Nb）、钒（V）、锝（Tc）以外，其他超导金属元素都属于这一类。

2）第二类超导体：有两个临界磁场 H_{C1} 和 H_{C2}。当外加磁场 $H_0<H_{C1}$ 时，同第一类，超导态具有迈斯纳效应，体内没有磁感应线穿过；当 $H_{C1}<H_0<H_{C2}$ 时，处于混合态，这时体内有磁感应线通过，形成许多半径很小的圆柱形正常态，正常态周围是连通的超导圈。整个样品的周界仍有逆磁电流，即混合态也有逆磁性，没有电阻。外加磁场强度达到 H_{C2} 时，正常态区域扩大，超导区消失，整个金属变为正常态。金属铌属于典型

的第二类超导体。图 5-8 给出了两类超导体的磁性特征。

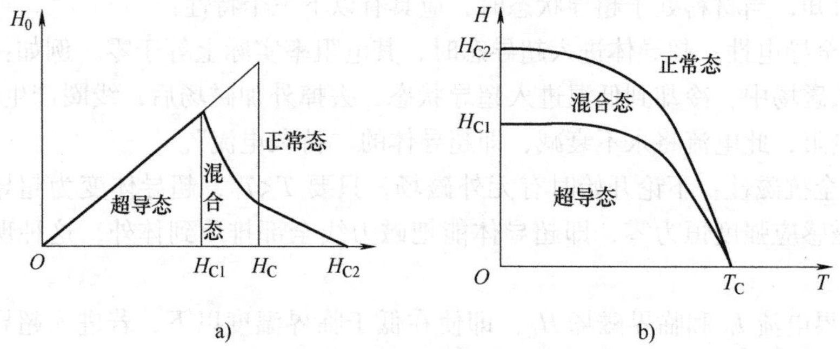

图 5-8　两类超导体磁性特征示意图

1. 金属超导体

目前发现具有超导电性的金属元素有 30 种，其中过渡族元素 19 种，如 Ti、V、Zr、Nb、Mo、W 等，非过渡族元素 11 种，如 Pb、Sn、Al、Ga 等。除 Nb、V、Tc 以外，其他超导元素超导体（金属超导体）都属于第一类超导体。一些超导金属及其临界温度如表 5-11 所示。

表 5-11　一些超导金属及其临界温度

超导金属	临界温度/K
铅 Lead（Pb）	7.196
镧 Lanthanum（La）	4.88
汞 Mercury（Hg）	4.15
锡 Tin（Sn）	3.72
铝 Aluminum（Al）	1.175
钼 Molybdenum（Mo）	0.915
锌 Zinc（Zn）	0.85
锆 Zirconium（Zr）	0.61
镉 Cadmium（Cd）	0.517
钛 Titanium（Ti）	0.40
钨 Tungsten（W）	0.0154
铂 Platinum（Pt）	0.0019
铑 Rhodium（Rh）	0.000325

超导金属中，铅（Pb）的临界温度最高，达 7.196K，铑（Rh）的临界温度最低，为 0.000325K。部分合金材料也具有超导特性，超导合金的临界温度有所提高，如 NbTi 二元合金，其临界温度为 8~10K；NbTiZr 三元合金，其临界温度为 10K。

2. 氧化物超导体

直至 1986 年，超导体还被局限在液氦温区。从那时起发现了一系列陶瓷材料，其临界温度超过了 77K，一举将超导带入了液氮温区。1986 年，J. G. Bednorz 和

K. A. Müller 发表了他们在含有钡、镧和铜的氧化物体系中观察到低电阻的研究工作，但没有公布化合物组成。这个化合物后来公布为 $La_{2-x}Ba_xCuO_4$，其临界温度为 35K，J. G. Bednorz 和 K. A. Müller 后来由于这一发现获得了诺贝尔奖。

此后，具有高 T_C 的新无机材料极快地发展起来。这些陶瓷包括所谓的 1，2，3 化合物 $YBa_2Cu_3O_{7-x}$，其中 x 指钙钛矿晶格中丢失的氧离子数，如图 5-9 所示。$TlBa_2Ca_3Cu_4O_{11}$的临界温度甚至超过了 100K。到目前为止，这些新材料均是含铜的复合氧化物，多数材料在高压或薄膜态，临界温度最高纪录为 138K。表 5-12 列出了部分超导氧化物的成分与临界温度。

表 5-12 超导氧化物的成分与临界温度

超导氧化物	成分	临界温度/K
HgBaCu 系	$Hg_{0.8}Tl_{0.2}Ba_2Ca_2Cu_3O_{8.33}$	138（目前最高）
	$HgBa_2Ca_2Cu_3O_8$	133~135
	$HgBa_2CuO_{4+\delta}$	94~98
TlBaCaCu 系	$Tl_2Ba_2Ca_2Cu_3O_{10}$	127~128
	$Tl_{0.5}Pb_{0.5}Sr_2Ca_2Cu_3O_9$	118~120
	$Tl_2Ba_2CuO_6$	95
BiSrCaCu 系	$Bi_{1.6}Pb_{0.6}Sr_2Ca_2Sb_{0.1}Cu_3O_y$	115
	$Bi_2Sr_2Ca_2Cu_3O_{10}$	110
	$Bi_2Sr_2Ca_{0.8}Y_{0.2}Cu_2O_8$	95~96
YBaCu 系	$TmBa_2Cu_3O_7$	90~101
	$YBa_2Cu_3O_7$	93
	$YbBa_{1.6}Sr_{0.4}Cu_4O_8$	78
LaBaCu 系	$La_2Ba_2CaCu_5O_{9+\delta}$	79
	$(La,Sr,Ca)_3Cu_2O_6$	58
	$La_2CaCu_2O_{6+\delta}$	45
	$(La_{1.85}Sr_{0.15})CuO_4$	40
	$(La,Ba)_2CuO_4$	35~38
	$(La_{1.85}Ba_{0.15})CuO_4$	30（1986 年诺贝尔奖）

用传统烧结方法制备的超导陶瓷的临界电流密度较低，不到 $10^7A/m^2$。而传统金属的超导体能超过 $10^{10}A/m^2$。要提高电流密度就必须提高陶瓷的取向度，制成陶瓷薄膜可将临界电流密度提高两个数量级，如图 5-10 所示。此外陶瓷较难加工，解决办法之一是将陶瓷填充到金属管中再拉成导线。

3. 有机高分子超导体

有机超导体主要有掺碱金属的 C_{60}。C_{60}本身是不具有超导电性质的，在对 C_{60}进行碱金属或一些稀土金属元素掺杂的时候，人们发现 C_{60}具有了超导电的性质。如 K_3C_{60}的 T_C 为 18K，Cs-Rb-C_{60}的 T_C 为 33K。

高分子超导体主要是非碳高分子，已经发现（SN）x 在温度为 0.26K 时电阻为零，表现出超导电性能。

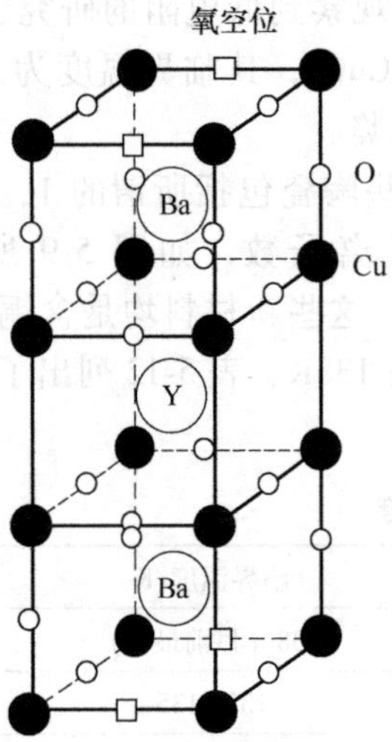

图 5-9　钙钛矿结构示意图

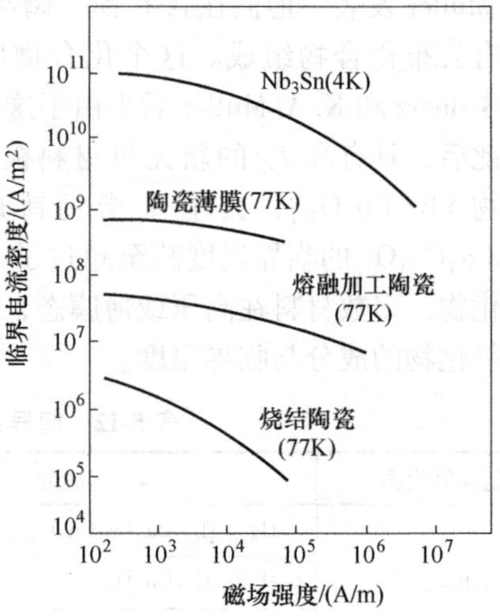

图 5-10　超导陶瓷临界电流密度与加工方法的关系

5.3.4　超导的应用

超导的应用，基本上可以分为强电强磁和弱电弱磁两大类。

1. 超导强电强磁应用

主要基于超导体的零电阻特性和完全抗磁性以及非理想第二类超导体所特有的高临界电流密度和高临界磁场。主要应用在电力方面如超导电缆，超导磁体如超导磁悬浮列车，巨大环形超导磁体和超导磁分离等。

（1）超导磁体

超导磁体是指能产生磁场的器件，目前超导电性的最大量、最有效地应用就是用作超导磁体。一般的永久磁铁两端附近的磁感应强度达到 0.4~0.7T，由于铁磁材料本身的限制，如电磁铁中的铁芯有磁饱和效应，故不能产生 2.5T 以上的磁场。利用铜线圈产生强磁场，从理论上来说是可能的，但是铜线圈要产生大量的能量损耗，并要发热，如产生 10T 磁场的铜线圈所需要的电功率是 1600kW。而为了冷却线圈所需要的冷却水量是每分钟 4.5t，这样做是得不偿失的。现在用超导材料制成强磁场导体，它有很多优点：

1）超导磁体可以在很高的磁场下（5T、10T、15T，甚至 20T、30T）无阻地输送很大的电流，因此无焦耳热损耗。

2）由于超导磁体的电流密度可达 $10^9A/m^2$，比一般铜线（$10^6A/m^2$）要高得多，因此超导体不仅磁场很强，而且十分轻便。一个 5T 的中型磁体，用常规材料制造时其质量达 20t，而应用超导磁体时其本身质量最多也不过几千克，质量相差上千倍。即使包括制冷设备在内，也要比常规磁体轻得多。

3）超导磁体稳定性好，均匀度高，还可以获得常规磁体根本无法达到的磁场梯度 1.4kT/m。

4）易于启动，并能长期运行，因此运行费用大为降低，而其基建费与常规磁体相差不多。

（2）直流超导电机

现有的普通直流发电机的功率受磁饱和强度的限制，而利用超导体作为发电机绕组材料时，其磁场强度可以比普通直流发电机提高5~15倍，电流密度可到$10^8 A/m^2$以上，因而输出功率可以提高几十倍。

（3）其他应用

交流超导电机，超导变压器，超导开关等。

2. 超导弱电弱磁的应用

基于Josephson效应（隧道效应），建立极灵敏电子测量装置为目标的超导电子学，发展了低温电子学。如超导量子干涉器件是一种高灵敏度的测量装置，主要功能是测量磁场。它可以在电工仪表、医学、生物、资源开发、环境保护、固体材料、地球物理等领域应用。利用Josephson结的交流伏安特性可以进行微波检测，可做成视频检测器、混频器、变频器以及高频电磁波发生器等，这些都是在无线电技术上的重要应用。

此外，超导计算机将是第五代计算机的“种子选手”，Josephson结具有极高的开关速度和极低的功耗，从而为制造亚纳秒级的电子计算机提供了途径。

5.4 半导电材料

所谓半导电材料，定义为电阻率介于电介质与导体之间的材料。半导电材料的一部分是半导体材料，另一部分是电介质/导体的复合材料。半导体材料其特点是具有较窄的禁带，因而其电阻率介于电介质（较宽的禁带）与导体（没有禁带）之间，半导体材料已在第4章作了具体介绍；而电介质/导体的复合材料是通过不同电阻率材料的混合，达到所需要电阻率的复合材料，下面主要介绍这种材料。

如果从电路的角度来描述材料的导电特性，可以把纯的电介质看成是多个高电阻的串联，当其中掺入导体（或半导体）材料时，可以当作一些低电阻混入其中，形成高、低电阻串并联混合的拓扑结构，从而使电阻率发生改变。

炭黑分散在聚合物中形成半导电材料

随着在电介质中导电填料体积分数的增加，复合材料的体积电阻率会缓慢下降，当导电填料增加到某一临界体积分数，复合材料的体积电阻率会出现急剧下降的现象；这种现象被称为逾渗现象，导电填料的添加临界体积分数被称为逾渗阈值。

逾渗理论主要是从宏观角度来解释复合材料的导电现象，描述了电阻率与导电填料体积分数之间的关系，并不涉及微观导电机理的实质。经典的逾渗曲线如图5-11所示。

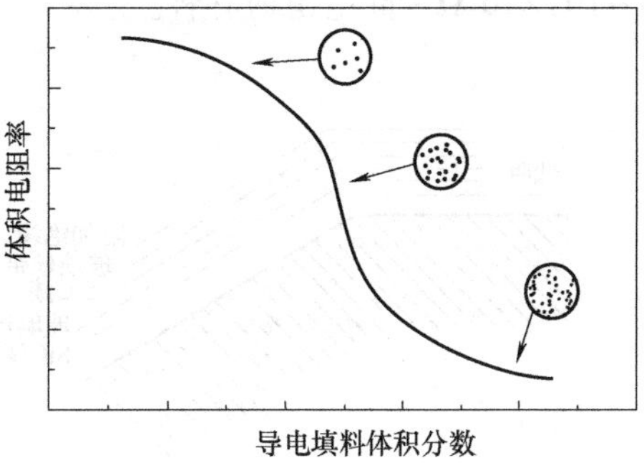

图5-11 复合材料中导电填料体积分数与体积电阻率关系

图中有三个明显的区域：高电阻率区、逾渗区和高导电区。当导电填料添加量很低时，导电填料颗粒均匀并孤立地分散在电介质基体当中，此时复合体系的体积电阻率主要反映的是基体的体积电阻率；随着导电填料添加量增加，导电颗粒相互接近接触的几

率增大，当导电填料添加量达到逾渗阈值时，贯穿复合体系的导电通路形成，复合体系进入逾渗区域，继续增加导电填料添加量，电介质基体中将形成三维导电网络，复合体系的体积电阻率急剧下降；在逾渗曲线末端，完善的三维导电网络基本形成，继续增加导电填料添加量，复合体系体积电阻率基本不变。

导电通路形成后一般认为有三种机理可解释复合材料的导电行为：导电通道、隧道效应和场致发射。

加入到电介质中的导电填料粒子一部分能够相互接触形成链状导电通道进行导电行为；另一部分粒子则以粒子聚集体或孤立粒子的形式存在，当粒子聚集体或孤立粒子相距很近时，由热振动而被激活的电子可以越过基体界面所形成的势垒，跃迁到相邻导电粒子上形成较大的隧道电流，这种现象在量子学上称为隧道效应；当导电粒子间的内部电场很强时，电子将有很大几率飞跃树脂界面层势垒而跃迁到相邻导电粒子上，产生场致发射电流进行导电。一般认为复合材料的导电性是这三种导电机理作用的竞争结果。

应用实例——半导电材料的制备与应用

一般情况下，当电介质中掺入少量导电材料，其电阻率将缓慢降低；当掺入量达到 20~40wt%时，电阻率开始急剧降低；当掺入量达到 60~80wt%时，电阻率降低速度趋缓。如向电介质材料氧化铝陶瓷中掺入金属钼，当钼掺入量达到 20wt%时，电阻率开始激变；又如导电漆的配制，以 1033 绝缘漆为底漆，其电阻率大于 $10^{12}\Omega\cdot cm$，加入石墨作为电阻调节剂，当石墨含量低于 40%时，低阻漆的电阻显著降低，用万用表不可测得，当石墨含量在 40%~60%时，电阻值急剧下降，而当石墨含量大于 60%以后，电阻基本不再变化。

通过电介质材料（如各种绝缘漆、交联聚乙烯、环氧及陶瓷等）与导体（如各种金属、石墨等）、半导体（如α-碳化硅等）粉体的复合，可以较简单地获得不同电阻率的复合材料，现已广泛应用于各种电力设备，如图 5-12 所示电机定子线圈上防晕涂层结构。而在交联聚乙烯绝缘电缆中，由于导体和绝缘层之间、绝缘层和外护套之间易存在空隙易引起电场不均匀，导致树枝化和局部放电等电老化，通常采用半导电材料作为屏蔽层，如图 5-13 所示，例如，在聚乙烯中加入一定量的导电材料（如碳黑，添加量与碳黑结构和表面有关），电阻会迅速降低，随后下降缓慢，一般使用电阻率在 $(1\sim10)\times10^2\Omega\cdot m$ 范围的材料。

交联聚乙烯电缆剖面图

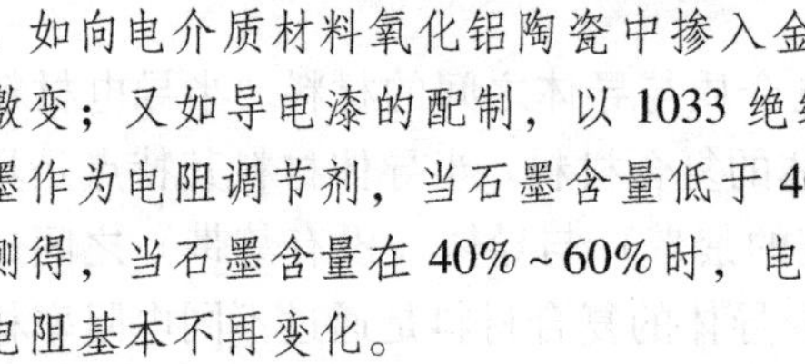

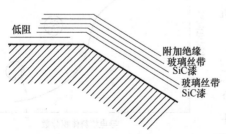

图 5-12　电机定子线圈上防晕涂层结构示意图

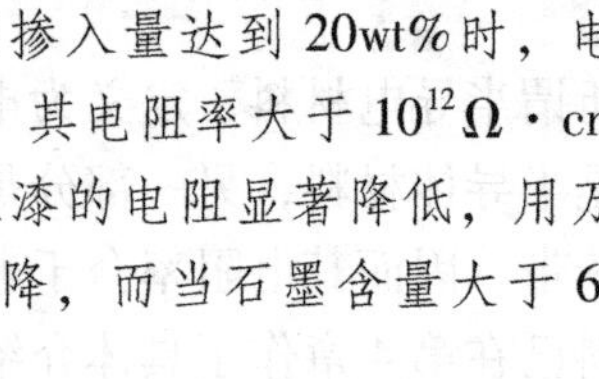

图 5-13　交联聚乙烯电缆剖面图

思考题

5-1 什么是导电材料？导电材料如何分类？材料的导电性能如何表征？

5-2 金属材料的电导率（或电阻率）受哪些因素影响？

5-3 什么是接触电位差和热电势？这一特性可以利用在哪些方面？

5-4 固体材料中热传导有哪几种方式？金属材料与固体介质材料的热导有何不同？如何提高它们的热导率？

5-5 材料的塑性与韧性在工程上的意义是什么？

5-6 常用的导电金属主要有哪些？它们的电导率分别是多少？如何选择使用？

5-7 铜合金主要有哪些？它们具有怎样的特性？

5-8 铝合金的性能与纯铝相比有何不同？

5-9 什么是触头材料？触头材料应具有哪些特性？

5-10 常用的触头材料主要有哪些？它们各具什么特性？

5-11 电碳材料具有什么特性？主要用于何处？

5-12 石墨材料为什么软而滑？

5-13 什么是超导材料？超导体应具有什么特性？

5-14 超导材料如何分类？常用的超导材料都有哪些？

5-15 超导材料在电力设备中有哪些应用？

第6章
磁性材料

一切物质均有磁性，磁性是物质的一个基本属性。近代磁学的认识起源于十六世纪英国人吉尔伯特（Gilbert），后经安培、奥斯特、法拉第等人开创性的工作，初步奠定了磁学科学的基础。19世纪末法国人居里发现铁磁物质的临界转变点（居里点），并且确立了顺磁磁化率与温度成反比的居里定律。20世纪初，朗之万（Langevin，1905）将经典统计力学应用到具有一定大小的原子磁矩上，证明了居里定律。随后，外斯（Weiss，1907）提出分子场假说与磁畴的概念，这种分子场驱使原子磁矩在磁畴内有序排列，形成自发磁化，从而推导出铁磁物质满足的居里—外斯定律，揭开了现代磁学的篇章。量子力学的出现使人们开始把对物质磁性的认识建立在原子及电子的尺度上。海森堡（Heisenberg，1928）用静电性的交换作用对铁磁体中的分子场的性质给出了量子力学的解释。1936年范弗莱克（J. H. Van Vleck）对物质磁性做出了相当全面的量子理论阐述。

目前，磁性材料研究领域十分广泛，包括金属、半导体和绝缘体、有机材料和无机材料等。磁性材料已广泛应用于电工、电子和计算机等领域，例如电机、变压器、电抗器、继电器、存储器、铁氧体天线等都离不开磁性材料，已成为当代社会不可缺少的关键电气材料之一。

6.1 物质磁性的起源

人们将具有或可使其具有外磁场的物体或器件称为磁体，依照磁体在磁场作用下所呈现的性质，可将磁体分为顺磁性、抗磁性、铁磁性及反铁磁性等几大类。铁磁性是指磁体磁化后，其附加磁场的方向和外磁场相同，附加磁场远大于使它磁化的磁场，即磁化率很高，从而导致铁磁体的强磁性。所谓磁性材料是指具有铁磁性能的材料，其磁化率往往比非磁性材料大10^4~10^{12}倍。磁性材料根据组成可分为铁磁性材料和铁氧体两类，前者为金属，后者由氧化铁和其他金属氧化物的粉末压制成形并烧结而成。材料的磁性的起源可通过磁矩和磁偶极矩的概念来认识。

6.1.1 磁矩和磁偶极矩

1. 磁矩

磁矩是磁体的一种物理性质，是描述载流线圈磁性质及微观粒子物理性质的物理量。设载流线圈中环形电流为i，电流回路包围的面积为A，矢量μ_m垂直于表面并与电流i的方向组成右手螺旋，如图6-1所示。将平面回路的电流和回路面积的乘积定义为磁矩，磁矩可以用矢量表示，即

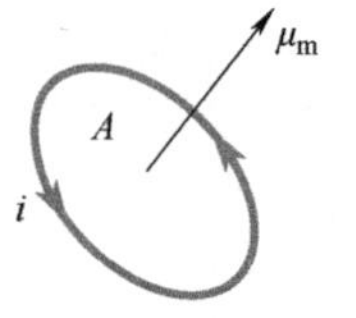

图6-1 环形电流产生的磁矩

$$\boldsymbol{\mu}_{m}=iA \tag{6-1}$$

磁矩$\boldsymbol{\mu}_m$的方向为垂直于回路的平面并与电流旋转方向成右手螺旋，$\boldsymbol{\mu}_m$的单位为$A\cdot m^2$。

处于外磁场的磁体，会感受到力矩作用，促使其磁矩沿外磁场的磁力线方向排列。磁矩产生的磁场和条形磁体中的磁场相似，磁体的磁矩方向是从南极S指向北极N，磁矩的大小决定于磁体的磁性与量值。

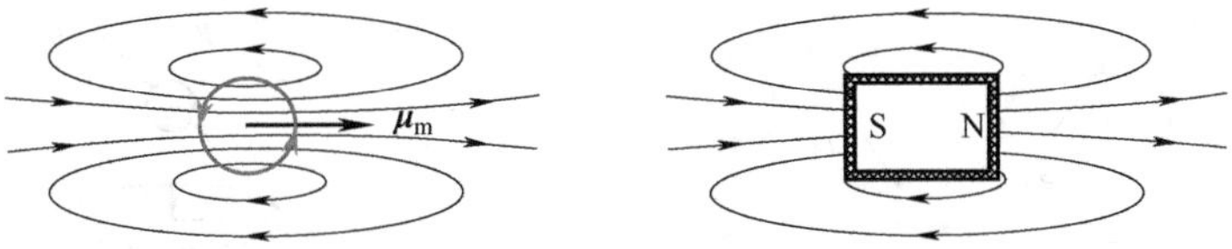

图 6-2　磁矩产生的磁场

不只是磁体具有磁矩，载流回路、电子、分子或行星等都具有磁矩。在任何物理系统里，磁矩最基本的源头有两种：①电荷的运动，如电流会产生磁矩；②基本粒子如电子、质子会因自旋而产生磁矩，磁矩的方向决定于粒子的自旋方向。整个物理系统的净磁矩是所有磁矩的矢量和。例如，氢原子的磁场是以下几种磁矩的矢量和：电子环绕着质子运动的轨道磁矩、电子的自旋磁矩和原子核中质子的自旋磁矩。

（1）电子轨道磁矩

从第2章原子结构中可知，原子中的电子以一定频率在特定轨道上环绕原子核运动，由于电子具有质量，在环绕轨道运动时产生角动量矩；同时，电子具有电荷，其沿轨道运动形成环形电流，如同载流线圈产生磁矩，称为电子轨道磁矩，简记μ_{eo}。如果轨道半径为r，电子e运动的角频率为ω，轨道电子电流为i，电子的质量m_e，运动速率$v=\omega r$，则电子轨道磁矩为

$$\mu_{eo}=i\pi r^2=-\frac{1}{2}e\omega r^2 \tag{6-2}$$

电子轨道角动量矩l_{eo}为

$$l_{eo}=m_e vr=m_e\omega r^2 \tag{6-3}$$

将式（6-3）代入式（6-2），则可得到轨道磁矩与角动量矩的关系为

$$\mu_{eo}=-\frac{e}{2m_e}l_{eo} \tag{6-4}$$

从式（6-4）可见轨道磁矩与角动量矩成正比，比例系数为电子电荷与电子质量之比，即荷质比（$e/2m_e$），称为轨道磁回旋比。负号表示由于电子带负电，轨道磁矩与角动量矩方向相反，如图6-3所示。

（2）电子自旋磁矩

电子除了环绕原子核轨道运动外还有自旋运动，具有固有的自旋角动量矩l_s，由电子自旋产生的磁矩被定义为自旋磁矩μ_{es}，如图6-4所示。电子自旋磁矩和自旋角动量矩二者关系为

$$\mu_{es}=-\frac{e}{m_e}l_{es} \tag{6-5}$$

$$l_{es}=\frac{h}{2\pi}m_s=\pm\frac{h}{4\pi} \tag{6-6}$$

式中，m_s 为自旋量子数，$m_s=\pm\dfrac{1}{2}$；h 为普朗克常数，$h=6.626\times10^{-34}\text{J}\cdot\text{s}$。

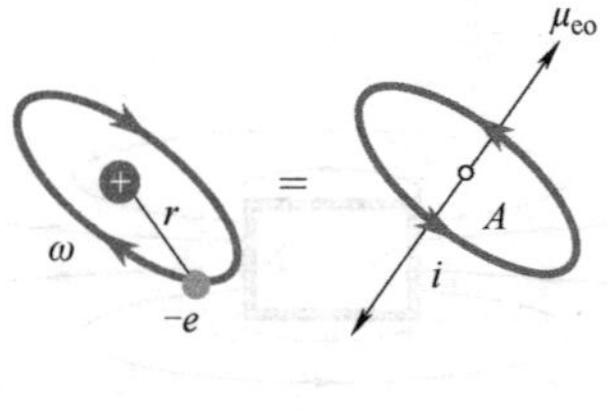

图 6-3　电子轨道磁矩

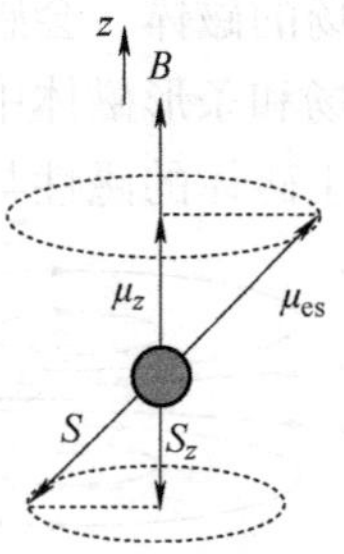

图 6-4　电子自旋磁矩

电子自旋产生的磁矩和动量矩之比称为自旋磁回旋比，也是由电子的荷质比决定，但比轨道磁回旋比大一倍。

（3）质子自旋磁矩

原子核中的质子、中子以及其他基本粒子都具有各自的自旋磁矩，拥有奇数个质子或中子的原子核才对外表现出磁矩，而那些质子和中子都为偶数的原子核磁矩为零。科学家选择氢原子核作为核磁共振目标的原因之一，就是由于氢原子核只有一个质子，它的磁矩就是质子的自旋磁矩，且生物体富含氢原子。氢原子核中的质子带有正电荷，自旋运动就会产生环形电流，而环形电流又会产生磁场，若质子质量为 m_p，带正电荷 e，由此产生的质子自旋磁矩 μ_{ps} 可表示为

$$\mu_{ps}=\frac{eh}{4\pi m_p} \tag{6-7}$$

电子是最小的带电粒子，而质子虽然所带电荷量与电子的电荷量相同，但质子的质量约为电子质量的 1836 倍，故质子自旋磁矩 μ_{ps} 比波尔磁子的磁矩小一千多倍，通常可忽略。因此，单个电子的自旋运动产生的磁矩是计量磁矩的最小单位，将之定义为波尔磁矩 μ_B，其可表示为

$$\mu_B=\frac{eh}{4\pi m_e}=9.27\times10^{-24}\text{A}\cdot\text{m}^2 \tag{6-8}$$

综上所述，电子的总磁矩由电子轨道磁矩 μ_{eo} 和电子自旋磁矩 μ_{es} 构成，但不是简单相加，而是矢量和。原子的总磁矩则主要取决于所有电子的轨道运动和自旋运动。然而，闭亚壳层中的电子对总磁矩没有贡献，因为对处于闭亚壳层中任意能级的电子来说，都有一个磁矩状态与其完全相反的电子存在，二者相互抵消使该对电子的净磁矩为零。因此，只有未填充满的亚壳层对原子的总磁矩有贡献。

2. 磁偶极矩

一根棒状磁体上有正、负两个磁极，即 N 极和 S 极，其空间磁力线在两极最密。两根磁体之间的相互作用类似静电场中两点电荷的力学行为，同极性相斥，异极性相吸。若以 $\pm p$ 分别表示正、负磁极所具有的强度，称为磁极强度，其国际单位为韦伯（Wb），则当磁极本身的几何尺寸比它们之间的距离小很多时，可视为点磁极。两个距离为 r，磁极强度分别为 p_1 和 p_2 的磁极间的相互作用力 $\boldsymbol{F}$ 由磁的库仑定律决定，即：

$$F = k\frac{p_1 \cdot p_2}{r^3}r \tag{6-9}$$

在国际单位制中，比例系数 $k=\frac{1}{4\pi\mu_0}$，$\mu_0 = 4\pi\times10^{-7}$H/m，称为真空磁导率。

任何磁体的两端，总具有极性相反而强度相等的磁极，它表现为磁体外部磁力线的出发点的汇集点，当磁体无限小时，该体系定义为磁偶极子。设磁偶极子具有$\pm p$ 的磁极强度，两端磁极之间的距离为 l，矢量 $\boldsymbol{l}$ 从$-p$ 指向$+p$，其磁偶极子产生的磁偶极矩为

$$\boldsymbol{j}_m = p\boldsymbol{l} \tag{6-10}$$

$\boldsymbol{j}_m$ 是一个从$-p$ 指向$+p$ 的矢量，单位为 Wb · m。同样，还可以用环形电流来描绘磁偶极子。

在原子中，电子的轨道运动相当于一个恒定电流回路，容易理解原子中电子绕原子核旋转必定产生一磁矩，磁矩的意义是表征磁偶极子磁性强弱和方向的物理量，它和式（6-10）定义的磁偶极矩具有相同的物理意义，两者之间的转换关系为

$$\boldsymbol{j}_m = \mu_0\boldsymbol{\mu}_m \tag{6-11}$$

式中，$\mu_0 = 4\pi\times10^{-7}$T · m/A，称为真空磁导率。

应用实例——铁磁物质中的磁矩和饱和磁化强度

从分析强磁性物质金属铁、镍、钴的物质结构可以发现，在他们的电子壳层中存在未被填满的壳层，如铁族元素的 3d 亚壳层轨道未被电子填满，稀土金属的 4f 亚壳层轨道也未被电子填满，这些未被电子填满的壳层中显示出强的磁矩。

例如铁原子共有 26 个电子，分布在 K、L、M、N 壳层上，如图 6-5 所示。各壳层轨道中电子分布为 $1s^22s^22p^63s^23p^63d^64s^2$，其中 N 壳层有两个价电子填充在 4s 亚壳层轨道，M 壳层有 6 个电子填充在 3d 亚壳层轨道。3d 亚壳层轨道可填充 5 个正向旋转和 5 个反向旋转的电子，实际上所填充的 6 个电子分布并不均匀，电子首先填充在 5 个正向旋转位置，留下一个填充在反向旋转位置，因此在 3d 亚壳层上存在 4 个电子的自旋运动状态未被抵消，从而产生了净原子磁矩，其数值等于 4 个波尔磁子的磁矩。

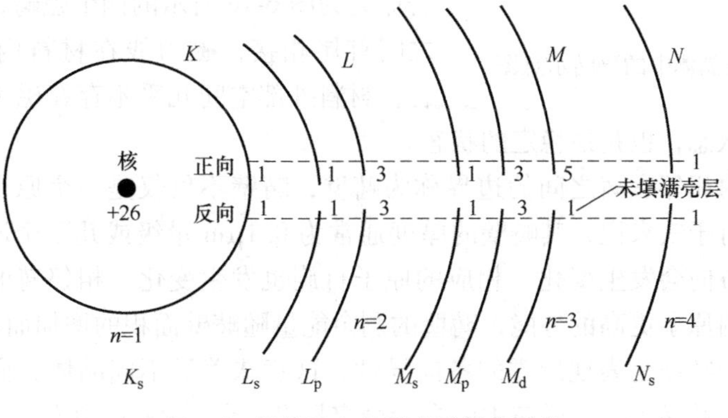

图 6-5 铁原子中电子壳层填充示意

由于电子波的运动和分布会受到相邻原子的影响，使得原子磁矩的实测值往往小

于 4 个波尔磁子的磁矩。材料在结晶态时，3*d* 轨道和 4*s* 轨道上的电子将重新分布，部分区域 4*s* 层上的位能大于 3*d* 层，电子总是先填充能量低的轨道，4*s* 层上电子会向 3*d* 层转移，结果使 3*d* 层上未被抵消的自旋电子数减少。这种转移过程只在电子波动轨迹的部分区域存在，相应的有效波尔磁子数就不一定是整数。

具有原子磁矩的为铁磁体，铁、镍、钴三种元素都有原子磁矩，没有原子磁矩的不是铁磁体。铁磁物质都具有晶体结构，每个晶体内存在许多被称作“磁畴”的小的天然磁化区域。无外磁场作用时，磁畴内各原子磁矩的磁化方向一致呈现自发式磁化；同时各磁畴的磁轴方向无序，故铁磁物质对外不显示磁性。在外磁场作用下，铁磁物质就能获得很高的磁化强度，当所有原子磁矩排列尽可能一致时，铁磁体的最大磁化强度称为饱和磁化强度。例如，在上述铁晶体中，对应于每个铁原子的有效自旋磁矩为 2.2 波尔磁子，若均以相同方向排列，会产生 2.2T 的饱和磁化强度。随着温度的升高，晶格振动加剧，导致自旋排列无序化，铁磁性在称为居里温度的临界温度下消失。在居里温度以上材料晶体表现出顺磁性，因此饱和磁化强度从绝对零度时的最大值降到居里点温度时的零。

6.1.2 磁畴和磁化

未经外加磁场作用时，为了使材料系统能量最小，天然磁性材料中的各原子的磁矩不会同时指向同一方向，而是会自然地形成若干个区域，即磁畴。同一磁畴内部磁矩的指向一致，而不同磁畴间磁矩首尾相接、相互抵消，材料对外的净磁化强度为零，如图 6-6 所示。

磁力显微镜观察的永磁材料中的磁畴

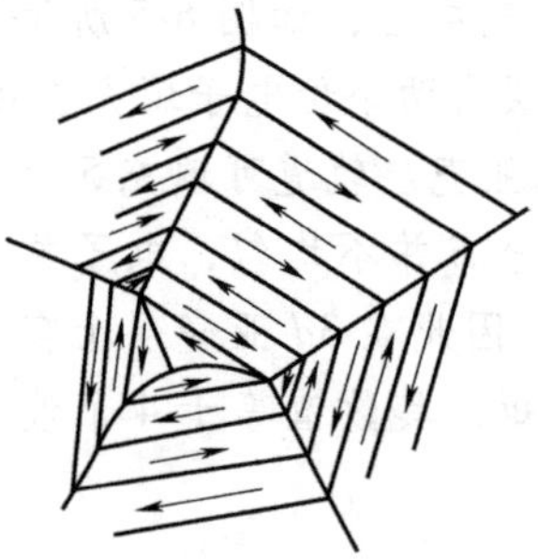

图 6-6 铁磁晶体中的磁畴示意图

从能量的角度考虑磁畴的成因可如图 6-7 所示。若磁性材料中的磁矩同时指向一个方向，即单畴状态，如图 6-7a 所示，大量的磁力线从材料内部拓展至材料附近的外部空间，此时系统具有很高的能量。而如果单畴劈裂为双畴，且磁矩指向相反，如图 6-7b 所示，磁力线在材料的端部就可以完成闭合，材料外部的净磁能显著减弱。而若劈裂为图 6-7c 所示的四个磁畴，并且磁畴彼此之间首尾相接，磁力线在材料内部就可完成闭合，材料外部空间几乎不存在磁力线，此时系统具有最低能量状态，也是最稳定的状态。

铁磁物质内相邻磁畴之间的边界称为畴壁，畴壁不仅仅是一个原子间距，而是具有一定厚度，对于铁来说，其畴壁的厚度通常为 0.1μm 量级或几百个原子间距，因此畴壁区的磁化方向会发生变化，相应的原子自旋也发生变化。相邻畴的原子自旋方向改变需要比畴内原子更高的势能，畴壁的剩余能量随畴壁面积的增加而增大。

铁磁晶体的特征是表现出磁的各向异性，这意味着沿不同晶体方向的磁特性是不同的，例如，在铁晶体中，磁畴中的自旋最容易沿六个［100］型方向中的任何一个排列，对应于立方晶胞的六个边；而沿其他方向的旋转则需要更高的能量。再来看自旋磁矩在畴壁上的旋转，上面提到畴壁不仅仅是一个原子间距宽度，这意味着两个相邻

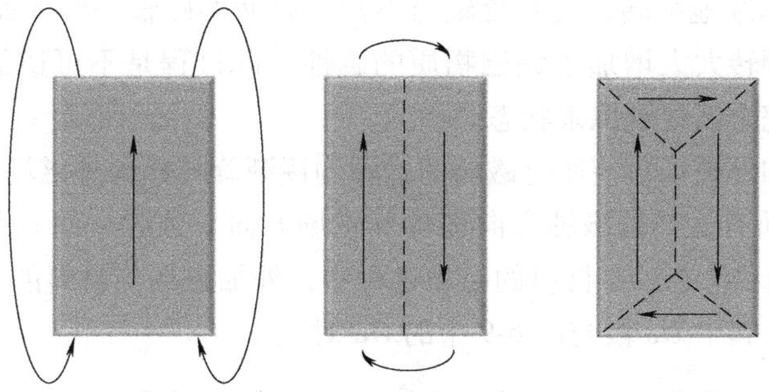

图 6-7 磁畴的形成原因

的自旋间彼此相差 180°，因此存在过剩的交换相互作用。图 6-8 显示了相邻畴 A 和畴 B 之间典型的 180°畴壁结构，可以看出，相邻的自旋磁矩逐渐旋转，在几百个原子间距上完成磁矩的 180°旋转，相邻原子自旋之间的交换力有利于非常小的相对旋转。如果只有交换力作用，相邻自旋磁矩的相对旋转将非常小，以至于非常厚（无限厚）的畴壁才能实现 180°旋转。

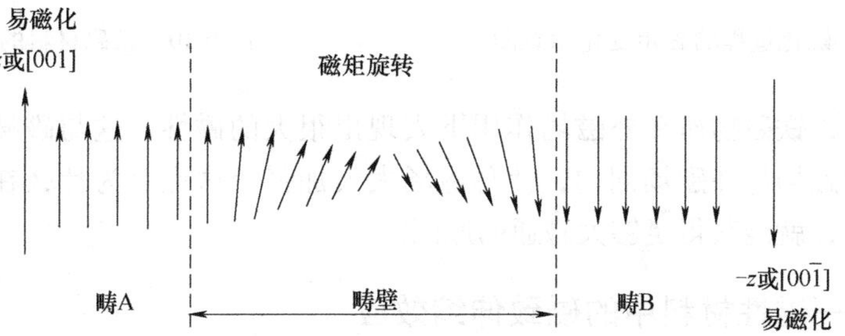

图 6-8 磁壁中相邻自旋磁矩的逐渐旋转示意图

然而，远离易磁化方向的磁矩会产生多余的能量，称为各向异性能。如果畴壁很厚，那么它将包含许多远离易磁化方向的磁矩，具有大的各向异性能。当磁矩从 $+z$ 易磁化方向无过渡旋转 180°到 $-z$ 易磁化方向时，畴壁中的各项异性能最小，只需要一个原子间距的畴壁。实际上畴壁的厚度是交换能（需要厚畴壁）和各向异性能（需要薄畴壁）之间的折中结果，平衡的畴壁厚度是使总势能最小的厚度，总势能为畴壁内交换能和各向异性能的总和。研究表明，铁中畴壁厚度约为 0.1μm，而钴的畴壁厚度更小，其各向异性能更大。

磁畴的大小是不固定的，会随外磁场强弱变化而变化，磁畴的方向则与外磁场及热运动有关。在外磁场作用下，铁磁体被磁化，其磁化过程经历畴壁移动、磁轴翻转和磁轴旋转等几个阶段，如图 6-9 所示。

在较弱的外磁场作用下，铁磁物质内畴壁发生移动，如图 6-9 中 Oa 段所示，使磁轴与外磁场方向一致的磁畴体积扩大，而反方向的磁畴体积缩小，削弱了磁性，因此铁磁物质显示出较弱的磁性。这时的畴壁移动是可逆的，当外磁场降至零时，各磁畴仍可恢复原来的状态。

随着外磁场继续升高，除了磁轴方向与外磁场成较小角度的那些磁畴不发生翻转外，其余磁畴都陆续地翻转，使其磁轴与不翻转磁畴的磁轴一致，如图 6-9 中 ab 段所示。磁畴的磁轴翻转大大增加了铁磁物质的磁性。此过程是不可逆的，即使去掉外磁场，磁畴也不会完全恢复到原来状态。

如果继续增加外磁场，使所有磁畴的磁轴均逐渐旋转趋向外磁场方向，如图 6-9 中 bc 段所示，直到所有磁畴的磁轴方向都与外磁场方向一致时，即 c 点以后，磁化物质的磁化强度达到饱和状态。在材料的磁化过程中，外加磁场与材料的磁矩形成如图 6-10 所示的磁滞回线，其中 Oa 段与图 6-9 中的 Oa 对应。

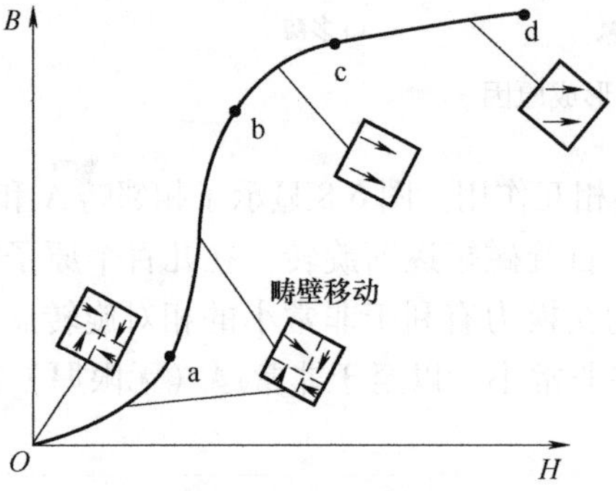

图 6-9　磁化过程的磁矩变化示意图

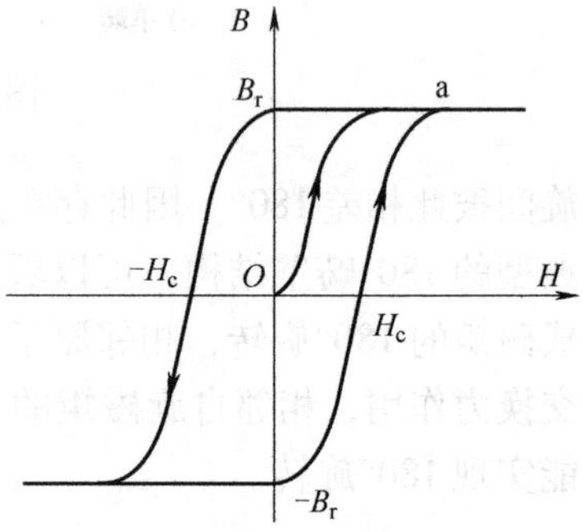

图 6-10　铁磁材料的磁滞回线

由上可见，铁磁物质在外磁场作用下表现出很大的磁性，这与磁畴的存在密切相关，被磁化的磁场与外磁场同向，使总磁场大大加强。这也是为什么在铁心线圈中通以不大的电流，就能获得足够大磁通的原因。

应用实例——磁性材料中的磁致伸缩效应

磁致伸缩效应是指磁性材料的磁化状态被外界磁场改变时所产生的形状或尺寸变化的现象。该现象在日常生活中非常常见，例如，在变压器附近听到的噪声就是变压器磁心材料在工频磁场作用下反复发生伸缩振动所产生的。

磁致伸缩效应是磁性材料磁性各向异性的结果。以铁晶体为例，它在［100］方向易于被磁化，而在其他方向难以被磁化，天然状态下，铁晶体中的磁偶极子沿［100］方向排列，以保证最低的体系能量。当外加磁场沿着铁晶体的［111］方向施加时，磁畴中的沿［100］方向排列的磁偶极子（即原子核外电子云的分布）会沿磁场方向产生畸变，进而改变相邻原子核之间的交互作用力，此时磁畴的晶体结构发生重排，磁性易轴［100］旋转至外加磁场方向以降低体系能量。同样，当外加磁场沿着铁晶体的［100］方向施加时，磁偶极子沿磁场方向产生扩张，进而带动原子核位移，导致铁晶体在［100］方向伸长而在［010］和［001］方向缩短。磁性材料的磁致伸缩效应可用磁致伸缩系数 λ 来衡量，它是磁性材料沿磁场方向的伸长量与材料原始长度的比值。对于铁而言，$\lambda>0$；对于镍而言，$\lambda<0$。

相反的，当磁性材料受到外界应力或应变作用时，晶体内部的原子间相互作用也会发生变化，此时原子核外电子云的分布发生畸变，材料内部磁通密度相应地发生变化。如若材料外部存在线圈，则线圈中产生感应电流，此时机械能转换为电能。该效应称为逆磁致伸缩效应，或维拉里效应。

磁致伸缩材料根据成分可分为金属磁致伸缩材料和铁氧体磁致伸缩材料。金属磁致伸缩材料电阻率低，饱和磁通密度高，磁致伸缩系数 λ 大，用于低频大功率换能器，可输出较大能量。铁氧体磁致伸缩材料电阻率高，适用于高频，但磁致伸缩系数和磁通密度均小于金属磁致伸缩材料。Ni-Zn-Co 铁氧体磁致伸缩材料由于磁致伸缩系数 λ 的提高而得到普遍应用。

工程上常用磁致伸缩材料制成各种超声器件：如超声波发生器、超声接收器、超声探伤器、超声钻头、超声焊机等；回声器件，如声呐、回声探测仪等；机械滤波器、混频器、压力传感器以及超声延迟线等。

6.1.3 磁性材料的损耗

单位重量的磁性材料在交变磁场作用下所消耗的功率称为铁损，它包括磁滞损耗和涡流损耗。

磁滞损耗是指磁性材料在交变磁场的往复作用下，因材料内部磁畴来回翻转所引起的摩擦能量损耗。单位体积材料的磁滞损耗可表示为

$$W_h \approx k_1 B_m^{1.6} f \tag{6-12}$$

式中，k_1 为材料相关的系数；B_m 为材料上所产生的最大磁感应强度；f 为磁场频率。磁滞损耗与如图 6-10 所示的磁滞回线所包围的面积成正比。

导电的磁性材料在交变磁场中会产生感应电动势，因该感应电动势而产生的电流称为涡流，由涡流而消耗的功率称为涡流损耗。单位体积材料的涡流损耗

$$W_e = kf^2 d^2 B_m^2 \gamma \tag{6-13}$$

式中，k 为材料相关的系数；d 为材料的厚度；γ 为材料的电导率。可见，对于不导电的磁性材料（如铁氧体），由于电导率非常小，因此产生的涡流损耗可忽略。

硅钢片是一种软磁性合金，具有很好的导磁性，常用于制备变压器、电动机和发动机铁心。对于低频交变磁场，硅钢片中的铁损以磁滞损耗为主；而随着磁场频率的提高，涡流损耗以频率的二次方增加，变得更为显著。因此，对于高频应用场合下的硅钢片，往往要求更小的厚度和更低的电导率。

6.1.4 磁性材料的退磁化

在图 6-10 所示的磁滞回线中，可以看到，当外加磁场从 H_c 逐步减弱至零点时，材料依旧会保持一定的磁性 B_r，如若想要材料完全退磁化，则需对材料施加一个反方向的磁场 $-H_c$。然而事实上，$-H_c$ 的磁场作用也不能保证材料完全退磁。如图 6-11a 所示，当在 $-H_c$ 点去掉外加磁场后，材料的磁性会从 f 点回到 e′点而不是理论上的零点，因此而保持一定的剩余磁矩 B_r'。这是由于磁性材料中不可避免地存在着一些局部的应力和缺陷，它们所提供的恢复力使得小部分的磁畴壁运动可逆，因此外加磁场去掉后，小部分磁畴结构会恢复至之前状态。理论上可以通过施加比 $-H_c$ 稍大的磁场，如从图 6-11a 的 f′点去掉磁场，以保证材料的退磁，然而实践中 f′点所在的位置难以预测，因此不具备实际可行性。

最简易可行的退磁方法可如图 6-11b 所示。首先对磁性材料加一个使其能够达到饱

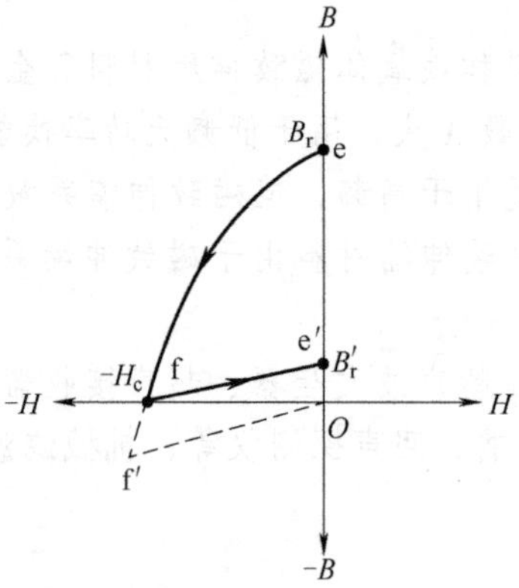

a) 退磁原理

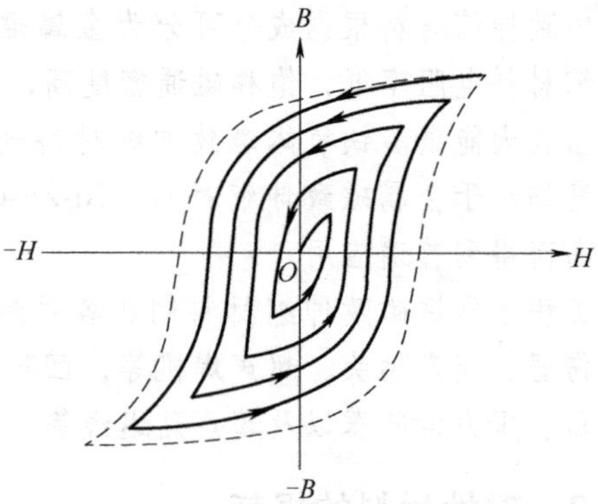

b) 消磁曲线

图 6-11　磁性材料的退磁化

和磁化状态的磁场，而后使其在正、负方向往复循环并逐渐降低磁场的幅度，材料的磁性在这个过程中也会恢复至零点状态。

退磁的本质是使材料中取向的、近乎单畴态的磁畴恢复至随机无序的多畴状态。除了使用上述的循环磁场进行消磁外，还可使用振动、加热的方法破坏磁化材料的磁畴结构，达到消磁目的。

磁性材料在加高温、低温或受机械作用、放置一定时间后会出现磁性衰减现象。在外界因素作用下，引起磁感应的不可逆变化，可用衰减率 φ 表示：

$$\varphi=\frac{B'_m-B_m}{B_m}\times100\% \tag{6-14}$$

式中，B_m 为外界因素作用前的磁感应强度；B'_m 为外界因素作用后的磁感应强度。通常 φ 为负值，其绝对值越小，则磁稳定性越好。引起材料磁性衰减的因素较多，主要有时间、温度、磁场、机械振动和冲击等。

随时间的衰减是指在常温下放置不同时间后产生的衰减，不同材料的衰减率随时间的变化规律相似，即衰减率与时间的自然对数呈直线关系。铝镍钴系铁氧体等永磁材料，在室温下磁性能稳定，衰减率约为每年百分之几到千分之几。矫顽力越大，衰减率越小。

随温度的衰减是指在高温加热或零度以下冷却一定时间后所引起的衰减率。通常在零度以下工作的衰减率比高温大，例如，铝镍钴-32 在−60℃下 $\varphi>2\%$，而在 200℃下 $\varphi<1\%$。

机械振动和冲击的衰减一般在受机械振动或冲击的最初时间或周期内变化最大，随后逐渐减小。这种影响产生的衰减率不大，变化在百分之零点几的范围。

在外磁场作用下，当永磁体的磁轴方向与外磁场方向相同时，其衰减率随磁场强度的增加而增加；当磁场增加到某一值时，衰减率剧增。在相同衰减率的情况下，矫顽力越高，材料抵抗外加磁场影响的能力越大。此外，在与强磁性物体接触时，衰减率随接触次数的增加而逐渐减小，矫顽力越大的材料衰减率越小。

为保持使用过程中材料磁性的稳定性，可以将磁化后的材料在使用前进行老化处理（时效）。模拟工作条件下可能受到的各种外界因素作用，例如，在高于室温 50K 下加热数小时，或从室温到-20℃之间冷热循环若干次，即可提高材料工作时的性能稳定性。

应用实例——硬盘磁头的消磁

磁头是硬盘中的重要部件，它在硬盘中起到写入和读取数据的作用。在写入数据时，外加电流将磁头磁化，并利用磁头的磁场在硬盘磁介质中写入信息。而在读取数据时，即使关闭了磁头电流，磁头上依旧会保存有一定磁性。此时如果直接去读取硬盘信息，磁头上的剩余磁性会破坏硬盘介质中的数据。因此，硬盘在每次写入数据后，会在磁头上施加交变电流以形成往复磁场，对磁头进行消磁处理。

6.2 材料磁性

6.2.1 基本磁学量

1. 磁极化强度和磁化强度

一个宏观磁体内包含了大量的磁偶极子，这些磁偶极子具有磁偶极矩 $\sum \boldsymbol{j}_{m}$ 和 $\sum \boldsymbol{\mu}_{m}$，当磁偶极子同向平行排列时，对外显示的磁性最强，当磁偶极子紊乱排列时，则对外不显示磁性。定义单位体积磁体内磁偶极子具有的磁偶极矩矢量和称为磁极化强度，用 $\boldsymbol{J}$ 表示；单位体积磁体内具有的磁矩矢量和称为磁化强度，用 $\boldsymbol{M}$ 表示。它们分别表示为

$$\boldsymbol{J}=\frac{\sum \boldsymbol{j}_{m}}{V} \tag{6-15}$$

$$\boldsymbol{M}=\frac{\sum \boldsymbol{\mu}_{m}}{V} \tag{6-16}$$

$\boldsymbol{J}$ 和 $\boldsymbol{M}$ 都是描述宏观磁性体磁性强弱程度的物理量，与磁体体积无关，单位分别为 Wb/m^2 和 A/m，$J=\mu_0 M$。

2. 磁场强度 $\boldsymbol{H}$ 和磁感应强度 $\boldsymbol{B}$

静磁学理论认为磁极在其周围产生磁场，定义磁场强度 $\boldsymbol{H}$ 等于单位磁极强度在该处所受的磁场力的大小，其方向与正磁极在该处所受磁场力的方向一致。任何物质在外磁场作用下，除了外磁场 $\boldsymbol{H}$ 外，还要产生一个附加的磁场，物质内部的外磁场和附加磁场的总和称为磁感应强度 $\boldsymbol{B}$：

$$\boldsymbol{B}=\mu_0(\boldsymbol{H}+\boldsymbol{M}) \tag{6-17}$$

可见磁感应强度 $\boldsymbol{B}$ 来源于两个贡献，一个是外磁场 $\boldsymbol{H}$，另外一个是磁化强度 $\boldsymbol{M}$ 磁感应强度被称为磁通量密度或磁通密度，是描述磁场强弱和方向的基本物理量。磁感应强度大表示磁场强，磁感应强度小表示磁场弱。

3. 磁化率和磁导率

磁化率是描述物质磁化性质的一种物理量。当磁体置于外磁场中时，它的磁化强度将发生变化，磁化强度 $\boldsymbol{M}$ 和磁场 $\boldsymbol{H}$ 的比值：

$$\chi = \boldsymbol{M}/\boldsymbol{H} \tag{6-18}$$

χ 称为磁体的磁化率，它表示单位磁场强度在磁体中所感生的磁化强度，是表征磁体磁化难易程度的一个参量。由于磁化强度 $\boldsymbol{M}$ 是单位体积内分子磁矩的矢量和，因此磁化率是对于单位体积来定义的，故称为体积磁化率，简称为磁化率。有时也对于单位质量或一个摩尔物质内分子磁矩的矢量和来定义磁化率，分别称为质量磁化率 χ_m 和摩尔磁化率 χ_{mol}，它们和磁化率的关系分别为 $\chi_m = \chi/\rho$，$\chi_{mol} = m\chi/\rho$，其中 ρ 和 m 分别为物质的密度和分子量。

磁导率是描述物质磁性的一种物理量。将 $\boldsymbol{B}$ 与 $\boldsymbol{H}$ 的比值定义为绝对磁导率：

$$\mu = \boldsymbol{B}/\boldsymbol{H} \tag{6-19}$$

将 $\boldsymbol{B}$ 与 $\mu_0\boldsymbol{H}$ 的比值定义为相对磁导率：

$$\mu_r = \boldsymbol{B}/\mu_0\boldsymbol{H} = 1 + \chi \tag{6-20}$$

磁导率是表征磁体的导磁大小以及磁化难易程度的一个磁学物理量。绝对磁导率是有量纲的，其单位为 $T \cdot m \cdot A^{-1}$ 或 $H \cdot m^{-1}$，相对磁导率 μ_r 没有量纲。

在国际单位制中，磁化率 χ 和相对磁导率 μ_r 的关系为 $\mu_r = \mu_0(1+\chi)$，$\mu_0 = 4\pi\times10^{-7}H/m$。磁化率和相对磁导率是无量纲、无单位的物理量，且均为张量。

6.2.2 材料的磁化特征

磁化率 χ 是表征材料对外加磁场响应的一个重要物理参数，它表示磁体磁化的难易程度。一般磁性材料根据磁化率的大小和方向，分为抗磁性、顺磁性、铁磁性、反铁磁性、亚铁磁性和变磁性六个种类。

1. 抗磁性

抗磁性是指在有外加磁场作用的情况下，物质获得一个对抗该外加磁场的磁矩的现象。在外磁场中的物质，若其磁化强度 $\boldsymbol{M}$ 方向与外加磁场强度 $\boldsymbol{H}$ 方向相反，则称这种物质具有抗磁性。抗磁物质的磁化率为负，其磁化强度 $\boldsymbol{M}$ 与磁场 $\boldsymbol{H}$ 反向，数量级一般为 $10^{-7} \sim 10^{-5}$。

从微观角度看，物质磁性主要决定于原子中电子的运动，电子绕核作轨道运动，具有轨道磁矩，电子本身还具有自旋运动，相应地具有自旋磁矩。原子磁矩是原子中各电子轨道磁矩和自旋磁矩的矢量和。一个分子的磁矩，则是分子中各原子磁矩的矢量和。抗磁物质的分子磁矩为零。用电磁感应定律可以证明，任何物质放在外磁场中时，组成该物质的每个分子内都将感生一方向总是与外磁场方向相反的附加磁矩，这称为抗磁性效应。由于抗磁物质的分子磁矩为零，因此在外磁场中，抗磁质的磁化强度方向与磁场强度方向相反。

因此抗磁性的主要微观机制为电子的轨道矩在磁场的作用下作运动，这种磁场感应的附加电子运动产生的磁矩总是与磁场反向，产生抗磁性。经典电磁理论计算得到抗磁磁化率：

$$\chi = -\frac{\mu_0 N z e^2}{6m_e}\langle r^2 \rangle \tag{6-21}$$

式中，N 为单位体积的原子数，z 为原子最外层电子数，m_e 为电子质量，$\langle r^2 \rangle$ 为原子半径的均方根值（约为 $10^{-21}m$）。可以看出，抗磁磁化率随原子最外层电子数 z 和原子半径的增大而增大。从原子结构看，具有满电子壳层的原子、离子或分子等组成的物质为抗磁性的，如惰性气体、Li^+、F^-、食盐、水及多种有机化合物等。典型的抗磁性金属材料有 Cu、Ag、Au、Bi、Be、Ge 等，其抗磁磁化率在-5.6×10^{-7}(Ge) 和-2.7×10^{-6}(Au)之间。超导体表现出完美抗磁性，其抗磁磁化率$\chi=-1$。

需要指出，抗磁性普遍存在于所有材料中，但由于其磁化率很小，当原子的固有磁矩较大时，顺磁磁化率掩盖了抗磁磁化率。只有无固有磁矩或固有磁矩较少的材料才能表现出抗磁性，且磁化率基本上不随磁场和温度发生变化。

2. 顺磁性

顺磁性是物质受外磁场作用时呈现微弱的磁性，且其磁化强度 $\boldsymbol{M}$ 方向与磁场强度 $\boldsymbol{H}$ 方向相同的性质。顺磁物质的磁化率为正，数量级一般为 $10^{-5}\sim10^{-4}$。顺磁物质分子的磁矩不为零，无外加磁场时，由于分子热运动，各分子磁矩取向无规则，因此宏观上对外不呈现磁性。在外磁场作用下，顺磁质中的每个分子都受到一个使分子磁矩沿外磁场方向排列的力矩作用，使得分子磁矩有沿外磁场方向排列的趋势，因此在外磁场中顺磁物质的磁化强度 $\boldsymbol{M}$ 方向与磁场强度 $\boldsymbol{H}$ 方向相同。

物质的顺磁性主要来源于以下两个方面：

1）原子或离子固有磁矩：忽略固有磁矩间的相互作用，磁矩和磁场的作用能 $\mu_B\mu_0H$ 远小于常温下的热运动能 k_BT，因而顺磁磁化率χ 也很小（为 $10^{-5}\sim10^{-3}$），与外磁场呈线性变化，同时随温度的上升而减小，服从居里定律：

$$\chi=\frac{C}{T} \tag{6-22}$$

式中，C 为居里常数，根据统计物理计算，$C=N\mu^2/3k_B\mathrm{T}$，其中 N 为磁性离子密度，μ 为离子固有磁矩的绝对值。

2）传导电子顺磁性（泡利顺磁性）：金属材料导带中正负自旋电子在磁场作用下能量不一样，相当于正负自旋能带发生劈裂。平衡时正负自旋电子数不等，从而出现磁化。根据自由电子近似计算，泡利给出 0K 时的磁化率表示式为

$$\chi=\frac{3}{2}\frac{n\mu_B^2}{k_BT_F} \tag{6-23}$$

式中，T_F 为费米温度。泡利顺磁磁化率几乎不随温度而发生变化。

对顺磁物质来说，抗磁性效应也是存在的，只是它们的顺磁性效应比抗磁性效应强，以致抗磁性效应被掩盖。抗磁性和顺磁性这两类物质的磁性都很弱，统称为弱磁性物质。在通常温度和磁场情况下，可认为弱磁性物质的磁化率与磁场强度 $\boldsymbol{H}$ 无关。铁磁性物质的磁化率不是常数，它与磁场强度 $\boldsymbol{H}$ 间存在着复杂的函数关系。

3. 铁磁性

铁磁性是以铁为代表的元素在外磁场作用下所表现的一种磁性。铁磁性材料的特点是：

1）磁化率很大且随外磁场强度而变化。铁磁性材料的磁化率远高于弱磁性物质的磁化率，约为 $10^0\sim10^5$，且磁化率随磁场而变；铁磁性物质在磁化过程中，当外磁场强度增大到一定值时，将出现磁饱和现象，其磁化曲线呈非线性，这时磁化强度不再随外磁场强度增加而增加；当外磁场撤去后，铁磁性材料能保持一定的磁性，呈现剩磁现象。

2）铁磁性材料有一特征转变温度 T_c，称为居里温度。在该温度以上，材料的铁磁性转变为顺磁性。不同铁磁性材料的居里温度不同。

3）在磁化和去磁化过程中，铁磁性材料的磁化强度不仅依赖于外磁场强度，而且依赖于它所经历的磁状态的历史，即呈现磁滞现象。

铁磁性材料的磁滞回线如图 6-12 所示的闭合曲线。图中 H_m 为最大磁场强度，H_c 为矫顽磁场，B_m 为最大磁化强度，B_r 为剩余磁化强度。随着所加磁场强度 H 的增加，磁滞回线的面积（磁滞损耗）也增大；当磁化达到饱和时，再增加磁场强度，磁滞回线的面积也还是基本不变。这时的磁滞回线称为极限磁滞回线。由极限磁滞回线可见，要将 B 降为零，必须加一个反向的磁场 H_c，H_c 称为矫顽力。

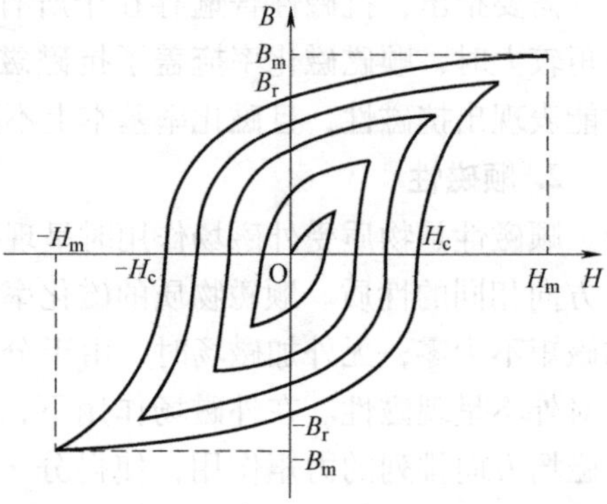

图 6-12　磁滞回线

铁磁性的上述特征来源于其自发磁化，在温度低于居里点温度 T_c 时，铁磁物质中的原子磁矩在微小区域内自发平行，形成磁畴。磁畴是指磁性材料内部的一个个小区域，每个区域内部包含大量原子，这些原子的磁矩都像一个个小磁铁那样整齐排列，但相邻的不同区域之间原子磁矩排列的方向不同，如图 6-13 所示。

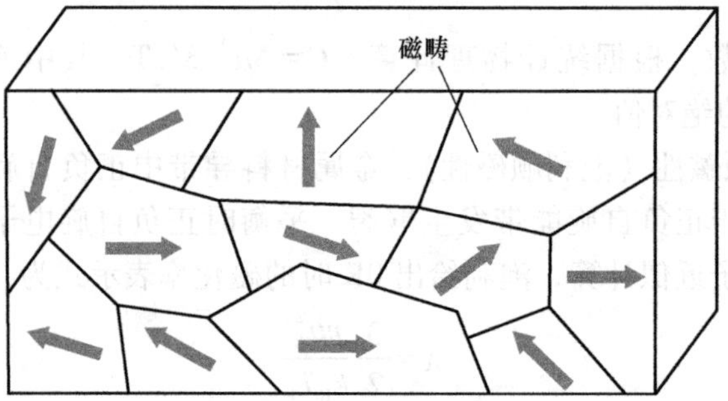

图 6-13　磁畴示意图

各个磁畴之间的交界面为若干层原子厚的过渡层，称为磁畴壁。宏观物体一般总是具有很多磁畴，这样，磁畴的磁矩方向各不相同，结果相互抵消，矢量和为零，整个物体的磁矩和平均磁化强度为零，它也就不能吸引其他磁性材料。也就是说磁性材料在正常情况下并不对外显示磁性。在外磁场下，磁畴的调整导致磁化，当外磁场足够高时，整个物体在外磁场方向呈现饱和磁化（即所有磁畴的磁矩朝统一方向）。

当温度高于居里点温度 T_c 时，由于热运动的影响，原子磁矩的自发磁化受到破坏，呈顺磁状态，其磁化率遵循居里—外斯定律：

$$\chi=\frac{C}{T-T_p} \tag{6-24}$$

T_p 称为顺磁居里点。对于一般铁磁体来说，$T_c \approx T_p$。图 6-14 给出铁磁体的磁化率随温度变化的示意图，同时表 6-1 给出常见铁磁材料的居里点温度。

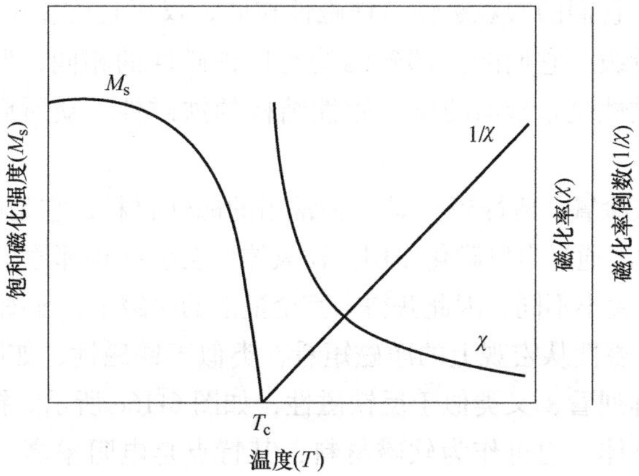

图 6-14 铁磁体的磁化率随温度的变化曲线

表 6-1 常见铁磁材料的居里点温度

铁磁材料	居里点温度/K
铁 Fe	1043
钴 Co	1403
镍 Ni	631
钆 Gd	293
铝镍钴合金 AlNiCo	1123
钐钴 $SmCo_5$	993
钕铁硼 $Nd_2Fe_{14}B$	585

4. 反铁磁性

反铁磁性是指在无外加磁场作用的情况下，邻近完全相同的原子或离子的磁矩，由于相互作用而处于相互抵消的状态，致使合成磁矩为零的现象。反铁磁性属于弱磁性，其磁化率为正，约为 10^{-3}。反铁磁性材料也具有磁有序相变点，即奈尔点 T_N。在 T_N 以下，铁磁体的原子磁矩自发有序反平行排列，故不加磁场时，其磁化强度为零。当温度在奈尔点 T_N 以上时，呈顺磁性，其磁化率也遵循居里—外斯定律。常见反铁磁物质有 Cr、α-Mn、一些稀土金属以及许多含一种或多种过渡族金属、稀土元素和锕族元素的盐类及化合物，如 MnO、CrO、CoO 等。

在弱磁场中，具有反铁磁性物质的磁化率χ几乎与磁场强度 H 无关；磁化率随温度变化关系如图 6-15 所示。在温度为 T_N 时磁化率具有一极大值，温度 T_N 称为奈尔温度。当温度低于奈尔温度时，相邻原子磁矩基本保持反平行排列；随着温度的升高，这种反平行排列逐渐减弱，因而磁化率逐渐增大；达到奈尔温度，自发反平行排列和相应的反铁磁性消失；温度继续升高，反铁磁性转化为顺磁性，其磁化率随温度变化遵从居里—外斯定律。

5. 亚铁磁性

还有一类物体，它们的宏观磁性与铁磁性相同，仅仅是磁化率的数量级稍低一些，大约为 $10^0 \sim 10^3$ 数量级。它们的内部磁结构与反铁磁性的相同，但相反排列的磁矩不等量。所以，亚铁磁性是未抵消的反铁磁性结构的铁磁性。众所周知的铁氧体，它是典型的亚铁磁性物体。

铁氧体（又称铁淦氧、磁性瓷）是一种常用的磁性材料，它是以 Fe_2O_3 为主要成分的强磁性复合氧化物。通过自发磁化作用，铁氧体也会引起相邻原子磁矩的反平行排列，但由于相邻原子磁矩大小不同，因此获得未完全抵消的净磁矩，如图 6-16a 这种磁有序性称为亚铁磁性。这种磁性从宏观上的净磁矩看，类似于铁磁性，如图 6-16b 所示；而从微观上磁矩反平行排列看，又类似于反铁磁性，如图 6-16c 所示。铁氧体有着广泛的应用，它既可制成永磁体，也可作为软磁材料，其特点是电阻率高（比金属磁性材料高 10^6 以上），在交变磁场中涡流损耗低，适用于作高频、微波等波段的磁性元件。

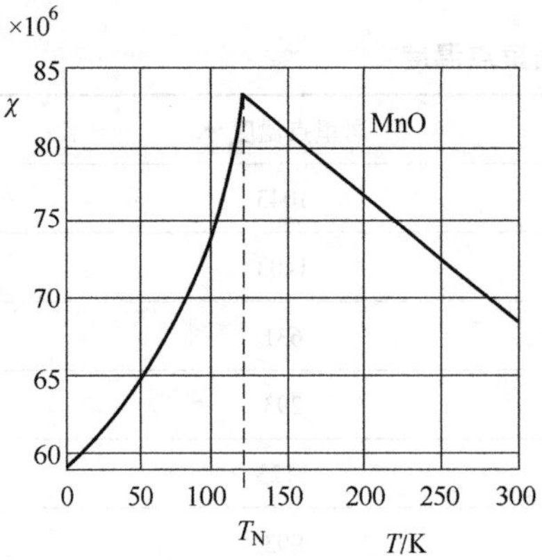

图 6-15　反铁磁性物质的磁化率随温度的变化

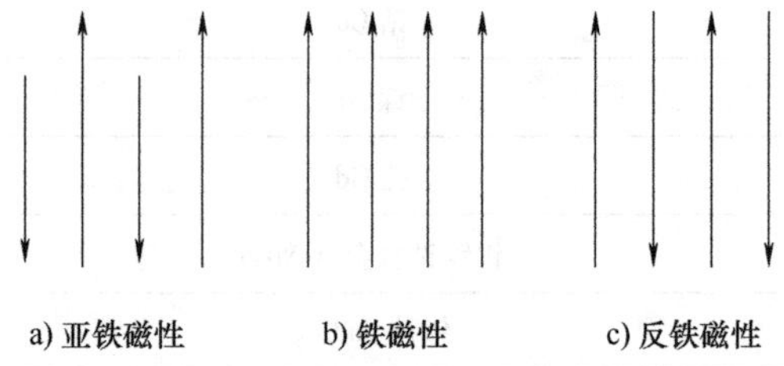

图 6-16　净磁矩示意图

6. 变磁性

有一类物质在低磁场下没有或者很少自发磁化，但当外磁场增加到一定程度时，磁体的自发磁化强度发生突变，这类磁体称为变磁体，其随外磁场的变化亦称为变磁性转变。高场下的磁化状态是亚稳态，外磁场去掉后，磁体又恢复最初状态。变磁性转变与场致磁相变密切相关，一些反铁磁和亚铁磁物质就可发生变磁性转变。

6.3　软磁材料

软磁材料是指具有高磁导率和低矫顽力的材料。该类磁性材料容易磁化也容易退磁，在交变磁场作用下磁滞回线面积小且磁损耗低，是电工和电子技术的基础材料，广泛用于制作电机、变压器、继电器、电感器、互感器以及电磁铁等的磁心，如图 6-17 所示。

良好的软磁性能要求材料有尽可能低的磁各向异性和磁致伸缩，低的内应力，高的电阻率（降低交变场下的涡流损耗）。常用的软磁材料有纯铁、硅钢、镍铁合金（玻莫合金）、钴铁合金、铁基和钴基非晶态材料、软磁铁氧体、纳米晶铁基合金等。

a) 硅钢片

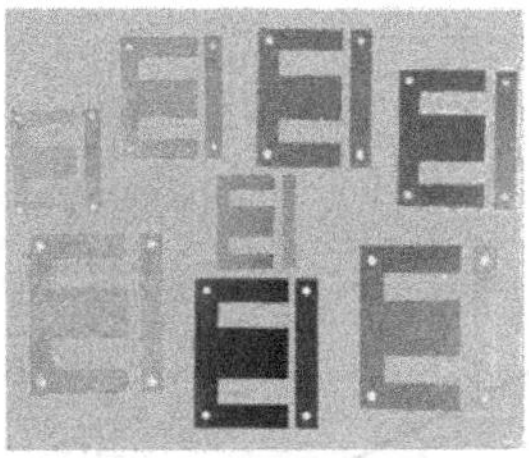

b) 变压器铁心(EI型硅钢片)

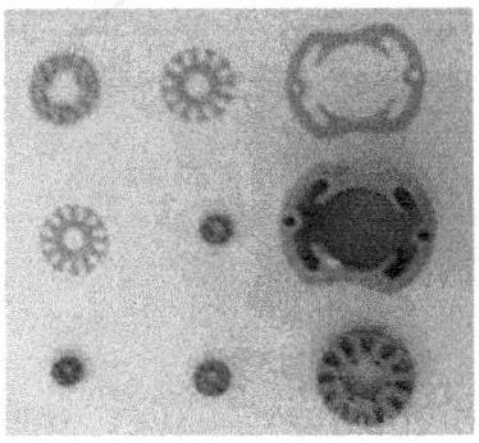

c) 电机定转子铁心

d) EI型铁心变压器

图 6-17 软磁材料在电力设备中的应用

6.3.1 晶态软磁材料

1. 纯铁

纯铁是典型的软磁材料，它具有非常高的饱和磁感应强度 $B_s=2.2\text{T}$，体心立方结构使它具有较小的磁晶各向异性 $K_1=4.8\times10^4\text{J/m}^3$ 和磁滞伸缩常数 $\lambda_{100}=21\times10^{-6}$，$\lambda_{111}=-20\times10^{-6}$。一般要求杂质含量非常低，即使为工艺和软磁性的要求所必须加的元素添加量也应尽量低。纯铁的饱和磁化强度是由纯铁的纯度决定的，除了添加 Co 以外，所有掺杂都使饱和磁化强度降低。纯铁的矫顽力主要取决于 C 的含量、非磁性脱溶物的体积和含量等。

2. 硅钢

早在 1890 年就发现硅钢比纯铁的软磁性能更好，可大大改进电机和变压器的性能，至今硅钢仍是世界软磁材料生产量最大的一种。

1）硅钢的组成：硅钢是碳的质量分数 w_C 在 0.02% 以下，硅的质量分数 w_{Si} 为 1.5%~4.5%的铁合金。常温下 Si 在 Fe 中的固溶度大约为 15%，但铁硅合金随 Si 含量的增加，其加工性变差，因此硅 w_{Si} 约为 5%是一般硅钢制品的上限。

2）软磁性能：图 6-18 为硅钢的软磁性能随硅含量变化的曲线。由图可知，硅的加入可以使磁滞损耗下降，μ 值升高。这是由于硅的加入可使磁晶各向异性和磁致伸缩系数下降的缘故。当 Si 含量为 6.5%时，铁损最小，但硅钢片变脆，加工工艺困难。同时硅的加入可使电阻率升高，涡流损耗下降，因此硅钢是交流电器理想的材料。但由于硅的加入，硅钢的饱和磁感应强度和居里点下降。

3）取向硅钢片：从实用方面考虑，常选用某一方向为易磁化方向，这样更容易磁化。大量生产的硅钢片就是通过对变形再结晶组织轧板，使其产生板织构，大多数晶粒的 {110} 面平行于轧面，<100>方向平行于轧向。硅钢的晶体结构与铁相同，同为体心立方晶体结构，<100>方向正是硅钢的易磁化方向。这种取向硅钢是 1934 年由美

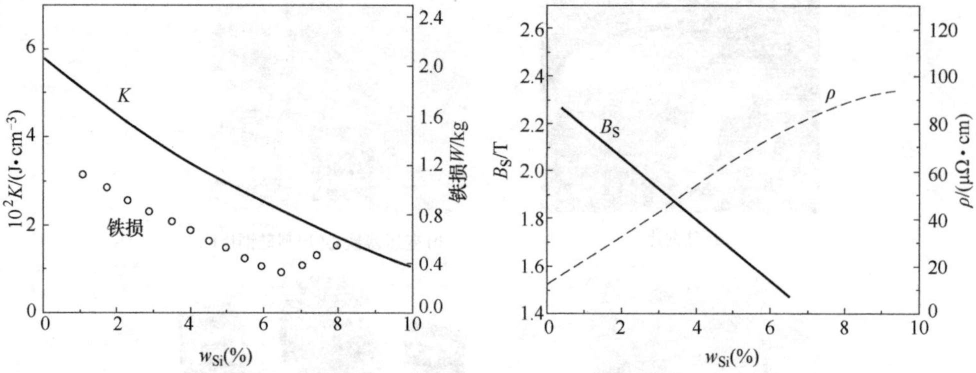

图 6-18　硅钢的软磁性能随硅含量变化的曲线

国 Goss 发明的，并称（100）［001］板织构为 Goss 织构，其磁导率等磁学特性和铁损等得到明显改善，生产工艺流程如图 6-19 所示。

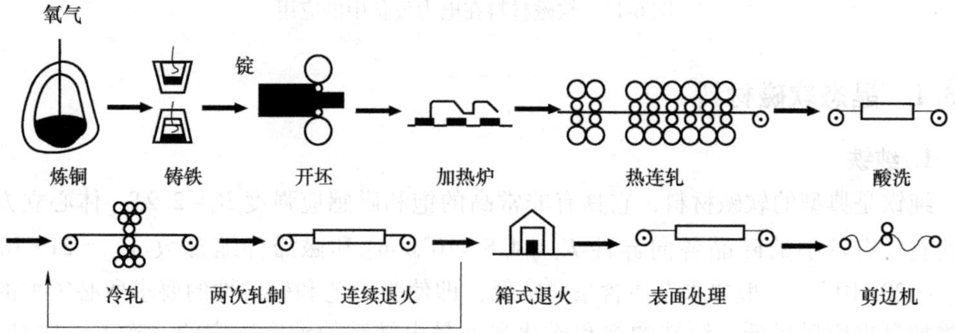

图 6-19　硅钢片的生产流程

3. 铁镍合金（玻莫合金）

坡莫合金指铁镍合金，其含镍量的范围很广，在 35%~90%之间。坡莫合金的最大特点是具有很高的弱磁场磁导率。它们的饱和磁感应强度一般在 0.6~1.0T 之间。

含 Ni78%的铁镍合金在弱磁场中的磁导率比硅钢高约 10~20 倍，普遍用于灵敏继电器、磁屏蔽、电话和无线电变压器、精密的交流和直流仪表、电流互感器中。在铁镍合金中加入钼、锰、钴、铜、铬等元素，可得具有更大初始磁导率和最大磁导率的三元、四元铁镍合金。

铁镍合金具有窄而陡的磁滞回线，在弱磁场中具有很大磁导率和很小的矫顽力，但它的电阻率不大，只适合在 1MHz 以下的频率范围工作，否则涡流损耗太大。铁镍合金的加工性能好，可制成各种形状复杂、尺寸要求精确的元件。但它的磁性能对机械应力比较敏感，工艺因素对磁性能的影响较大，如冲压会使磁导率下降，因而产品性能一致性不易满足。此外，铁镍合金的成本高。

4. 铁钴合金

技术上重要的 FeCo 合金的 Co 含量在 27%~50%之间，在所有软磁材料中，它们具有最高的饱和磁极化强度 $J_s=2.4T$，最高的居里温度，接近 950℃。但 FeCo 合金高的磁晶各向异性值和高的磁致伸缩值使它的软磁性能比 FeNi 合金要差一些。

常用的 FeCo 合金组分为 49%Co 和 2%V，加 V 可降低脆性，改善加工性和增加电阻率。除了近于 50%FeCo 合金外，具有 27%Co 和 35%Co 的合金也有一些重要性，它们较易于轧制，但其磁化曲线的磁感应强度在中等场强下（1000A/m）要比 50%FeCo 合金的低，但是在高场下，磁感应强度趋于相同。

6.3.2 非晶态软磁合金

非晶态合金是从熔融状态经快速淬火的材料，因此它们的原子结构缺乏结晶固体的长程有序。缺少长程有序，非晶态合金就不存在磁晶各向异性。非晶态保留了一些短程有序，与液体状态的有序度可比较。于是，基于过渡金属的非晶态金属合金非常容易磁化。另外与 Fe-Si 和 Fe-Ni 合金的电阻率（30~50μΩ·cm）相比较，非晶态合金的电阻率（120~150μΩ·cm）相对较高，这使它们能应用在高频场合。

基于过渡金属一类金属的非晶态材料可分为三类：Fe 基合金、Co 基合金、NiFe 基合金。

1. 铁基合金

在所有非晶态合金中，一般组分为 T_xM_{100-x}（$70\leqslant x\leqslant 80$）的 Fe(Si,B) 基富铁合金具有最高的饱和磁极化强度值，约 1.5~1.8T，但是软磁性能因其相当高的饱和磁致伸缩值（约 30×10^{-6}）而受到限制。与性能相当的晶态含 3%Si 的硅钢相比，富铁非晶态合金具有特别低的矫顽力和损耗。低损耗是由于其厚度仅约为 20μm 的薄带和具有近于 $1.35\Omega mm^2/m$ 的高电阻率。非晶态 Fe 基合金与 50% 的晶态 FeNi 合金的磁导率相当，但损耗上却比其低。非晶态 Fe 基合金在主频和中频的变压器特别有应用价值。

2. 钴基合金

在富 Co 系非晶态合金中，磁致伸缩可以为零，可忽略磁弹性或应力各向异性，因此非晶态富 Co 合金具有较高磁导率和低矫顽力，其值可以和高磁导率（$\mu_i=100000$）玻莫合金相比拟。如果用磁场退火热处理，可以得到一定程度的单轴各向异性，实现比其他非晶态或晶态合金更好的 F 型和 Z 型磁滞回线。

非晶 Co 基合金对机械应力极不敏感，其磁致伸缩值几乎为零，因此可在喷铸后不经退火就可得到近于 10000 的初始磁导率。这说明将这类合金作小直径卷绕时，比如编制磁屏蔽的电缆时，其磁导率不易被破坏。非晶 Co 基合金的饱和磁极化强度为 0.6~1.0T，比非晶富铁合金要低，但这类合金的损耗极低，故特别适用于中频范围（20~500kHz）的变压器使用，甚至比软磁铁氧体还要好。

3. 镍-铁基合金

这类非晶态合金基本上具有等量的 Fe 和 Ni，组分为 $Fe_{40}Ni_{40}(Si,B)_{20}$。其饱和磁化强度约为 0.8T，饱和磁致伸缩系数 λ_s 约为 10×10^{-6}。因为这类材料有很好的弹性，很小的应力变化会引起很大的磁导率和磁滞回线形状的可逆变化，可用于磁弹性传感器。

6.3.3 纳米晶软磁合金

在一般的晶态软磁合金中，随着晶粒尺寸的减小，材料的矫顽力线性增大，磁导率降低，材料的软磁性能下降。但当晶粒大小减小到纳米数量尺寸时，磁体矫顽力迅速减小，与晶粒尺寸六次方成正比关系。当晶粒尺寸在10nm左右时，材料由于纳米尺寸效应而表现出优异的软磁性能。一般认为纳米晶虽然有磁晶各向异性，但受到近邻间的晶粒的交换作用以及静磁耦合作用，使宏观的有效磁晶各向异性近似为零，因此纳米晶软磁合金有很好的软磁性能，可以用作薄膜磁头、大功率变压器、高频变压器、传感器等，前景十分广阔。

广泛应用的纳米晶软磁合金是Finement合金，其典型成分为$Fe_{73.5}Cu_1Nb_3Si_{3.5}B_9$，与过渡金属—类金属非晶态合金的成分类似，含有70%（原子）以上的Fe、Co、Ni和20%左右的类金属（Si、B、C、P等）元素。该组成保证了合金具有高饱和磁感应强度和低饱和磁致伸缩系数λ_s。与非晶态合金不同的则是添加了Nb（或Zr、Mo、W、Cr、V等元素）和Cu。Cu的作用是使α-Fe晶核易于形成，且避免了α-Fe固溶体和Fe-B化合物同时析出，而Nb等元素的加入阻碍合金中α-Fe晶粒长大。

Finement合金采用非晶晶化法制备，即先用液体急冷法制成非晶态，然后在略高于晶化温度下退火使之晶化。结果是形成在非晶态基体上均匀分布着晶粒尺寸为10~20nm的α-Fe（Si）单一固溶体结构，其中，晶体相是含Si量为20%（原子）的α-Fe固溶体，体积约占70%~80%，晶间层为体积约占20%~30%的近似非晶结构。合金成分和非晶晶化过程是获得纳米晶结构的关键技术。Cu、Nb是形成纳米晶的关键元素。由于Cu在Fe中固溶度很小，α-Fe（Si）晶核首先在富Cu区择优形成。而Nb原子在非晶相中的缓慢扩散和Nb-B有序原子团对相界面的钉扎作用，使α-Fe（Si）晶粒难以长大。随晶化过程的进行，形成了热稳定性较好的纳米晶结构。而不含Cu、Nb的FeSiB系非晶态合金晶化后晶粒尺寸很大，约为0.1~1μm，且析出α-Fe和Fe-B化合物两相，不能得到纳米晶结构。

6.3.4 软磁铁氧体

随着市场需求能在更高频率、更高电阻率、更低涡流损耗条件下工作的软磁材料，以Fe_2O_3为主要成分的软磁铁氧体材料应运而生，并达到实用化。

目前广泛使用的软磁铁氧体材料是属于尖晶石结构的锰—锌铁氧体和镍—锌铁氧体，由于其晶体对称性高，磁晶各向异性小，因此其磁特性最软，作为铁心材料用途广泛。其次石榴石型铁氧体也常用于微波频带磁芯材料。

尖晶石结构的软磁铁氧体晶体与天然矿物尖晶石（$MgAl_2O_4$）相同，如图6-20所示。一个立方晶胞中含有8个由$MeFe_2O_4$表示的分子（Me为2价金属，如Mn、Fe、Co、Ni、Cu、Mg、Zn、Cd等），如图6-20a所示，一个晶胞等分成8块。任何一块原胞如图6-20b所示，氧离子占据8个顶角和6个面心位置，配置金属离子占据8a和16d位置。这样，八等分尖晶石型结构晶胞的一个方块中共有：O^{2-}离子4个，8a位置金属离子8个，16d位置金属离子4个。O^{2-}的离子半径为0.138nm，而金属离子半径大致在0.06~0.08nm范围内，因此8a位置是O^{2-}离子构成的四面体间隙，而16d位置是O^{2-}离子构成的八面体间隙。二价金属离子以一定的规律置入上述间隙位置，通过O^{2-}离子产生超交换作用得到亚铁磁性。表6-2给出各类尖晶石铁氧体的主要用途。

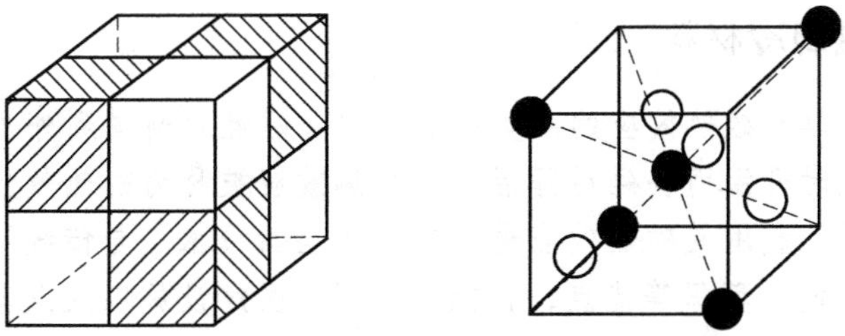

a) 立方晶胞　　b) 原胞

图 6-20　尖晶石结构

表 6-2　软磁铁氧体的代表性用途

用途	使用周波数	铁氧体的种类	要求的特性
通信用线圈	1kHz~1MHz	MnZn	低损耗，低温度系数，感抗调整
	0.5~80MHz	NiZn	
脉冲变压器		MnZn NiZn	高磁导率，低损耗，低温度系数
变压器	15~300kHz	MnZn	高磁导率，高饱和磁感应强度，低损耗
回描变压器	15.75kHz	MnZn	高磁导率，高饱和磁感应强度，低电力损耗
偏转轭	15.75kHz	MnZn MnMgZn NiZn	精密形状，高磁导率，高电阻率
天线	0.4~50MHz	NiZn	μQ 积大，温度特性
中周变压器	0.3~200MHz	NiZn	μQ 积大，温度特性，感抗调整
磁头	1kHz~10MHz	MnZn	高饱和磁感应强度，高磁导率，耐磨损性
隔离器、单向波导相位器	30MHz~30GHz	MnMgAl YIG	张量磁导率，饱和磁感应强度，共振半高宽
感温开关		MnCuZn	居里温度

在几 MHz 以下，用得最多的是饱和磁感应强度和磁导率均较高的 Mn-Zn 铁氧体，在此系统中，存在磁晶各向异性及磁致伸缩均为零的成分范围，而且通过增加晶粒尺寸等可使磁畴壁容易运动，在这种尖晶石型铁氧体中，既能获得最高的磁导率，又能获得最高的饱和磁感应强度。但是，Mn-Zn 铁氧体由于电阻率很低，在高周波段损耗急剧增加而不能使用。

在数百 kHz 以上到数百 MHz 以下的所谓无线电周波数带域内，主要使用 Ni-Zn 及 Ni-Cu-Zn 铁氧体，在这一周波数带域内，对磁性材料的要求是低损耗，上述软磁铁氧体可满足这一要求。

在从数百 MHz 到数 GHz 的所谓微波带域内，在尖晶石型铁氧体中可采用 Mg 系、Ni 系和 Li 系铁氧体，但用得最多的还是石榴石型铁氧体。

应用实例——磁制冷材料

磁制冷材料是具有磁热效应的一类软磁材料。磁性材料受到外加磁场作用时会产生温度改变，磁化时升温而去磁后降温，这种热效应被称为磁热效应。磁制冷就是以磁性材料作为工质、利用其磁热效应进行制冷的全新技术。与传统制冷技术相比，磁制冷具有高效、节能、环保等优点，在低温物理、医疗设施以及汽车、计算机等领域有着广泛的应用前景。

磁制冷材料磁热效应的大小是决定磁制冷效率的最关键因素，所以更多的工作集中在开发新型材料上。理论上，等温发生一级有序相变可显著提高磁热效应，呈现出巨磁热效应。近年来，随着 $Gd_5(Si,Ge)_4$，$MnFe(P,As)$，$Mn(As,Sb)$，$La(Fe,Si)_{13}$ 等几种巨磁热效应新材料问世，使得近室温磁制冷的实际应用成为可能。巨磁热效应材料主要有以下三种：

1）$Gd_5(Si_xGe_{1-x})_4(x\leqslant 0.5)$。1997 年，美国 Ames 实验室报道了磁熵变达到 Gd 的 2 倍的 $Gd_5Si_2Ge_2$。随后发现 $Gd_5(Si_xGe_{1-x})_4(x\leqslant 0.5)$ 化合物的居里温度可在 20~286K 范围内通过控制 Ge 的含量以及加入少量的合金元素 Ga 的方法进行调整，在该温区其磁熵变是此前发现的最佳工质的 2~10 倍。巨大的磁熵变源于场致结构转变和磁相变，即在居里温度附近，发生外磁场诱导的单斜（顺磁）-正交（铁磁）一级相变。

2）MnAs 基化合物。2001 年，日本京都大学发现 $MnAs_{1-x}Sb_x$ 在其居里温度出现一级铁磁/顺磁转变，并获得巨大的磁热效应。化合物的居里温度可以通过控制 Sb 含量在 280K~318K 范围内进行调节。2002 年，《Nature》报道了荷兰阿姆斯特丹大学的特古斯等发现 $MnFeP_{1-x}As_x$（$0.15<x<0.66$）化合物具有更优良的磁性能。在居里温度附近发生一级变磁转变，并表现出巨大的磁热效应。更为重要的是，其巨大的磁热效应在很宽温度内近似相等，这就意味着这种材料更适合作为制冷机的工质。

3）$La(Fe,Si)_{13}$ 基化合物。日本东北大学发现低 Si 含量的 $La(FeSi)_{13}$ 化合物中存在巡游电子变磁（itinerant-electron metamagnetic，IEM）转变，即外磁场诱导的一级顺磁/铁磁相变。随后，中国科学院物理研究所报道了这种材料的巨大磁热效应，并且通过少量 Co 替代 Fe 的方法将具有巨大磁热效应的温度提高到室温附近。日本 Tohoku 大学则采用另一条途径达到了这个目的，他们将化合物进行吸氢处理后，在室温附近获得了目前为止所报道的最大磁热效应。由于原材料廉价，这种化合物具有更大的实用价值。

6.4 硬磁材料

6.4.1 硬磁材料概念

硬磁材料又称永磁材料，是一类经过外加强磁场磁化再去掉外磁场以后能长时期保留其较高剩余磁性，并能经受不太强的外加磁场和其他环境因素（如温度和振动等）的干扰的强磁材料。因这类强磁材料能长期保留其剩磁，故称永磁材料，又因其具有高的矫顽力，能经受外加不太强的磁场干扰，故又称硬磁材料。永磁材料是历史上发现最早，应用也最早的强磁材料，也是当代种类甚多和应用甚广的一大类强磁材料。

一般说来，永磁材料具有以下几点基本要求：

1）高的最大磁能积 $(BH)_{max}$。强磁材料 B-H 磁滞回线的第二和第四象限部分称为退磁曲线，退磁曲线上每一点的磁感应强度 B 和磁场强度 H 的乘积 BH 称为磁能积，其中 BH 最大者称为最大磁能积，它是永磁材料单位体积存储和可利用的最大磁能密度的量度。

2）高的矫顽力 BH_C 和高的内禀矫顽力 iH_C。矫顽力 BH_C 是指强磁材料 B-H 退磁曲线 $B=0$ 处的磁场强度，内禀矫顽力 iH_C 则是指强磁材料 M-H 退磁曲线上 $M=0$ 处的磁场强度，M 为磁化强度。BH_C 和 iH_C 是永磁材料抵抗磁的和非磁的干扰而保持其永磁特性的量度，高矫顽力值能从具有强磁晶各向异性的永磁材料中获得。

3）高的剩余磁感应强度 B_r 和高的剩余磁化强度 M_r。B_r 和 M_r 是永磁材料闭合磁路在经过外加磁场磁化后磁场为零时的磁感应强度和磁化强度，它们是开磁路的气隙中能得到的磁场磁感应强度的度量。

4）高的稳定性。对外加干扰磁场和温度、震动等非磁性环境因素变化的稳定性。

目前根据永磁材料其成分和磁性等特点，可分为金属永磁材料、铁氧体永磁材料、稀土永磁材料。

6.4.2 金属永磁材料

1. 铁合金

纯铁是一种理想的软磁材料，具有大的饱和磁化强度以及相对小的磁晶各向异性和磁致伸缩值，但是，铁中溶解一部分碳可使纯铁在磁性上变硬。其矫顽力大约为 4kA/m（50Oe）。

首次应用于20世纪40年代质量分数为7%～8%的钨钢的矫顽力大约在7kA/m（90Oe）。Co-Mo 和 Co-Cr 钢的矫顽力是钨钢的两倍，其磁能积达到 $8kJ/m^3$（1MGOe）。

2. Alnico 合金

Alnico 系永磁合金的主要成分为 Fe、Ni 和 Al，再加入 Co、Cu、Mo 和 Ti 等元素，有的经适当的热处理得到各向同性的永磁合金，有的经磁场热处理或定向结晶处理得到各向异性的永磁合金。

Alnico 系永磁合金很难加工，故多以铸造磁钢制品的形式出现，为克服这一缺点，20世纪70年代初按 Alnico 系永磁合金的原理发展出 Fe-Cr-Co 永磁合金，可以进行轧制、拔丝等塑性加工，因而受到广泛地重视。Alnico5 曾在世界范围内得到普及，但其主角地位逐渐被稀土永磁及铁氧体永磁所代替，现在主要用于稳定性要求高的某些特殊领域，例如与精密测量、精密仪器温度变化相对应的应用等。

6.4.3 铁氧体永磁合金

永磁铁氧体一般可表示为 $MO \cdot xFe_2O_3$，其中 M 为 Ba、Sr 等，且不含有 Ni、Co 等高价战略性金属元素，因此永磁铁氧体价格较低。并且，由于晶体对称性低造成的磁各向异性大，化学稳定性好，相对质量较轻，从市场角度看占有很大优势。

为提高各向异性永磁体中的取向性，一般采用粉末与水混合的浆状原料，称这样制取的永磁铁氧体为湿法各向异性永磁体，而不加水制取的永磁铁氧体成为干法各向异性永磁体。在永磁铁氧体的制造过程中，原料的选择和管理、磁场的施加、粉碎颗粒的大小及烧结成颗粒的大小等因素对特性有很大的影响，因此必须严加控制。

6.4.4 稀土永磁材料

永磁材料最重要的磁特性是永磁体单位体积具有的磁能大小，即最大磁能积$(BH)_{max}$，一种材料的磁能积提高到一定程度后就饱和了，如果希望得到质的飞跃，就需要有新的永磁材料的出现。构成高性能永磁体的材料需要具有三个条件：

1）高饱和磁化强度M_s。

2）高居里温度T_C以确保在使用温度范围内有高饱和磁化强度。

3）高的内禀矫顽力iH_C，这要求材料有高的各向异性场H_A。

稀土永磁材料在满足该需求条件下作为新型高性能永磁材料被广泛关注。所谓稀土永磁材料是指稀土金属和过渡族金属形成的合金经一定的工艺制成的永磁材料，已在机械、电子、仪表和医疗等领域获得了广泛应用。

利用稀土永磁材料作为永磁体的电机已在航空领域显示出广泛的应用前景和强大的生命力。一方面，由于稀土永磁材料的高磁能积，这种永磁电机具有低重量、小体积的特点；另一方面，稀土永磁材料的矫顽力H_C高，剩磁B_r大，因而可产生很大的气隙磁通，大大缩小永磁转子的外径，从而减小转子的转动惯量，降低时间常数，改善电机的动态特性。此外，稀土永磁材料的内禀矫顽力高，磁场定向性好，因而容易实现在气隙中建立近似于矩形波的磁场，实现方波驱动，因此有助于提高电机的出力。

永磁电机中的钕铁硼永磁体

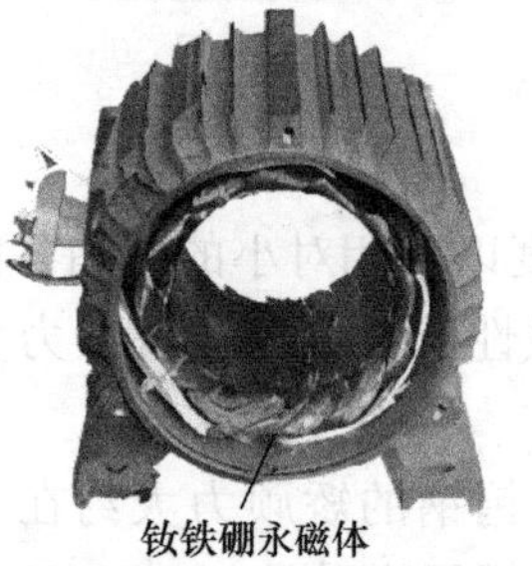

图6-21　永磁电机中的钕铁硼永磁体

钕铁硼材料作为最重要的稀土材料之一，是支撑现代电子信息产业的重要基础材料之一。如图6-21所示，钕铁硼被广泛应用于制备永磁电机的永磁体。

应用实例——磁记录材料

磁记录是指将信息转化为记录介质的磁化，并可将记录的磁化再转为信息的技术。根据需要，磁记录有模拟式和数字式，广泛用于录音、录像及计算机和多媒体的录码和各种磁卡。

目前的信息存储是以纵向磁记录原理为基础，在此情况下，磁化强度向量的方向是与底片的表面平行，如图6-22所示，用磁头记录和读出介质中磁化强度的变化。纵向磁记录使用环形磁头，环形磁头由软磁材料、磁头心（如铁氧体）和非磁性材料组成。磁芯上绕有线圈，线圈所通的电流在磁芯中产生磁场，它在磁头的缝隙区域发散出来。模拟记录时，写在记录介质上的空间波形复制了由写入电流输入到介质的瞬时波形，信号在磁头线圈中产生相应变化的电流。数字记录时，空间磁化比特顺序复制了电流脉冲的瞬时顺序，磁头线圈中类阶梯变化的电流存储为二进制信息。磁记录中发展最迅速的硬磁盘，20世纪90年代以来信息存储的密度每年以60%的增幅发展，每位的尺寸达10nm以下，已超过了预期的超顺磁极限。

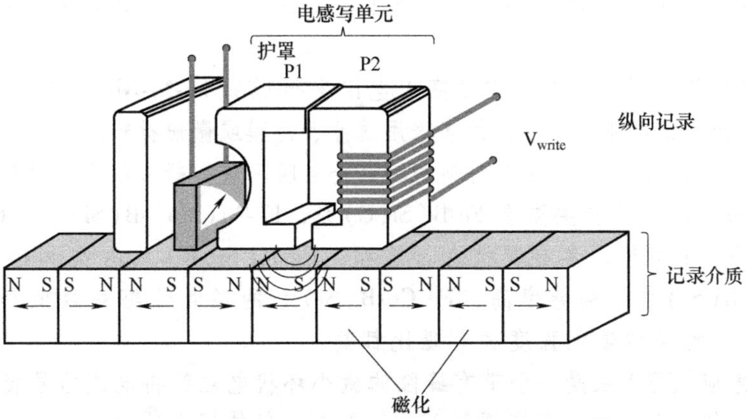

图 6-22 纵向数字磁记录的写入过程示意图

纵向数字磁记录的写入过程示意图

磁记录介质是一种永磁薄膜，对其主要要求是：①适当高的矫顽力，以有效地存储信息和抵抗环境磁干扰，其矫顽力的典型数值为500～4000Oe，记录密度越高，越要求高的H_C；②高的饱和磁极化强度，以得到高的信息输出；③高的剩磁比，以减小自退磁效应，提高信息记录效率。在数字记录中，每位信息相当于介质中被磁化的微小区域，剩磁在相反的两个方向以产生0和1。因此，要求有高的M_s和剩磁，产生尽可能高的表面磁场以被磁头读出，M_s典型数值为500～1000G（μ_0M_s为0.63～1.26T）；④陡直的磁滞回线，以减小开关磁场范围和输出脉冲宽度，提高记存信息的分辨率和记存密度。两记录单元之间的过渡区越短，磁化强度的梯度就陡，信号输出增大；⑤高的稳定性，即尽量减小磁记录材料的温度系数和老化效应等。目前已实用化的磁记录介质主要有两大类：

1）颗粒型不连续介质。由磁性单畴微粒与复合高分子介质混合而成，实用化的磁性颗粒主要有：亚铁磁的针状γ-Fe_2O_3，包Co或掺杂Co的γ-Fe_2O_3（其性能优于针状γ-Fe_2O_3），铁磁性CrO_2，具有高M_s的针状金属铁颗粒，片状钡铁氧体颗粒等。

2）薄膜型连续介质。高密度磁记录介质多采用薄膜型连续介质。采用电解、真空蒸发或溅射等工艺制备。所用的磁性材料包括早期的Co、Co-P、Co-Ni、Co-Ni-Cr、Co-Ni-Pt及近期的Co-Cr合金，包括非晶合金，如CoCrPtTaB，后者已用于高密度硬盘。

磁头是在磁记录过程中将电信号转变为磁场，以及在磁重放过程中将磁记录介质的磁场转变为电信号的器件。一般对磁头材料的主要要求有：①高的磁导率μ，以提高磁头的灵敏度，增加磁头气隙磁场；②高的饱和磁极化强度μ_0M_s，以提高磁头气隙磁场；③低的矫顽力H_c，以减小磁滞损耗；④高的力学强度，特别是硬度，以提高磁头的使用寿命；⑤在利用磁电阻材料作磁头材料时，则要求具有低工作磁场和高的磁电阻率。目前已经应用和尚在研究中的磁头材料，主要有三类材料：铁氧体磁头材料，金属磁头材料，非晶磁头材料。

1）铁氧体磁头材料。铁氧体磁头材料，由于要求高密度、高强度和高均匀性，故多使用热压多晶或单晶铁氧体，又因电阻率高，可使用块体材料。主要有饱和磁极化强度和磁导率均较高，但电阻率较低的（Mn,Zn)Fe_2O_4系铁氧体，使用频率虽不很高，但应用较广；(Ni,Zn)Fe_2O_4 系铁氧体的电阻率较高，可应用于更高频率的磁记录（如磁录像）。

2）金属磁头材料。主要有硬度高但电阻率很低的 Fe-Ni-Nb(Ta) 系软磁合金和 Fe-Si-Al 系合金。因电阻率很低，故多采用薄片、薄膜或微粉材料。

3）非晶磁头材料。非晶磁头材料的特点是电阻率较一般金属磁头材料高，无磁晶各向异性和晶界等。目前主要有 Fe-B(Si,C) 系，Fe-Ni(Mo)-B(Si) 系，Fe-Co-B(Si) 系和 Fe-Co-Ni-Zr 系等，各有其特点。例如，Fe-B(Si,C) 系的饱和磁化强度高，Fe-Ni(Mo)-B(Si) 系的磁导率高，Fe-Co-B(Si) 系的磁致伸缩系数低和磁导率高，Fe-Co-Ni-Zr 系的饱和磁化强度和剩磁比都高。

常用的感应式写入头是一个带有缝隙的微小环状电磁铁将电流信号转换为缝隙中的磁场信息，使磁介质磁化而实现写入，写入头一般使用上述磁头材料。通常无电源的感应式写入头可用作读出头，运动的磁介质中的存储信息在读出头中产生感生电动势。但高密度、小型化磁盘的发展使位尺寸不断减小，磁盘线速度降低。感应式读出头的灵敏度能否检测到储存的信息，曾经是高密度硬盘发展的关键技术之一。硬磁盘使用的是感应式写入头与巨磁电阻读出头的复式磁头。更加灵敏的磁性隧道结磁电阻读出头正在开发。磁电阻读出头还在向软盘发展以提高软盘的存储密度。

思考题

6-1　简述磁矩和磁偶极矩的差异。

6-2　简述磁畴的形成原因。

6-3　简述影响磁畴壁厚度的因素。

6-4　磁性材料的导磁能力用什么表示？

6-5　材料的磁性有哪些？各有什么特征？

6-6　画出铁磁材料的磁滞曲线。

6-7　比较软磁材料和硬磁材料的性能差异，列举几种主要的软磁材料和硬磁材料及其应用。

6-8　什么是磁致伸缩效应？有何应用？

6-9　简述磁致冷效应的热力学循环过程。

第7章 电储能材料

电能存储是实现电能控制和转换的关键技术，在电动汽车能源系统、脉冲功率设备、智能电网以及柔性直流输电换流设备等工业、国防领域起着越来越重要的作用，其中高性能储能器件的开发是电能存储的基础。在目前广泛研究的储能器件有储能电容器、二次电池和电化学电容器等。储能电容器工作电压高、功率密度大；二次电池能量密度高、续航能力强；电化学电容器介于前两者之间，如图7-1所示。随着我国新能源电力系统和用电设备的快速发展，对能量密度与功率更大、集成度更高的储能设备及其材料的开发提出了更高的要求。

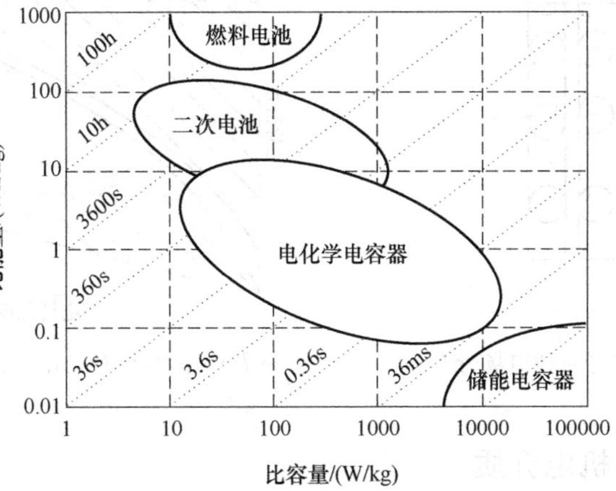

图7-1 储能/转换器件的比能量（能量密度）与比容量（功率密度）

7.1 储能电容器介质材料

电容器储能是利用电介质在外电场下的极化现象而储存静电能量。储能电容器相比于其他储能设备，具有功率密度大、工作电压高、充放电速度快、效率高等特点。储能电容器在电动汽车、直流输电系统换流设备和国防军工装备中起重要作用。例如，脉冲功率储能电容器通过对电源能量在时间和空间上进行压缩，并在特定负载上快速释放，实现极高的脉冲功率输出，已成为新概念电磁装备的关键设备。然而，虽然储能电容器在功率密度方面具备优势，但其能量密度相比于电池等储能器件存在明显差距，制约着储能电容器件的进一步应用。

根据储能电容器的介质材料分类，目前广泛应用的有聚合物薄膜、陶瓷材料、聚合物复合薄膜等电容器。聚合物薄膜介质击穿场强较高，然而其介电常数远低于陶瓷材料；陶瓷介质材料一般耐高温、耐腐蚀，具有较高的介电常数，而击穿场强一般低于有机薄膜介质；聚合物复合有机薄膜，尤其是陶瓷-聚合物复合薄膜是在有机物基体中添加高介陶瓷（或其纳米颗粒）填料，从而提升复合体系的介电常数。

7.1.1 储能电容器工作原理

电容器储能是利用电介质的极化特性，即在电容器两极板上加上电压，由于介质极化产生束缚电荷，在极板上分别感应等量的正、负电荷，起到储存静电能量的作用，如图 7-2 所示。电介质的储能密度是指单位体积容纳的电能，单位为 J/cm^3。

根据电磁场理论静电能的储能密度 U_e 可以由电场强度 E 对电荷密度 D（电位移）进行积分得到，$U_e = \int E\mathrm{d}D$，如图 7-3 所示阴影部分面积，其中线性电介质与非线性电介质具有不同的变化特征。线性电介质储能密度的大小主要取决于介电常数和介质击穿场强两个因素；非线性电介质储能密度还需考虑介电常数随电场的变化，因此不同类型的储能电容器通过综合提高材料的介电常数和介质击穿场强来提高其储能密度。

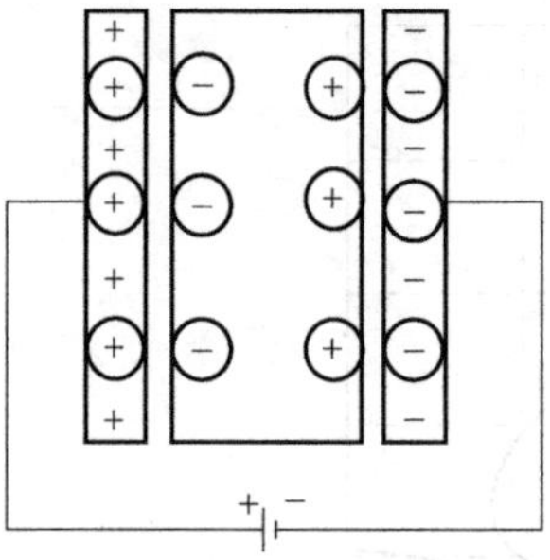

图 7-2　电容器中的电荷和电场分布

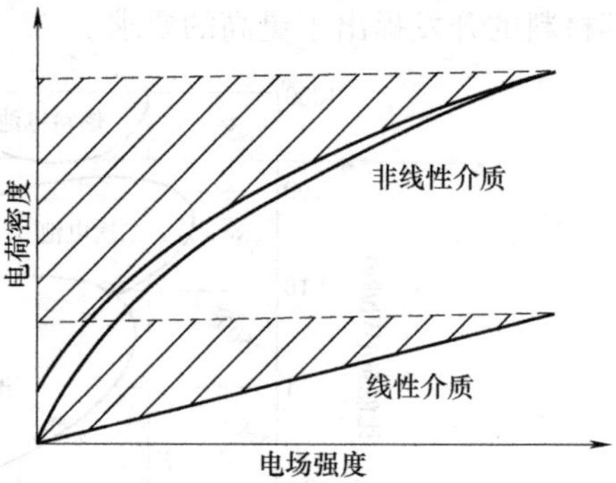

图 7-3　能量储存与电场强度和电位移关系

7.1.2 电容器有机电介质

储能电容器有机电介质主要有聚丙烯薄膜、液体浸渍剂和以聚偏氟乙烯为代表的新型聚合物储能介质。

1. 聚丙烯薄膜

聚丙烯（简称 PP）是当前使用最广泛的电容器有机材料。聚丙烯薄膜的特点是介电常数低（ε_r=2.2），击穿场强高（400~600kV/mm），介质损耗因数小（$\tan\delta \approx 2\times10^{-4}$），机械强度高，有优良的化学稳定性、耐热性及电老化性能。目前，聚丙烯薄膜能够满足储能密度 $3J/cm^3$ 以下的电容器的要求。

电容器用聚丙烯薄膜是用聚丙烯树脂挤压成厚片，再经双轴定向拉伸或吹塑成膜。根据聚丙烯分子中甲基的结合方式不同，可将聚丙烯结构分为三种形式：等规结构，甲基分布在主链同侧，结晶度高；间规结构，甲基对称分布主链两侧，结晶度较高；无规结构，甲基在主链两侧无规分布，结晶度低。用于电容器的双轴拉伸膜基本均为等规结构聚丙烯，其分子结构式如图 7-4 所示。

2. 液体浸渍剂

湿式电容器中使用液体介质作为电容器中的浸渍剂，以填充固体介质中的空隙，从而提高介质的耐电强度，改善局部放电特性和散热条件等。选用液体浸渍剂时，一般要求符合以下性能要求：介质击穿场强较高，介电常数较高，损耗小，直流电阻率高，且介电性能参数随温度变化要小；黏度小，凝固点低，挥发性小，难燃或不燃；化学稳定性好，与固体介质相容性好，无毒或低毒；工艺上易处理；来源广，价格低。常见的液体介质有电容器油、苯甲基硅油、蓖麻油、聚异丁烯、烷基苯、甲基硅油、二芳基乙烷、异丙基联苯、苄基甲苯等。

3. 聚偏氟乙烯

聚偏氟乙烯（简称PVDF）是近年来备受关注的新型高性能有机电介质材料，已成为高储能密度电容器领域的研究热点，其分子结构式如图7-5所示。

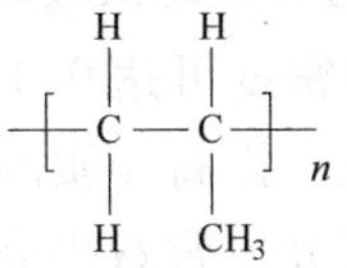

图7-4　等规聚丙烯分子结构式

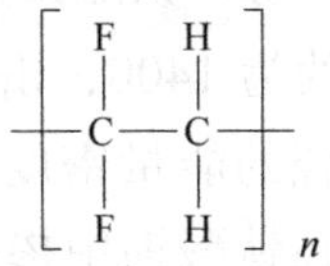

图7-5　聚偏氟乙烯分子结构式

PVDF是一种典型的有机铁电体，由于分子中氟原子排列在碳链的同侧，因此分子具有很强的极性，而表现出较大的极化强度和介电常数。基于PVDF的多元氟基铁电聚合物材料的相对介电常数可达10~53，介质击穿场强可达400~800kV/mm，储能密度可达9~25J/cm^3，远远高于传统的电容器介质薄膜材料。

7.1.3　电容器无机电介质

储能电容器无机电介质主要有铁电体陶瓷和反铁电陶瓷两类。

1. 铁电体陶瓷

铁电体晶体的晶胞因其自身正负电荷中心不重合而具有极性。以经典铁电体钛酸钡为例，它具有典型的ABO_3钙钛矿结构，在其四方铁电相的晶胞中，在无外加电场作用条件下，位于晶胞中间的正电荷中心Ti^{4+}向Z_3即<001>方向偏移，与氧八面体所形成的负电荷中心不重合，因此而自发的产生一个极化强度，称作自发极化，如图7-6所示。类比铁磁体的磁畴结构，人们引入“电畴”概念来描述铁电体的自发极化机理。

在铁电体中，由于偶极子之间的相互作用很强，即使无外电场作用，在一定体积范围内，电偶极子平行排列形成平行偶极矩，这一具有平行偶极矩的单元就称为“电畴”。为了保持整体的电中性，在无外电场作用的情况下铁电体内部将分成许多电畴，在每个电畴中的自发极化方向相同，而相邻电畴的自发极化方向相差一定角度，依据晶体结构，可出现相差90°或180°等，如图7-7所示。在外电场作用下，电畴随着外电场发生极化定向。

铁电体是具有宏观强极性的电介质，主要表现为：高的介电常数；介电常数与电场强度大小有关即具有非线性特性；极化强度P与电场强度E的关系曲线为多值函数并呈现滞回特性，形成“电滞回线”，如图7-8所示。

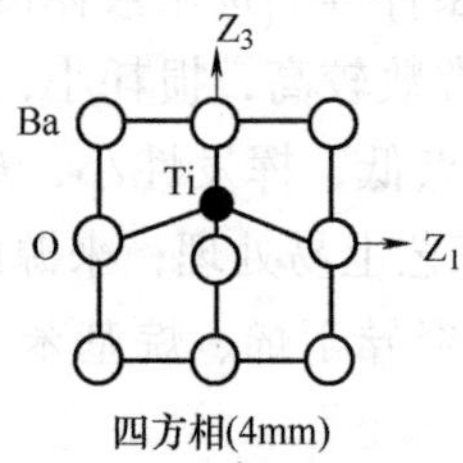

图 7-6　钛酸钡晶胞的自发极化

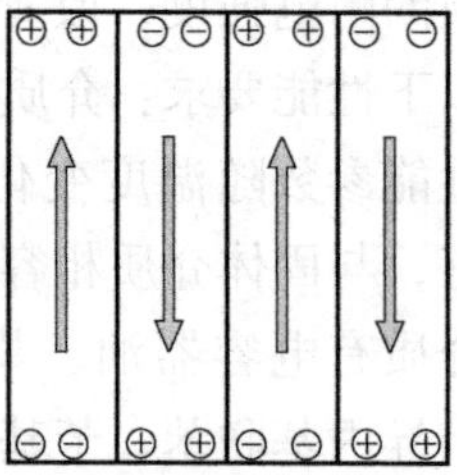

图 7-7　铁电体的电畴结构

常见的作为电容器介质材料的铁电体陶瓷有钛酸钡（$BaTiO_3$）、锆钛酸铅［$Pb(Zr_{1-x}Ti_x)O_3$］等。钛酸钡介质是高介电常数铁电陶瓷材料，纯钛酸钡陶瓷在室温下相对介电常数约为 1400，击穿场强约为 8kV/mm，能量密度可达 0.4J/cm^3。为了提高钛酸钡基陶瓷的能量密度，亦有采用掺杂离子的方式，提高介质的介电常数和击穿强度。例如在钛酸钡中掺杂适量的锡（Sn）可以将其介电常数提高至 10000 以上；通过多种元素掺杂以及多层式电容器结构设计，可将钛酸钡材料的击穿强度提高至 82kV/mm，能量密度可达 6.88J/cm^3。

2. 反铁电陶瓷

反铁电体具有与铁电体类似的特点，所不同的是，反铁电体相邻晶胞中的自发极化反向平行排列，因此在宏观上自发极化为零。随着电场的施加，反向平行的自发极化逐渐翻转并指向电场方向，反铁电相结构的陶瓷转变为铁电相结构；而在去掉电场的过程中，其自发极化又逐渐恢复至反向平行的状态，陶瓷也相应地恢复到反铁电相结构。在这一过程中，反铁电陶瓷的电场—极化曲线呈现“双滞回”现象，如图 7-9 所示。

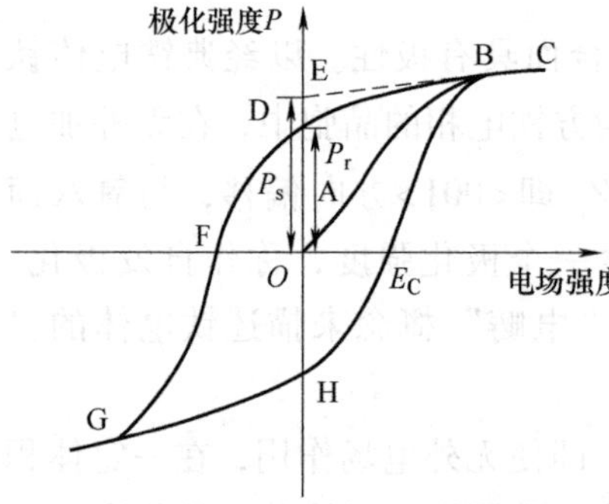

图 7-8　铁电体的电滞回线

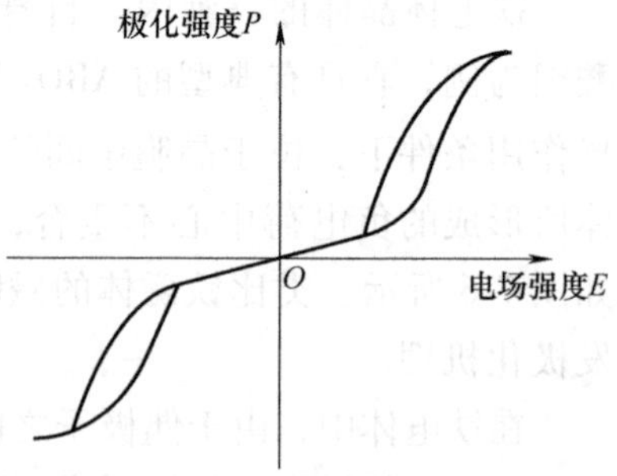

图 7-9　反铁电体双电滞回线

常见的反铁电陶瓷有锆酸铅（$PbZrO_3$）基陶瓷和铌酸银（$AgNbO_3$）基陶瓷，其介电常数与铁电陶瓷相近。反铁电陶瓷在发生反铁电—铁电相变之前，宏观剩余极化较低，介电常数与外加电场无关，具有较高的储能效率；在电场的作用下发生反铁电—铁电相变时，介电常数随外电场的作用而快速增加，储能密度显著提高，但储能效率下降。反铁电陶瓷在反铁电—铁电相变过程中会产生较大应力，导致材料破坏，储能循环寿命较短。

7.1.4 电容器复合电介质

一般而言，复合材料是由几种不同原料复合而成的多相材料，其特点是不仅可以保持其原组分的部分特性，还可以产生原组分所不具有的性能。因此，利用复合材料可以开发出性能比单一材料更好、具有新效应的新型材料。为了结合有机介质高击穿强度和无机介质高介电常数的优点，可以利用在有机基体中填充微米或纳米大小的无机粉末的方法制成复合材料。常用的有机基体材料有聚酯（PET）、聚苯硫醚（PPS）、聚丙烯、聚偏氟乙烯等；无机填料主要有钛酸钡（$BaTiO_3$）等铁电材料，以及氧化锌（ZnO）、氧化镁（MgO）等金属氧化物。

电容器虽然品种、规格各异，但就其构成原理来说，电容器都是由不同介质充满的金属板电极系统组成。下面介绍两种应用广泛的储能电容器结构：金属化膜电容器（Metallized Film Capacitor，MFC）与片式多层陶瓷电容器（Multi-Layer Ceramic Capacitor，MLCC）。

应用实例——两种典型储能电容器结构

（1）金属化膜电容器结构

金属化膜电容器的制备采用蒸镀电极工艺，在聚合物介质薄膜上蒸镀纳米级厚度的薄层金属（通常为铝或锌铝合金）作为电极，如图7-10所示。

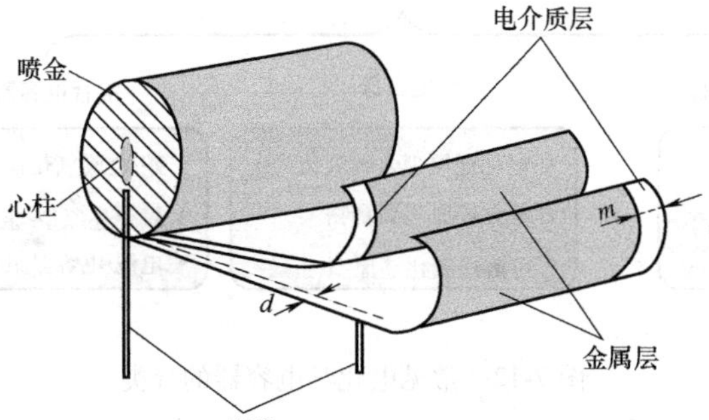

图7-10 金属化膜电容器元件结构

极薄的蒸镀电极结构，使金属化膜电容器具有自愈性能，提高了其在高场强下的可靠性与稳定性。当介质膜的弱点发生击穿时，电荷通过放电通道形成大电流产生焦耳热，使击穿点周围金属层受热蒸发，电容器介质膜恢复绝缘状态，这一过程称为“自愈”。自愈成功后电容器仍能继续工作，提高了电容器工作的稳定性，因此适合应用于柔性直流输电和脉冲功率等领域。由于每次自愈都会损失一部分电极面积，电容量会随之逐渐下降，当电容量下降达到一定程度时，认为电容器达到工作寿命终点。

（2）片式多层陶瓷电容器结构

典型的片式多层陶瓷电容器实际上是由许多陶瓷平板介质并联堆叠组成，如图7-11所示。交叉的导电层作为每层介质的内电极，通过外电极引出接线。片式多层陶瓷电容器电极面积大、介质厚度薄、介质介电常数高，具有非常高的体积利用率，成为陶瓷电容器的主要结构形式。片式多层陶瓷电容器已经广泛应用于大规模集成电路。

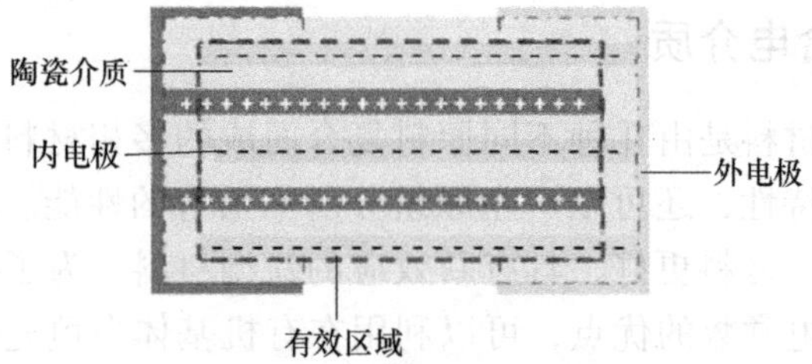

图 7-11　片式多层陶瓷电容器结构

7.2　电化学电容器材料

电化学电容器又称超级电容器，是基于高比表面多孔碳和金属氧化物材料的电极—电解液界面上进行充放电的一类特殊电容器。电化学电容器遵循与传统电容器一样的工作原理，由于具有更大的有效比表面积和更薄的电介质层，所以其电容量和储存能量比常规电容器要高 10000 多倍。

根据电化学电容器的储能模型和构造，可将其划分为双电层电容器（EDLC）、氧化还原型电化学电容器（也称赝电容器）、双电层电容器和赝电容器的混合体系等三类，如图 7-12 所示。对电化学电容器的研究主要集中于不同形式的电极材料和电解液。

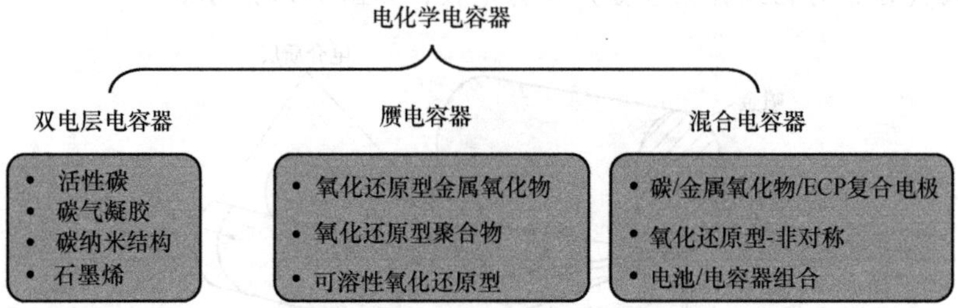

图 7-12　常见电化学电容器的分类

7.2.1　电化学电容器工作原理

1. 双电层电容器

双电层电容器储能方式与传统电容器大致相同。双电层电容器的高能量密度来源于：高度扩展的电极表面上能够储存更多数量的电荷；电极和电解液之间的双电层厚度较薄。双电层电容器的结构与电池类似，将两个电极浸入电解液中，中间用离子渗透膜隔开以阻止电接触，如图 7-13a 所示。充电状态下，电解液中阴离子和阳离子分别移向正极和负极，进而在电极—电解液的界面形成两个双电层，离子的分离导致了整个单元组件中存在一个电位差。因为每一个电极—电解液界面代表一个电容器，所以整个组件可以认为是两个电容器的串联。

2. 赝电容器

赝电容器的结构如图 7-13b 所示。赝电容器的储能原理不同于双电层电容器，其电容不是源于静电荷储存，而是利用材料表面快速、可逆的氧化还原反应储存释放电荷。在赝电容器充放电过程中，电极上发生氧化还原化学反应，电解液中的离子与电极交换电子并形成吸附离子。吸附离子在电极表面发生电吸附或插层反应，而不发生化学反应（无化学键生成），因此赝电容器中的氧化还原反应速度远高于电池。一般的，在相同电极面积下赝电容器容量比双电层电容器高 100 倍。

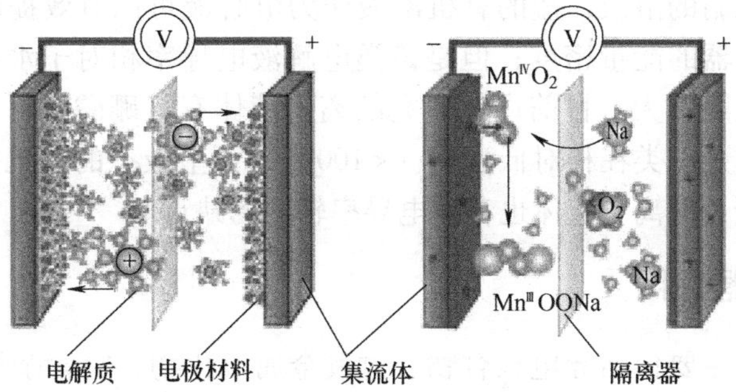

a) 双电层电容器　　b) 赝电容器

图 7-13　电化学电容器原理示意图

7.2.2　双电层电容器材料

双电层电容器电极主要使用纳米孔的碳材料，具有良好的导电性、化学惰性、结构和表面功能多样化、来源丰富、低成本等优点。

1. 活性碳

活性碳是双电层电容器中应用最广泛的电极材料。活性碳是通过在惰性气氛下对富碳有机前驱体进行热处理得到，再通过物理或化学活化方法增大其表面积，如图 7-14 所示。活性碳材料包括活性碳粉末和活性碳纤维。活性碳粉末在活化之后的比表面积可达到 $3000m^2/g$，孔隙分布从微孔（小于 2nm）到中孔（2~50nm）到大孔（大于 50nm）。大多数活性碳粉末的孔径大小分布不是理想的，因此限制了形成双电层过程中对材料表面积的最大化利用。活性碳纤维电导率相当高，为 200~1000S/cm，活性碳纤维活化后的比表面积与活性碳粉末接近，为 $1000\sim2000m^2/g$。

2. 碳纳米管

碳纳米管是通过碳氢化合物催化分解得到，分为单壁碳纳米管和多壁碳纳米管，如图 7-15 所示。碳纳米管电容值并不高，为 20~80F/g。目前研究主要集中于开发致密的、纳米有序、管间距可微调的碳纳米管阵列。

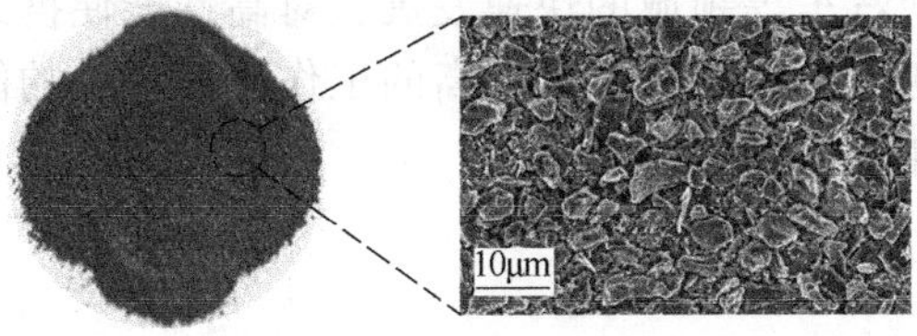

图 7-14　活性碳粉末

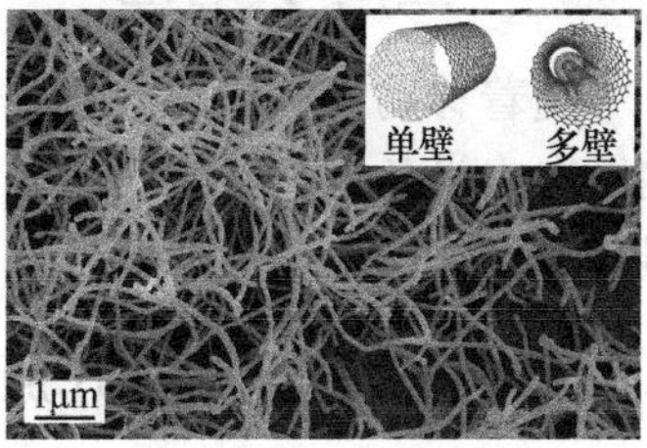

图 7-15　碳纳米管

3. 电解液

用于双电层电容的电解液可以分为三大类：水系、盐溶于有机溶液体系和离子液体。常用的水系溶质有 H_2SO_4、NaOH 等，电解液离子电导率较高，介电常数较大，水合离子尺寸较小，因此组成的电容器比容量与比功率较高，同时成本较低；但是水系电解液的电容器电压低，严重限制了电容器的能量密度。常用的盐有机溶液有四氟硼酸四乙胺溶解在乙腈的溶液，盐的有机溶液作为电解液可以有效提高电容器的工作电压，大幅提高电容器的能量密度；但是该类电解液电导率相对于水系较低，导致了电容器的等效串联电阻较大。目前广泛研究的离子液体有氟硼酸根、二氰胺、氟钾磺酰亚胺等。离子液体是一类在相对低温度（<100℃）下呈液态的有机盐，该类电解液难燃不挥发，更安全；但离子液体也存在电导率较低的缺点。

7.2.3 赝电容器材料

赝电容器材料主要包括导电聚合物、过渡金属氧化物、富含杂原子（氧、氮）的碳材料以及静电吸附氢的纳米多孔碳材料。

1. 导电聚合物

导电聚合物是指能够导电的有机聚合物。常见的导电聚合物电极材料有聚苯胺（PANI）、聚吡咯（PPy）、聚噻吩（PTh）及其衍生物等。导电聚合物具有一个共轭大 π 键和相应的反键 π^* 键，当有适当的氧化剂时，这些键将失去一个电子形成空穴，因此具有导电性。为了保持电中性，聚合物电极必须在某个过程中吸收离子，即聚合物掺杂（p-型掺杂），该过程能够提高氧化还原状态和聚合物导电性能。

2. 过渡金属氧化物

部分过渡金属氧化物表面经过快速可逆的氧化还原反应，显示出很强的赝电容行为，过渡金属氧化物电极的容量通常远远超过双电层电容中的碳材料。然而，由于它们的电荷储存机制是基于氧化还原过程，与电池类似，这些材料也具有长时间稳定性差和循环寿命差的缺点。常见的过渡金属氧化物电极材料有氧化钌（RuO_2）、氧化铅（PbO_2）、氧化镍（NiO）、氢氧化镍［$Ni(OH)_2$］、氧化锰（MnO_2）等。

3. 电解液

赝电容器采用的电解质，如碘、溴和羟基喹啉等，有多个不同的氧化态来实现氧化还原反应。目前碘离子溶液已经在超级电容器中成功用作电解液。碘化钾（KI）溶液在赝电容器中发生氧化还原反应，使正极在一个很窄的电压范围内工作并且能够提供超过 1840F/g 的电容值。

7.3 锂离子电池

随着移动设备、混合电动汽车和纯电动汽车等领域的快速发展，对高性能便携式储能电力设备和相关材料的需求越来越迫切。锂离子电池具有高的工作电压和大的能量密度、长的工作寿命等优点，是广泛应用的便携式电源之一。

7.3.1 锂离子电池工作原理

电池是通过氧化还原反应实现化学能和电能互相转换的装置，锂离子电池是以锂离子作为主要的电荷载体。锂离子电池由正极、负极、电解质和防止电极间短路的绝缘隔膜组成，如图 7-16 所示。

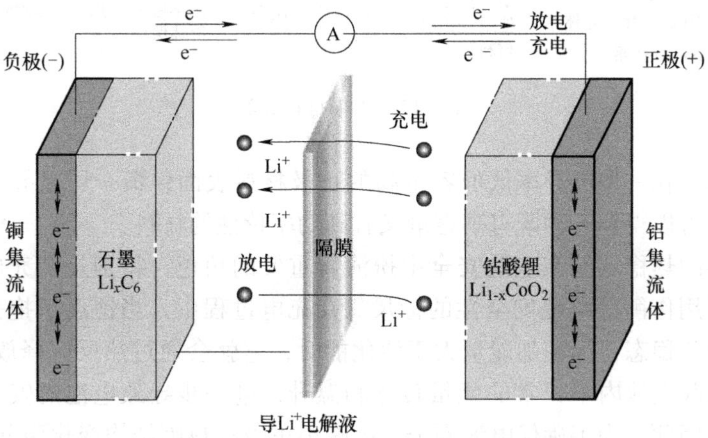

图 7-16 锂离子电池结构示意图

当电极发生电化学氧化还原反应时，锂离子通过电解液在负极和正极间穿梭，与此同时，电子在连接两电极的外部电路中迁移，形成闭合回路。电池放电时，负极发生电化学氧化反应 $A \rightarrow A^{+}+e^{-}$，来自负极的电子通过外电路参与正极上的还原反应 ($B^{+}+e^{-} \rightarrow B$)，电解液充当两个电极间的离子导体。电池充电时电流方向相反。锂离子电池可保持 3.7V 的平均放电电压，且在目前所有可实际应用的电池中具有最高的能量密度（约 200Wh/kg）。

7.3.2 锂离子电池材料

二次电池（即可重复充放电电池）中，当流入电极的离子和通过导体进入电极的电子相遇时就会发生电荷中和，电荷中和条件下嵌入电极的离子数量决定了电能储存容量。从根本上说，电极材料的类型是影响电池电能储存能力的主要因素。

1. 正极材料

正极材料在充电过程中发生氧化反应，在放电过程中发生还原反应。正极材料以 $LiCoO_2$ 为例，在电池充电过程中，$LiCoO_2$ 材料发生氧化反应，Co^{3+} 被氧化为 Co^{4+}，$LiCoO_2$ 中的锂离子脱嵌进入电解液，最终插入负极材料，电子离开正极材料并通过外部电路传输。电池放电时，$Li_{1-x}CoO_2$ 发生还原反应，$Li_{1-x}CoO_2$ 中的 Co^{4+} 被外电路输入的电子还原为 Co^{3+}，同时锂离子从负极材料中脱插进入电解液，并最终嵌入 $Li_{1-x}CoO_2$ 的晶格。

锂离子电池正极材料要求能可逆地嵌入和拖嵌大量的锂离子，并具有充放电过程中电势的稳定性、轻而致密、具有电化学稳定性和热稳定性。通常的正极材料为锂过渡金属氧化物，如层状的 $LiMO_2$、尖晶石型的 LiM_2O_4、以及橄榄石型的锂的过渡金属磷酸盐 $LiMPO_4$，其中 M 可为 Mn，Co，Ni，Fe 等。几种常见的正极材料分类如图 7-17 所示。

通过混合、表面包覆和形成化合物等方法获得复合材料，可以结合不同结构的不

- 层状化合物（最密堆积的晶体结构）
  - $LiCoO_2$(应用最广)
  - $LiNi_{1-x}CO_xO_2$
  - $LiMO_2$(M=Mn，Fe)
  - Ni-Co-Mn三元体系
  - Ni-Mn体系
- 尖晶石化合物(高功率，混合动力汽车用电池最佳正极材料)
  - $LiMn_2O_4$
  - $LiM_xMn_{2-x}O_4$
- 橄榄石型化合物(结构稳定，化学稳定，廉价环保)
  - $LiFePO_4$
  - $LiMPO_4$(M=Mn,Co,Ni)

图 7-17　正极材料分类

同性能。例如，在一种电导率低但容量高的正极材料表面包覆一层电导率高但容量低的正极材料，可以得到一种既有高容量又有高功率特性的材料。

正极材料的热稳定性在电池安全中扮演着重要的角色，特别是在充电状态，正极的热稳定性可用作衡量电池安全性的标尺。在充电过程中，当锂离子拖嵌时，正极就会处于热力学亚稳态，当施加能量大于活化能时，它就会通过热反应释放出大量的热。过量的热会引起电池内不正常的能量转化和温升，进一步导致电池的安全性问题，如起火、爆炸。因此，为了确保电池安全，应减小正极材料因结构变化引起的热量释放，即要保证正极材料在充电态时的结构稳定性。

2. 负极材料

锂离子电池的负极材料，在放电过程中发生氧化反应，在充电过程中发生还原反应。以 Li_xC 负极材料为例，在放电过程中，金属锂从负极材料中脱插并发生氧化反应，锂离子通过电解液嵌入正极材料，电子通过外部电路传输。在充电过程中，来自于正极材料的锂离子在负极材料处获得来自于外部电路的电子，发生还原反应，并插入负极材料。

在负极材料发展的早期，金属 Li 被用作锂电池的负极材料。Li 金属比容量较高，但存在短路等安全问题。目前对负极材料的研究主要集中在可与锂离子反应的石墨类碳材料、金属及其化合物。

（1）石墨碳材料

在石墨中，碳原子沿着六边形平面分层堆积，该各向异性的层状结构允许锂离子进行插入和脱插。在充电过程中，锂离子在石墨层之间逐步插入，初始插入阶段，锂离子的浓度较低，会形成单锂离子层，同时锂离子不会嵌入相邻的石墨层中；随着更多的锂离子嵌入其中，锂离子层之间不含锂离子的石墨层数量将会减少；在 LiC_6 组分中，锂离子的嵌入数量最多，锂离子层与石墨层依次间隔排列，如图 7-18 所示。对应于石墨的理论容量为 372mAh/g。

（2）无定形碳

煤碳是天然存在的无定形碳。不同于石墨和金刚石，无定形碳中的碳原子没有形成长程的周期性结构，取而代之的是大量凌乱、不规则的、大致相互平行的层状堆积结构，间或存在几十纳米的石墨晶粒。当无定形碳中具有一定含量的石墨晶粒时，无定形碳具有一定结晶度，称为低结晶碳，或软碳。当无定形碳中几乎不存在石墨晶粒时，可称为非结晶碳，或硬碳。

不同于石墨，由于软碳中的石墨晶粒周围存在大量无序排列的碳原子，这些无序结构提供了除石墨层间结构之外的更多种类的锂离子插入活性位点，充放电过程中锂离子的插入和脱插有更多的位点选择。因此，利用软碳负极材料制备的锂离子电池，充放电曲线不存在平台，即电压波动幅度较大。软碳的容量低（约为 220mAh/g），但具有高比表面积和稳定的结构。

硬碳中不存在石墨层的堆积，而是具有许多微孔的非结晶态结构。锂在硬碳中可吸附在碳层表面或者在微孔结构里形成锂团簇。在锂的插入/脱插过程中，石墨和软碳会有 10%的体积膨胀或收缩，造成卷芯的变形；而硬碳由于存在大尺寸的微孔，所以体积上没有变化，因此硬碳负极可以有非常稳定的寿命特性。软碳与硬碳的容量与加工工艺密切相关，如图 7-19 所示，无定型碳容量随着热处理温度的升高变化显著，说明在负极材料的加工过程当中应注意工艺控制。

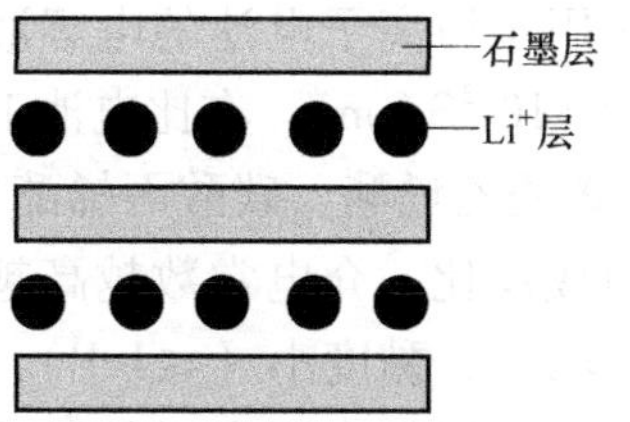

图 7-18　LiC_6 平面结构

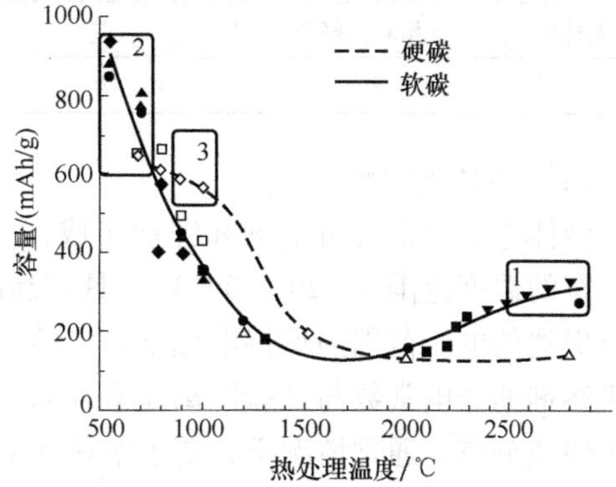

图 7-19　容量与热处理温度的关系

（3）合金

采用锂与其他金属（Si、In、Pb、Ga、Ge、Sn 等）的合金作负极材料。这些金属在充电过程中，在特定电压范围内可与锂发生反应生成合金，放电时返回初始状态，因此可以进行连续的可逆充放电。电极的充放电反应如下式所示：

$$xLi^{+}+xe^{-}+M \longleftrightarrow Li_{x}M(\rightarrow 充电,\leftarrow 放电) \tag{7-1}$$

大多数金属合金的比容量都比石墨（LiC_6）高，Si 与 Li 合金的理论容量高达 4000mAh/g，但金属—锂的反应电位相当低。如果电池电压降低，即使单位质量的容量很高，电池的能量密度也会减小。然而，随着低能耗、低电压元件的发展，使这些高容量合金成为了富有前景的负极材料。

金属负极在充电过程中与锂形成合金，金属原子之间的填隙位置被填满，会造成电极体积的膨胀。例如，1 个 Si 原子能和 4.4 个锂离子反应，体积上膨胀可能达到 400%。在体积膨胀引起的压力下，金属与锂之间的弱离子键很容易破坏，可能导致金属颗粒的破裂，破裂后的部分碎片不能接触到电解液而不参与电化学反应，由此造成容量损失。

3. 电解液

电解液是锂离子电池中离子运动的传输介质，一般由溶剂和锂盐组成。锂离子电池的正极与负极通常采用多孔电极材料，电解液不仅要浸透微孔，还要与活性物质表面进行锂离子交换，因此电解液的高性能对电池十分重要。表 7-1 列出了锂离子电池电解液的特性，其中液体电解液是最早的电解液，将锂盐溶解到有机溶剂中制得，目前应用最广。离子液体电解液是由熔点在室温以下的熔盐组成的，并与锂盐一起使用，不含可燃、易燃的有机溶剂，安全系数更高。固态聚合物电解质是通过将锂盐溶解到强极性聚合物中制得，但由于这种电解质电导率太低，尚未实际应用。凝胶聚合物电解质由聚合物基质和液体电解液组成，性能介于聚合物电解质和液态电解质之间，使用凝胶聚合物电解质的锂离子电池也被称作聚合物锂离子电池。

表 7-1　锂离子电池电解液

类型	液体电解液	离子液体电解液	固态聚合物电解质	凝胶聚合物电解质
组成	有机溶剂+锂盐	室温离子液体+锂盐	聚合物+锂盐	有机溶剂+聚合物+锂盐
离子电导率	高	高	低	相对较高
低温性能	相对良好	差	差	相对良好
热稳定性	差	好	很好	相对良好

（1）液体电解液

液体电解液由有机溶剂和锂盐组成，种类众多。要应用于锂离子电池的电解液需要在宽的温度范围（-20~60℃）内具有高的离子电导率（$>10^{-3}$S/cm），在比电池工作电压更宽的电压范围内保持电化学稳定性。常见的溶剂有碳酸乙烯酯、碳酸丙烯酯等，有机溶剂的介电常数与锂盐阳离子和阴离子之间的库仑力成反比，介电常数越高越有利于快速分离。通常情况下，要求溶剂相对介电常数大（>20），黏度小（≤1cP），在宽温度范围内能溶解锂离子。常见的锂盐有 $LiBF_4$、$LiPF_6$ 等，锂盐中阴离子的尺寸是决定锂盐性质的重要因素，较大离子半径的阴离子使锂盐更容易解离，另一方面较大离子半径导致阴离子迁移能力减弱。

（2）离子液体电解液

离子液体是一种完全由阴阳离子组成，在室温下呈液态的物质。与液体电解液相比，离子液体由于不含有机溶剂，具有蒸汽压低、耐热、不易燃烧、不易爆炸、毒性低、溶解性独特等优点。此外，离子液体电解液还具有较高的离子电导率和较宽的电化学窗口。但是，由于离子键造成电解液的黏度很高，同时存在大量的阳离子，使得锂离子的扩散比较缓慢，因此离子液体在电池应用上的电化学性能不理想。

（3）固态聚合物电解质

固态聚合物电解质仅由聚合物和锂盐组成，锂离子在其中依靠聚合物链的链段运动进行迁移。使用固态聚合物电解质可以制成全固态电池，具有以下优点：可以使用锂金属负极，具有很高的能量密度；没有泄露危险，高温下不会释放可燃气体，安全可靠；可以制成不同形状；制造超薄电池；不需要隔膜和保护电路，降低了电池成本。目前主要研究的固态聚合物电解质有聚氧化乙烯（PEO）、聚环氧丙烷（PPO）、聚硅氧烷等。

（4）凝胶聚合物电解质

凝胶聚合物电解液由聚合物、有机溶剂和锂盐组成，电解液被限制在聚合物链中形成固态膜。凝胶聚合物电解液兼具了固体电解质和液体电解液的优点，离子电导率可达 10^{-3}S/cm，同时具有紧凑安全的特点。凝胶聚合物电解液基质的代表性聚合物有聚丙烯腈、聚偏氟乙烯、聚甲基丙烯酸甲酯（PMMA）和聚氧化乙烯等。

综上所述，通过对电池材料的开发，锂离子电池正朝着大容量、长寿命和良好的热稳定性等方面发展，将在电力能源的储存方面扮演重要角色。

7.4　燃料电池

燃料电池是一种将存在于燃料与氧化剂中的化学能直接转化为电能的发电装置。燃料电池的概念可以追溯到19世纪，1838年瑞士科学家克里斯提安·弗里德里希·尚班（Christian Friedrich Schönbein）首先提出了燃料电池的基本原理——利用水电解的逆反应提供电力。1839年英国William R. Grove爵士组装了简单的实验装置，如图7-20所示，将两个铂金条分别放入两个密封瓶中（一个瓶中充满氢气，另一瓶中充满氧气），实验时同时将两个瓶子放入稀硫酸溶液中，便会产生电流并在两个电极之间传导，实验也观察到装有氧气的瓶中有水产生。该实验装置也可以进行串联以获得更高的电压，他将这种方式的发电称作“气体电池”。

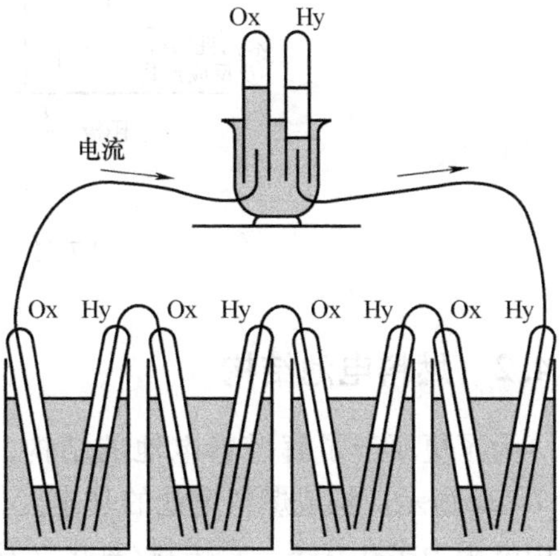

图7-20　燃料电池的实验原型

1889年，L. Mond和C. Langer采用多孔性非传导电解质，用铂金为催化剂组装成气体电池，通入工业煤气和空气，首次制造出实用性电池系统，将其命名为“燃料电池（Fuel Cell）”。1950年，剑桥大学的Francis Bacon推出了5kW的碱性燃料电池示范电堆。随后，美国国家航空航天局采用这种类型的燃料电池用于太空研究。20世纪70年代，12kW的碱性燃料电池成功应用在航天飞机上，从而推动了燃料电池在各个领域的研发应用。

7.4.1　燃料电池工作原理

根据燃料电池发电原理，整个电化学反应为

$$H_2+\frac{1}{2}O_2\Rightarrow H_2O \tag{7-2}$$

在燃料电池内部通过阳离子或阴离子传导，同时电化学反应产生的电子通过外部电路流动，构成一个循环通路，如图7-21所示。可以看出，由于反应过程需要消耗氢气或含氢化合物，因此燃料电池发电是氢能利用的一种方式。它不通过燃烧或热机过程产生电，而是直接将化学能转化为电能，同时产生水和热。

另外需要注意，尽管中文名称为燃料电池，但其与传统意义的电池（battery）有本质的不同。电池battery的概念是用于储存电能的化学装置，充电时由电能转化成化学能，放电时再将化学能转化成电能，并不能直接产生电；而且一充一放，电能使用效率低。而燃料电池的概念是只要通入燃料气和氧化气，电化学反应就可以一直持续，产生电能。因此从这种意义看，燃料电池是一种发电装置。

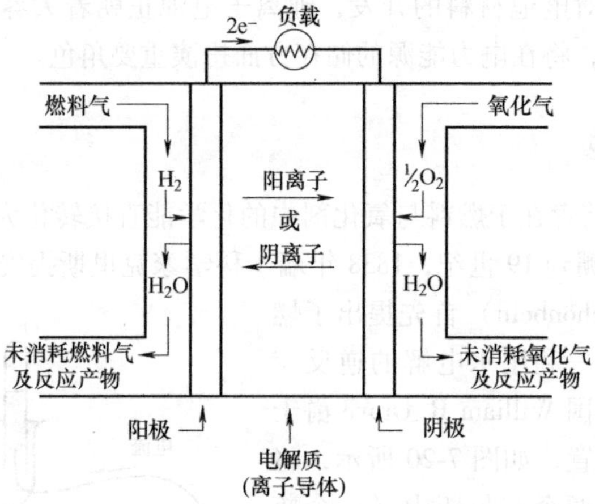

图 7-21　燃料电池基本原理

7.4.2　燃料电池结构

为了更便于了解燃料电池的结构，下面简单地从组成材料来分析单体电池，如图 7-22a 所示。构成燃料电池的基本元件包括电极（electrode）、电解质（electrolyte），其中电极为多孔状态，是燃料/氧化气发生氧化还原的场所，被催化释放电子，同时转变成离子，按功能又可分为阳极（anode）和阴极（cathode），分别通以燃料气和氧化气。电解质一般为致密层，功能是分隔燃料气和氧化气，避免二者接触产生燃烧、爆炸，同时主要起到只能传导特定离子的作用。多孔的阳极、阴极分别位于致密电解质层的两侧。

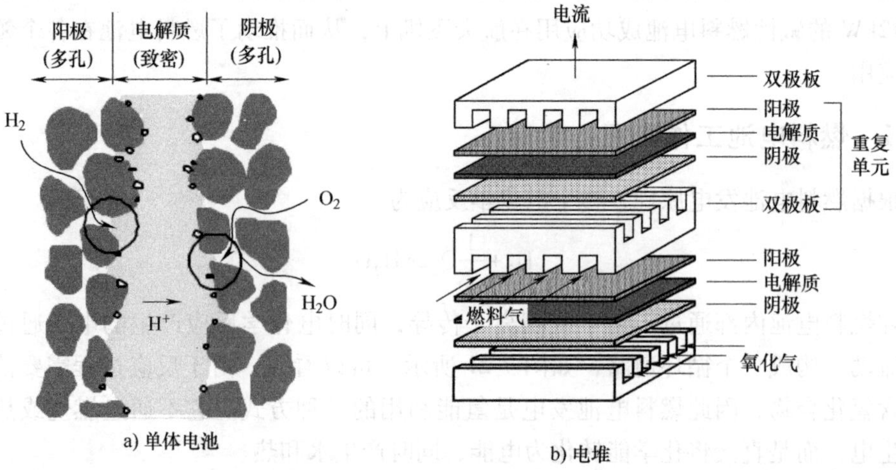

图 7-22　燃料电池基本结构图

工作状态时，以质子传导为例，当氢气/氢燃料以及氧气/氧化气分别通入阳极和阴极侧，气体通过多孔结构扩散到电极与电解质的界面。由于阳极本身的催化作用，使得氢气被分解为 H^+ 质子并产生电子，在化学势作用下，H^+ 质子通过致密电解质层传导到阴极侧，并在电解质与阴极的界面与氧气发生反应，得到电子产生水。电子由外电路的阳极侧流动到阴极侧产生电流，其反应过程如下：

$$阳极:H_2 \Rightarrow 2H^+ + 2e^- \quad (7\text{-}3)$$

$$阴极:\frac{1}{2}O_2 + 2H^+ + 2e^- \Rightarrow H_2O \quad (7\text{-}4)$$

$$整个反应:H_2 + \frac{1}{2}O_2 \Rightarrow H_2O \quad (7\text{-}5)$$

另一方面，根据燃料电池的分类和不同使用温度，对所选用的电池材料要求也各有差别。总括来说，对于电极材料，主要考虑的因素包括：良好的电子导体，又具有电催化活性，以便实现快速的电荷交换；化学活性稳定，不与其他材料发生反应；多孔结构，保持一定的孔隙率便于气体扩散；廉价且具有一定的热循环稳定性。其中阳极材料由于在还原气氛中工作，多选用金属材料或金属与其他材料的复合体；阴极工作环境为氧化气氛，要保持良好的导电性和电化学催化活性，不适于采用普通的金属材料，一般低温燃料电池多选用贵金属，成本高。高温燃料电池选用半导体材料，通过调节材料晶体结构变化来平衡导电性和电化学性能。

电解质是燃料电池的核心部分，因此对于电解质材料，需要满足一定的要求：为致密层，隔绝阴、阳极气体；具有较高的离子电导率；具有极低的电子电导率；具有一定的热稳定性；易于加工，经济可行。

7.4.3 燃料电池材料

燃料电池的电化学反应虽可写成式（7-1），但是实际因传导的离子、工作温度及所用的材料不同，燃料电池的种类千差万别。为了统一标准，大多以电解质材料（离子导体）来进行分类，主要包括碱性燃料电池（Alkaline Fuel Cell，AFC）、质子交换膜燃料电池（Proton Exchange Membrane Fuel Cell，PEMFC）、磷酸盐燃料电池（Phosphoric Acid Fuel Cell，PAFC）、熔融碳酸盐燃料电池（Molten Carbonate Fuel Cell，MCFC）以及固体氧化物燃料电池（Solid Oxide Fuel Cell，SOFC）五大类。

1. 碱性燃料电池（AFC）

最初研发的具有实用性的燃料电池就是 AFC，主要用于早期的空间探索任务。例如在太空环境中，太阳能电池接收太阳光照后发电，冗余部分的电能被用来电解飞船上存储的水以产生氢气和氧气，并分别存储；当太阳光线弱或背光时，将储存的氢和氧供给 AFC，电化学作用产生电能以供设备使用。一般来说，AFC 燃料电池的工作温度在 100℃左右，具有 60%~70%的综合效率。从材料角度，AFC 使用氢氧化钾（KOH）溶液为电解质，传导 OH^-离子，其电化学反应方程式为

$$阳极:2OH^- + H_2 \Rightarrow 2H_2O + 2e^- \quad (7\text{-}6)$$

$$阴极:\frac{1}{2}O_2 + H_2O + 2e^- \Rightarrow 2OH^- \quad (7\text{-}7)$$

由于工作温度低，所以 AFC 能快速启动。但其主要问题在于电解质对 CO_2 非常敏感，只要气氛中混有 CO_2，KOH 电解质就会和 CO_2 反应生成碳酸钾（K_2CO_3），严重阻碍 OH^-的传导。尤其在地面使用时，由于空气中 CO_2 的存在而使得其应用受到限制。

同时电解质具有强碱腐蚀性，造成使用寿命短。因此，AFC 逐渐被其他燃料电池所淘汰，仅见于早期的报道。

2. 质子交换膜燃料电池（PEMFC）

PEMFC 的工作温度也为 100℃左右，因此同 AFC 一样能快速启动。但 PEMFC 是采用聚合物质子交换膜为电解质，传导 H^+从阳极到阴极，与氧气反应生成水。

质子交换膜为固体塑料薄膜，没有腐蚀性，能量密度比 AFC 高，因此受到了广泛关注。质子交换膜燃料电池被认为是汽车、船舶等移动设备上电源的替代产品。目前商业化原型产品包括用于笔记本电脑、手机、汽车、潜艇、运动器材及家庭等的单元电源。此外，世界上大的汽车公司几乎都介入了 PEMFC 电动车的开发计划。但 PEMFC 的效率较低（为 40%~45%），同时电极材料中必须使用铂作催化剂，成本昂贵且资源有限，同时对工作气氛有严格要求，不能含 CO，否则与铂反应会导致功能失效。因此，目前只能作为 3~200kW 移动电源设备，上述因素制约了其市场化推广应用。

另外，由于氢气的存储、安全问题，基于 PEMFC 原理，研究者还开发出其他利用液体燃料的多种燃料电池，例如直接甲醇燃料电池（Direct Methanol Fuel Cell，DMFC）。还有些研究以开发无机—有机复合电解质为方向，寻找在更高温度（150~200℃），稳定、低廉、高效的电解质，其基本原理和传导离子类同，都归为质子交换膜燃料电池。

3. 磷酸盐燃料电池（PAFC）

磷酸盐燃料电池 PAFC 的工作温度可高达 200℃，较高的温度使得催化反应加快，因此对燃料气的要求不太苛刻，也能容忍一定的杂质存在。用天然气作燃料，PAFC 的电能效率约为 40%，还可提供 45%的低等级热。其电化学过程与 PEMFC 类似，为 H^+传导，采用磷酸液体为电极，为第一代可商用化燃料电池，只能用作电站而不适用于移动电源。

相对于 PEMFC，PAFC 的工作温度较高，因此启动速度较慢。同时，与 PEMFC 类似，由于必须使用铂为催化剂，据估计电池售价中一半是结构材料的成本，因此要降低成本一定要简化结构及增加产量。

4. 熔融碳酸盐燃料电池（MCFC）

熔融碳酸盐燃料电池的研究在 20 世纪中后期非常盛行，工作温度属于中高温范围，600~700℃，电解质为具有较低熔点的碳酸盐复合体，一般主要采用锂钾碳酸盐（Li_2CO_3/K_2CO_3=62/38mol%）或锂钠碳酸盐（Li_2CO_3/Na_2CO_3=52/48mol%），这两种碳酸盐的熔点在 500℃左右。MCFC 运行时，碳酸盐为熔融态，由于毛细管作用吸附并保留在多孔的电解质基板中，传导碳酸根离子 CO_3^{2-}，其反应过程为

$$\text{阳极:}CO_3^{2-}+H_2-2e^- \Rightarrow H_2O+CO_2 \tag{7-8}$$

$$\text{阴极:}\frac{1}{2}O_2+CO_2+2e^- \Rightarrow CO_3^{2-} \tag{7-9}$$

由于工作温度高，所以 MCFC 的效率高，为 50%~60%；同时高温工作条件避免了使用贵金属催化剂，一般阳极采用相对廉价的镍，阴极采用氧化镍（在含锂的熔盐环境中有较高导电率）。而且可以适用多种燃料气，如天然气、生物燃料等。同样，MCFC 不能用于移动电源，主要应用于大中型固定电站，目前是市场化最成熟的燃料电

池系统，已经获得了连续运行40000小时的可靠性验证。

5. 固体氧化物燃料电池（SOFC）

固体氧化物燃料电池属于第三代燃料电池，开发始于20世纪40年代，但是在80年代以后其研究才得到蓬勃发展。同MCFC类似都属于中高温燃料电池，所以可以采用多种燃料，对气体杂质等的容忍度高，燃料利用效率也高。SOFC不需要采用贵金属催化剂，多采用镍作阳极，阴极采用钙钛矿（ABO_3）类型的固体半导体。与MCFC不同，SOFC全部组件为固态陶瓷（或金属陶瓷）材料，避免了高温环境的腐蚀问题。电解质材料多采用ZrO_2基或CeO_2基陶瓷，具有较好的氧离子O^{2-}传导率。反应过程为

$$阳极:O^{2-}+H_2 \Rightarrow H_2O+2e^- \tag{7-10}$$

$$阴极:\frac{1}{2}O_2+H_2O+2e^- \Rightarrow 2OH^- \tag{7-11}$$

早期开发出来的SOFC的工作温度较高，一般在800~1000℃，但高温会带来一系列技术难题，如材料的热匹配、组装密封技术等。目前科学家正在研发中低温（600~800℃）固体氧化物燃料电池。工作温度的进一步降低，使得SOFC的材料选择、匹配度及成本寿命更易于实用化。

由于采用全固态陶瓷材料，SOFC电解质管或板的制备特别困难，组装和匹配也非常麻烦，所以是诸多燃料电池技术中较不成熟的一种。到目前为止，SOFC的研发大多还处于实验室阶段。

总体概括一下，几种主要燃料电池的基本参数和适用性对比见表7-2，可以根据实际需要选择合适的燃料电池类型。

表7-2 燃料电池的分类及基本参数

类型	质子交换膜燃料电池（PEMFC）	磷酸盐燃料电池（PAFC）	熔融碳酸盐燃料电池（MCFC）	固体氧化物燃料电池（SOFC）
燃料	纯H_2	煤气、天然气、甲醇等	煤气、天然气、甲醇等	煤气、天然气、甲醇等
电解质	离子膜Nafion	磷酸水溶液	K/$LiCO_3$熔盐	ZrO_2-Y_2O_3(YSZ)
阳极	多孔石墨（Pt催化剂）	多孔质石墨（Pt催化剂）	多孔镍（非Pt催化剂）	Ni-ZrO_2金属陶瓷（非Pt催化剂）
阴极	多孔石墨（Pt催化剂）	Pt催化剂+多孔石墨	多孔NiO（掺锂）	半导体材料Lax-SrMn(Co)O_3
工作温度	50~90℃	180~210℃	600~700℃	600~1000℃

思考题

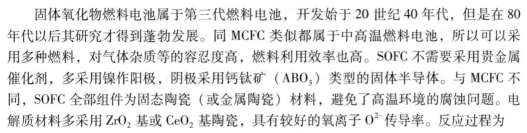

7-1 试比较不同类型储能器件的性能特征及其应用场景。

7-2 简述储能电容器的储能机理。

7-3 简述储能电容器材料的分类及特点。

7-4 简述铁电体陶瓷的概念及其在储能电容器中的应用。

7-5 简述电化学电容器的原理。

7-6 简述电化学电容器电极材料的分类及特点。

7-7 试比较电化学电容器与传统电容器的区别。

7-8 简述锂离子电池的原理，以及锂离子电池电极材料的分类及特点。

7-9 简述燃料电池的原理，以及燃料电池材料的分类及特点。

参考文献

[1] 陈季丹，刘子玉. 电介质物理学［M］. 北京：机械工业出版社，1982.

[2] 吴南屏. 电工材料学［M］. 北京：机械工业出版社，1994.

[3] 巫松桢，谢大荣，陈寿田，等. 电气绝缘材料科学与工程［M］. 西安：西安交通大学出版社，1995.

[4] 金维芳. 电介质物理学［M］. 北京：机械工业出版社，1995.

[5] 高观志，黄维. 固体中的电输运［M］. 雷清泉，译. 北京：科学出版社，1991.

[6]《电气电子绝缘技术手册》编辑委员会. 电气电子绝缘技术手册［M］. 北京：机械工业出版社，2008.

[7] KASAP S O. Principles of electronic materials and devices［M］. New York：McGraw-Hill，2002.

[8] 曹晓珑，钟力生. 电气绝缘技术基础［M］. 北京：机械工业出版社，2010.

[9] 钟力生，李盛涛，徐传骧，等. 工程电介质物理与介电现象［M］. 西安：西安交通大学出版社，2013.

[10] 何曼君，张红东，陈维孝，等. 高分子物理［M］. 上海：复旦大学出版社，2007.

[11] 一濑升. 电工电子功能材料［M］. 彭军，译. 北京：科学出版社，2004.

[12] 关振铎，张中太，焦金生. 无机材料物理性能［M］. 北京：清华大学出版社，1992.

[13] 曲远方. 功能陶瓷及应用［M］. 北京：化学工业出版社，2003.

[14] 施敏，伍国珏. 半导体器件物理［M］. 耿莉，张瑞智，译. 西安：西安交通大学出版社，2008.

[15] KIRUBAKARAN A，JAIN S，NEMA R K. A review on fuel cell technologies and power electronic interface［J］. Renewable and Sustainable Energy Reviews，2009（13）：2430-2440.

[16] RAYMENT C，SHERWIN S. Introduction to fuel cell technology［M］. Sydney：University of Notre Dame，2003.

[17] ELLIS M W，VON SPAKOVSKY M R，NELSON D J. Fuel cell systems：efficient，flexible energy conversion for the 21st century［J］. IEEE Proc，2001（89）：1808-1818.

[18] FAROOQUE M，MARU H C. Fuel cells-the clean and efficient power generators［J］. IEEE Proc，2001（89）：1819-1829.

[19] BOUDGHENE S A，TRAVERSA E. Fuel cells，an alternative to standard sources of energy［J］. Renew Sustain Energy Rev，2002（6）：297-306.

[20] COOK B. Introduction to fuel cells and hydrogen technology［J］. Engineering Science & Education Journal，2002，11（6）：205-216.

[21] HOOGERS G. Handbook of fuel cell technology［M］. New York：CRC Press，2003.

[22] GUNTER S，KORDESCH K. Fuel cells and their application［M］. Berlin：VCH，1996.

[23] LARMINIE J，DICKS A，MCDONALD M S. Fuel cell systems explained［M］. Chichester：John Wiley，2003.

[24] CARRETTE L，FRIEDRICH K A，STIMMING U. Fuel cells：principles，types，fuels，and applications［J］. ChemPhysChem，2000，1（4）：162-193.

[25] BARBIR F. PEM fuel cells：theory and practice［M］. New York：Academic Press，2012.

[26] LIDE D R. Handbook of chemistry and physics［M］. New York：CRC Press，2005.

[27] COOK B. Introduction to fuel cells and hydrogen technology［J］. Engineering Science & Education Journal，2002，11（6）：205-216.

[28] 陈永真. 电容器及其应用［M］. 北京：科学出版社，2005.
[29] 王兆安，刘进军. 电力电子技术［M］. 5版. 北京：机械工业出版社，2009.
[30] 王锡凡. 电气工程基础［M］. 2版. 西安：西安交通大学出版社，2009.
[31] 中国电气工程大典编委会. 中国电气工程大典：第10卷 输变电工程［M］. 北京：中国电力出版社，2008.
[32] 刘振亚. 特高压交流输电技术研究成果专辑［M］. 北京：中国电力出版社，2006.
[33] 林良真，张金龙，李传义，等. 超导电性及其应用［M］. 北京：北京工业大学出版社，2001.
[34] 范瑜. 电气工程概论［M］. 北京：高等教育出版社，2006.
[35] 朱祖泽，贺家齐. 现代铜冶金学［M］. 北京：科学出版社，2003.
[36] 余海峰. 新型AgC电接触材料制备及其性能研究［D］. 上海：上海大学，2004.
[37] 山岸宣行，等. 电触头材料［J］. 电工材料，2011（2）：41-48.
[38] 周渊. 10kV防爆电机线圈端部SiC防电晕技术研究［D］. 西安：西安交通大学，2012.
[39] 水谷照吉. 电气电子材料［M］. 王力衡，译. 北京：科学出版社，2001.
[40] 李丽. Al掺杂ZnO薄膜的制备与光电性质研究［D］. 重庆：重庆大学，2006.
[41] 卡萨普. 电子材料与器件原理［M］. 汪宏，译. 西安：西安交通大学出版社，2016.
[42] 朱丽萍，何海平. 宽禁带化合物半导体材料与器件［M］. 杭州：浙江大学出版社，2016.